U0936666

中国科学院科学出版基金资助出版

民用飞机运营支持丛书

民用飞机健康管理技术

马小骏　冯蕴雯　黄加阳　**编著**

科学出版社
北京

内 容 简 介

本书通过作者多年的具体工作经验和工程实践成果进行总结编写，系统论述了民用飞机健康管理研究的基本问题和解决途径，介绍了民用飞机健康管理方面的理论方法和研究成果。

全书围绕民用飞机健康管理的理论方法和工程问题进行论述，共分 11 章。第 1 章概述民用飞机健康管理的基本概念、研究背景和研究现状，第 2 章从客户服务的角度介绍民用飞机健康管理系统方案，第 3 章至第 5 章分别介绍民用飞机机载健康管理系统、空地传输系统、地面监控与维护系统的设计，第 6 章阐述民用飞机故障诊断原理及方法，第 7 章阐述民用飞机故障寿命预测技术，第 8 章研究民用飞机健康状态评估技术，第 9 章探讨视情维修条件下的民用飞机维修决策支持，第 10 章研究基于大数据的民用飞机健康管理若干关键技术，第 11 章探究基于深度学习的民用飞机故障诊断技术。

本书可供航空领域的工程人员和科技工作者参考，同时适合高等院校航空相关专业的师生和热衷健康管理的研究人员阅读。

图书在版编目（CIP）数据

民用飞机健康管理技术 / 马小骏，冯蕴雯，黄加阳编著.
— 北京：科学出版社，2021.5
（民用飞机运营支持丛书）
ISBN 978 - 7 - 03 - 068515 - 5

Ⅰ. ①民… Ⅱ. ①马… ②冯… ③黄… Ⅲ. ①民用飞机—监视控制—研究 Ⅳ. ①V267

中国版本图书馆 CIP 数据核字（2021）第 059398 号

责任编辑：胡文治 / 责任校对：谭宏宇
责任印制：黄晓鸣 / 封面设计：殷 靓

科学出版社 出版
北京东黄城根北街 16 号
邮政编码：100717
http：//www.sciencep.com
南京展望文化发展有限公司排版
苏州市越洋印刷有限公司印刷
科学出版社发行 各地新华书店经销

*

2021 年 5 月第 一 版 开本：B5（720×1000）
2021 年 5 月第一次印刷 印张：16 1/2
字数：320 000

定价：150.00 元

（如有印装质量问题，我社负责调换）

民用飞机运营支持丛书

《民用飞机健康管理技术》

编 写 人 员

主　　编　马小骏　冯蕴雯　黄加阳

参编人员　（按姓名笔画排序）

马　楠　王　腾　刘雨昌　刘奎剑
孙　闯　李允睿　夏　俊　顾思达
路　成　薛小锋　魏严锋

丛书总序1

PREFACE 1

民用飞机产业是典型的知识密集、技术密集、资本密集的高技术、高附加值、高风险的战略性产业，民用飞机运营支持是民用飞机产业链上的重要环节。2010年，我国工业和信息化部首次在“十二五”民用飞机专项科研领域设立“运营支持专业组”，并列入国家五年规划，将民用飞机运营支持与飞机、发动机等并列为独立专业，进行规划研究。2014年，中国民用航空局飞行标准司发布《国产航空器的运行评审》（AC－91－10R1）和《航空器制造厂家运行支持体系建设规范》（MD－FS－AEG006），对主制造商航空器评审和运营支持体系建设提出了明确的要求和指导意见，为民用飞机运营支持专业的建设和发展指明了方向。

经过改革开放数十年的发展历程，我国航空工业对市场、客户、成本的概念并不陌生，但由于缺乏固定持续的项目投入，我国在按照国际标准自主研制民用飞机方面，没有走完一个完整的研制生产和商业化运营的过程，运营支持的理论和实践都比较薄弱。随着我国自主研制的大飞机项目的推进，对标国际一流标准，面对市场化和客户化需求，运营支持专业建设的重要性愈加凸显。

民用飞机运营支持工作是民用飞机制造业与民航运输业的纽带和桥梁，既要理解和满足客户运营要求，又要满足适航和运行标准，确保客户顺畅安全运营，保障我国民用飞机产品取得技术成功、市场成功和商业成功。运营支持专业具有一定的特殊性：一是服务时间长，随着产品复杂性的提高和市场竞争的激烈化，运营支持已经贯穿于飞机研制、制造、试验试飞、交付运营的全过程；二是技术要求高，服务内容涉及设计、制造、仿真、培训、维修、物流、信息技术及适航管控等多个领域，是一项高技术综合集成、多领域高效协作的复杂系统工程；三是服务范围广，民用飞机在使用过程中必须按照全球化运营要求，对培训、维修、备件服务、运行支援等服务链进行细分和布局，才能满足不同国家和地区，以及不同用户的各种需求；四是带动效益高，运营支持作为一种增值环节，是民用飞机产业化后的重要利润来源，能推动飞行品质的持续改进，推动每一款新型飞机赢得忠实客户并实现市场化运作。

中国商用飞机有限责任公司作为国家大型客机项目的运作实体，已经对标国际一流先进理念，构建了以研发、生产、客服三大平台为主体的公司架构，中国商飞上海飞机客户服务有限公司作为运营支持的主体，建立了对标国际一流的运营支持体系，填补了国内运营支持领域的空白，在该专业领域开展了许多卓有成效的工作。西安飞机工业（集团）有限责任公司作为按照中国民用航空规章第 121 部运行规范管理的公共航空运输企业中的航空器制造商，目前也建立了自己的客户服务体系。运营支持工作不仅仅是飞机主制造商战略层面的需求，更是民用飞机产业发展的必经之路。

“民用飞机运营支持丛书”作为科学出版社重点图书出版，是我国民用飞机研制过程中的重要内容。该丛书既包括领域内先进的理论方法和技术，也包括“十二五”以来民用飞机运营支持领域第一线的研究成果和工作经验。该丛书的出版将完善民用飞机专业技术体系，为我国民用飞机研制和产业发展提供有力的技术保障。丛书亦可供航空院校的学生及与航空工作相关的专业人士参考。

在此，对在民用飞机运营支持领域默默耕耘的行业开拓者表示敬意，对为该丛书的出版贡献智慧和力量的国内外航空领域专业人士表示谢意！

张彦仲

国务院大型飞机重大专项专家咨询委员会主任委员

中国商飞公司大型客机项目专家咨询组组长

中国工程院院士

二〇一七年三月

丛书总序2

PREFACE 2

民用飞机运营支持专业是一个综合了飞机设计、制造、可靠性与维修性工程、安全工程、适航技术与管理、工业工程、物流工程、信息技术以及系统工程等专业逐渐发展形成的新兴领域,是实现民用飞机制造商产品价值增值、持续发展的关键,也是实现民用飞机运营商安全运营、持续有效创造利润的核心要素。加强民用飞机运营支持体系建设可以提高主制造商的服务水平和保障能力,增强对上下游供应链的控制能力,从而打造主制造商的品牌价值。国外一流的民用飞机主制造商早已意识到运营支持是自身品牌占据市场份额的竞争要素,运营支持的理念、模式、内容和技术不断更新,以为客户提供快速、可靠、低成本、网络化和信息化的服务为目标,建设完备先进的运营支持网络和设施。

2010年,我国工业和信息化部首次在"十二五"民用飞机专项科研领域设立"运营支持专业组",并列入国家五年规划。经过"十二五"的预研攻关,我国民用飞机运营支持在多个前沿技术领域取得重要突破,并应用到国产支线飞机、干线飞机、直升机和通用飞机的型号研制工作中。

在总结民用飞机运营支持专业"十二五"工作成果和国产民用飞机投入市场运行的实践经验的同时,技术的进步和市场竞争的日益激烈,使得民用飞机运营支持专业领域涵盖的范围不断扩展,全方位、客户化的运营支持价值日益凸显。全新的客户理念推动运营支持专业迅速发展,工作内容涉及了客户培训、技术服务、备件支援、技术出版物和维修工程等多个领域,其范围也已延伸到飞机的研制前期,贯穿于飞机方案论证、产品设计、生产、试验试飞、交付运营的全生命过程。

民用飞机运营支持丛书涵盖了培训工程、维修工程与技术、运行安全工程与技术、工程数据应用等专业,涉及我国国产民用飞机、直升机和通用飞机运营支持的诸多关键技术。丛书的专家顾问、编委、编写人员由国内民用飞机运营支持领域的知名专家组成,包括我国民用飞机型号总设计师、高校教授、民航局专业人士等。丛书统一部署和规划,既从较高的理论高度关注基础科学问题,又密切结合民用飞机运营支持领域发展的前沿成果,注重相关专业领域的应用技术内容。

该套丛书作为科学出版社"十三五"重点图书出版,体现了国家对民用飞机运营支持体系建设的高度重视,也体现了该领域迎来了前所未有的发展机遇。丛书的出版既可以为从事该领域研究、生产、应用和教学的诸行业专业人员提供系统的参考,又是对该领域发展极好的回顾和总结。作为国内全面阐述民用飞机运营支持体系的首套丛书,该丛书对促进中国民用飞机产业实现后发优势,填补专业领域空白,推动我国航空服务业发展,早日跻身航空大国有着重要的意义。

在此,我谨代表"民用飞机运营支持丛书"专家委员会,向耕耘在运营支持领域的广大工作者们致以敬意。同时,也愿每一位读者从中受益!

吴光辉

中国商用飞机有限责任公司副总经理

C919 大型客机项目总设计师、副总指挥

中国工程院院士

二〇一七年十二月

前 言

FOREWORD

民用飞机健康管理作为一项新兴技术，是基于状态维修、自主式后勤保障等理念发展起来的关键技术，涉及机载、地面、航空公司运营管理/维护支持、客户服务等方面，是一项复杂的系统工程。民用飞机健康管理的核心是利用先进的传感器技术集成，借助各种算法和智能模型，来完成系统的状态监测、故障诊断/预测，然后依据诊断或预测信息，结合可用的资源与使用需求对维修活动做出适当的决策，避免“过修”和“失修”问题，提高系统的利用率，从而合理地权衡使用、维修中安全和经济的矛盾，确保全寿命周期的成本最低。

从20世纪70年代实现工程应用至今，民用飞机健康管理技术经历了若干重要阶段的发展，在欧美的主要航空发达国家的工业界和研究机构得到了充分的认可和推广应用。经过多年的发展，国际领先的民用飞机制造商已经建立起基于空地双向数据通信系统的实时监控与健康管理系统，可实时收集飞机的状态信息，及时获取飞机的健康状态，并对飞机全寿命周期内的健康状态进行有效管理，如波音AHM系统、空客AIRMAN系统以及庞巴迪的飞机故障诊断解决方案(ADS)等。

目前，民用飞机健康管理技术正在朝着综合化、标准化和智能化的方向发展。特别是“中国制造2025”、工业大数据、工业互联网等概念提出以来，民用飞机健康管理正在从以研发生产为中心，转向以客户服务为中心，其核心是预测分析，其中大数据分析与应用、基于人工智能与云计算的健康管理将发挥重要的作用。大数据时代下，提高健康管理技术研究和应用水平，可以更好地为我国大型客机提供全球化服务和全寿命周期服务解决方案，从而达到高度数字化、网络化、集成化、实时化和智能化的运营支持服务的目标。

本书是作者多年来对民用飞机健康管理深入研究的成果，并由参与我国大型客机健康管理系统设计与应用的主要工程技术人员共同撰写完成，是整个团队集体智慧的结晶。本书共11章：第1章主要介绍民用飞机健康管理的背景意义及国内外发展现状；第2章主要介绍面向客户服务的民用飞机健康管理系统解决方案；第3章介绍了民用飞机机载健康管理系统设计方案，包括总体架构与功能分析；第4章主要介绍了民用飞机空地传输系统架构、功能需求以及系统接口；第5章主要介绍了民用飞机地面监控与维护系统的设计方案；第6章主要介绍了民用飞机故障诊断原理及方法，包括基于知识、基于模型以及基于数据驱动的民用飞机故障诊断方法；第7章主要介绍民用飞机的故障寿命预测技术，包括基于可靠性理论、基于失效物理以及基于数据驱动的民用飞机故障预测方法；第8章主要介绍民用飞机的健康状态评估技术，包括基于贝叶斯网络、基于灰色关联度及层次分析法、基于性能参数以及基于隐马尔可夫模型的民用飞机健康状态评估方法；第9章介绍了视情维修条件下的民用飞机维修决策支持，包括视情维修条件下的维修保障模式、决策建模以及对维修任务的影响；第10章主要介绍基于大数据的民用飞机健康管理若干关键技术，包括云计算、数据挖掘等；第11章介绍了基于深度学习的民用飞机故障诊断技术。

由于民用飞机健康管理技术涉及多个领域的相关知识，加之时间仓促、作者的水平有限，书中难免存在不妥和疏漏之处，敬请广大读者批评指正。

作　者

2020年9月25日

目　录

CONTENTS

第 1 章　绪论

1.1　健康管理基本概念

随着产业迈向中高端水平，制造业的价值分布从制造环节向服务环节转移，产品改进、销售、维护、回收等服务性活动所占比例越来越大。在新技术的推动下，服务型制造能力成为决定制造企业竞争力的关键以及利润的主要来源，许多传统的制造企业将业务重心从生产型制造向服务型制造转移，全球制造业发展正呈现出制造业服务化，即有以生产过程为主向服务型制造转型的趋势。

民用飞机健康管理即故障预测与健康管理（prognostic and health management，PHM）作为一项新兴的技术，是基于状态的维修（condition based maintenance，CBM）、自主式后勤保障等新思想的关键技术，从 20 世纪 60 年代至今经历了若干重要阶段的研究和发展，受到欧美等西方发达国家的高度重视和推广应用。1996 年启动的美国联合攻击战斗机（joint strike fighter，JSF）项目首先提出和实现了预测与健康管理的概念。目前国际上各种飞机健康管理技术已广泛应用于航空航天、国防、工业等领域。

飞机健康管理的核心基础是利用先进的传感器技术集成，借助各种算法和智能模型，来完成系统的状态监测、故障诊断/预测，然后依据诊断或预测信息、可用的资源、使用需求对维修活动做出适当的决策，避免“过修”和“失修”问题，提高系统的利用率，从而合理地权衡了使用、维修中安全和经济的矛盾，确保全寿命周期的成本最低。

民用飞机健康管理技术是一项系统工程，涉及机载、地面、航空公司运营管理/维护支持、工业部门客户服务等；从民用飞机健康管理技术层次来看，又涉及总体技术、基础技术、系统级健康管理技术等。

1.2 民用飞机健康管理背景及意义

民用飞机健康管理技术已逐渐成为民用飞机型号研制中最为重要的关键技术之一。此项技术的研究是在满足局方对空地数据链路技术的相关法规要求的基础上,充分考虑航空公司日益增长的需求,结合当前国际一流航空企业的应用技术发展趋势而展开的客户服务关键技术攻关。该技术将在提升航空运输安全性和经济性方面发挥重要作用。

民用飞机健康管理系统的建立有以下几点意义。

1.2.1 提高航空运输经济性

近年来一系列航空飞行安全事故,特别是马航 MH370 失联事件,在公众视野引起了极大冲击,航空运输安全再次成为民众关注的焦点。实际上,航空安全是涉及人民安全、社会安全、军事安全及国土安全的大事。在信息、网络高度发达的时代,大型民用客机“失联”本不该发生,国际民航组织也在反思,今后如何杜绝这类重大飞行事故和避免事后劳民伤财的大规模搜寻。美国针对民用航空领域提出的《航空安全计划》将飞机健康管理相关技术列为影响未来航空发展的首要关键技术,并自 2007 年以来制定、实施了飞行器综合健康管理(integrated vehicle health management,IVHM)专项预研计划,其一系列研究成果已用于美国新一代航空运输系统,对于保证新一代航空运输系统的安全性和经济性发挥着至关重要的作用。

目前,中华人民共和国工业和信息化部从国家层面研究提出航空安全整体解决方案,其中涉及建设飞机健康管理系统,提高航空安全等级的内容。中国民用航空局在 2016 年 8 月发布了咨询通告《航空承运人航空器追踪监控实施指南》(AC－121－FS－2016－127),要求航空承运人按标准的时间间隔(15 分钟或更短周期)实施航空器“4D 位置”(经度、纬度、高度、时刻)追踪;在《中国制造 2025》中将飞机的状态监控和健康管理工程设为大飞机五大专项之一;中华人民共和国科学技术部将民用飞机的健康管理技术列为科技重点发展规划,2017 年中华人民共和国科学技术部、国防科技工业局《“十三五”空天领域科技创新专项规划》中明确提出发展重点包括“(十)突破空地一体化的航空器健康监测与服务技术,提升航空器运行安全保障能力”;中华人民共和国工业和信息化部将“航空器独立监测与健康管理”重大专项技术列为保证飞行安全的关键技术。

1.2.2 提高民机运营核心竞争力

随着民用飞机技术复杂性的不断提高,对民机使用和维护的要求也不断提高。

目前在民用航空运输市场竞争日益激烈的环境下，航空公司等运营客户对主制造商提出了更多的需求，全方位、客户化的客户支援具有十分显著的价值。主制造商的客户支援能力不仅直接关系到客户的运营成本和主制造商的经济效益，也关系到飞机投入运营后的持续安全和持续销售能力等。随着全球制造业转型升级，制造业服务化是一种必然趋势，企业将以产品为中心的制造业向服务增值延伸，不再是单一的产品提供者，而是集成服务提供商。在民用飞机产业链中，客户服务已成为民用飞机产业中相比产品本身更高层次的竞争手段，提供了形成民用飞机产品附加价值和巨大竞争优势的潜力。主制造商的客户服务能力与水平已经成为决定其产品能否取得市场成功和商业成功的关键要素之一。

民用飞机健康管理是民用飞机客户服务中的重要项目，对于提升航空运输安全性、经济性具有重要意义，代表了先进民用飞机客户服务技术的发展方向和趋势，也是当前国际民用飞机客户服务技术竞争的重要领域。民用飞机健康管理系统和技术历经十余年的发展和沉淀，逐渐成为主制造商提供的主要增值服务项目之一，民用飞机健康管理系统的应用极大提高了航空公司的运营、维护工作效率和航空安全性，优化了航空公司的维修模式，得到航空公司的广泛认同，成为提升机型竞争力的重要手段。另一方面，民用飞机健康管理系统也有利于主制造商提高排故效率，提升客户服务质量，收集飞机的运营、维护数据，改进飞机的设计。健康管理系统目前已逐渐成为国际上新交付的大型客机的标准配置，同时逐渐成为提高飞机维修效率、提高签派率的重要手段和核心技术。

1.2.3 增强主动式快速响应能力

通过健康管理技术，随时监视和掌握飞机在飞行过程中的工作状况，当飞机出现故障或异常状态时，可通过快速响应流程进行信息收集和诊断分析，做出判断和解决方案，从而在异常情况出现之初及时进行处理，缩短故障分析和排除时间，使飞机最快恢复安全飞行状态。

1.2.4 降低飞机维修成本

在飞机运营过程中，通过采取健康管理手段，全面把握飞机健康状态、准确预测飞机的健康趋势，可以减少航班延误及非计划停场，降低维护成本，同时合理有效地安排飞机维护时间，提高飞机利用率、准点率，从而进一步提高航空公司效益。

1.2.5 提高飞机设计水平

在传统的航空运输业中，主制造商获取飞机运行数据的手段非常有限，很难获得第一手飞机运行数据和实际应用信息。健康管理技术的应用为主制造商提供了获取航空公司飞机大量运营信息和飞行数据的手段。通过获取这些宝贵的数据和信息，飞机主制造商能及时掌握全球机队飞机的健康状况，为提高服务水平、优化飞机设计提供数据和知识积累。

1.3 民用飞机健康管理国内外研究现状

1.3.1 国外民用飞机健康管理服务产品应用现状

自 20 世纪 90 年代国际领先的民用飞机制造商引入飞机健康管理的概念和技术，经过了 20 多年的发展，建立起了基于空地双向数据通信系统的实时监控与健康管理系统，实时收集飞机的状态信息，及时获取飞机的健康状态，并对飞机的全寿命周期内的健康状态进行有效管理。目前，飞机健康管理技术在美国以及欧洲的主要航空发达国家的工业界和研究机构得到了充分的认可和研究推广应用，并且朝着更加综合化、标准化和智能化的方向发展，在飞机健康管理框架研究、标准制定等方向均取得了长足的发展。

对于一个完整的飞机健康管理技术来说，必须包含用于检测或触发事件快照记录的算法。理想情况下，事件数据在飞行期间就需进行传输，使得地面工作人员能够提前备好用于修理的更换部件，从而可减少排故和飞机周转次数。事实上，目前多数平台还无法实现这种方式，且数据只能在飞机返航后才能获得。因此，对飞机健康管理技术提出的要求，是能够将机载健康管理系统记载的数据下载到地面，通过提供更加强大的处理能力对健康管理数据进行综合分析和操作，并为维修和飞行提供相关信息。随着数据存储处理能力的提高，要求离机处理功能也变得更加灵活。

此类系统的典型代表是波音 AHM 系统、空客 AIRMAN 系统、Embraer 飞机健康分析和诊断(aircraft health analysis and diagnosis，AHEAD)系统、庞巴迪的飞机故障诊断解决方案(aircraft diagnostics solutions，ADS)。飞机主制造商利用其在飞机设计、参数设定及系统集成方面的技术优势和经验，借助其在飞机市场的领先地位，在飞机健康管理系统的开发应用方面形成得天独厚的条件。

1）波音

波音民用航空服务公司联合霍尼韦尔、SMI 公司、日本航空公司(JAL)联合开发了 AHM 系统。波音的飞机健康管理体系架构是基于中央维护系统(central maintenance sub-system，CMS)/AHM 平台+网络化的软件平台 e-Enanbled 环境+空地维护网络。这套体系覆盖范围很广泛，可以实现空地一体化的管理，提高了飞行安全和航班运营效率；支持机型众多，目前主要有：B737ng、B747、B757、B767、B777、B787 等。波音公司的电子使能工具和服务的相关产品主要包括电子飞行包(electronic flight bag，EFB)、AHM 和维修性能工具箱。AHM 收集飞行中的数据，主要来自中央维护计算机或飞机状态监控系统(aircraft condition monitoring subsystem,ACMS)等,并由 EFB 的电子飞行日志(electronic log book,ELB)提供一些补充信息。ELB 包括驾驶舱和技术日志。信息的下传工作由飞机的航空通信寻址与报告系统(aircraft communication addressing and reporting system,ACARS)数据链完成,并通过 MyBoeingFleet 网站实时向客户指定的地点发送报警或者通知地面维护人员,在飞机降落前准备好零备件和资料;同时还可帮助航空公司识别一些重复出现的故障并进行性能趋势分析,支持机队长期可靠性计划的实现。AHM 的功能架构如图 1-1 所示。

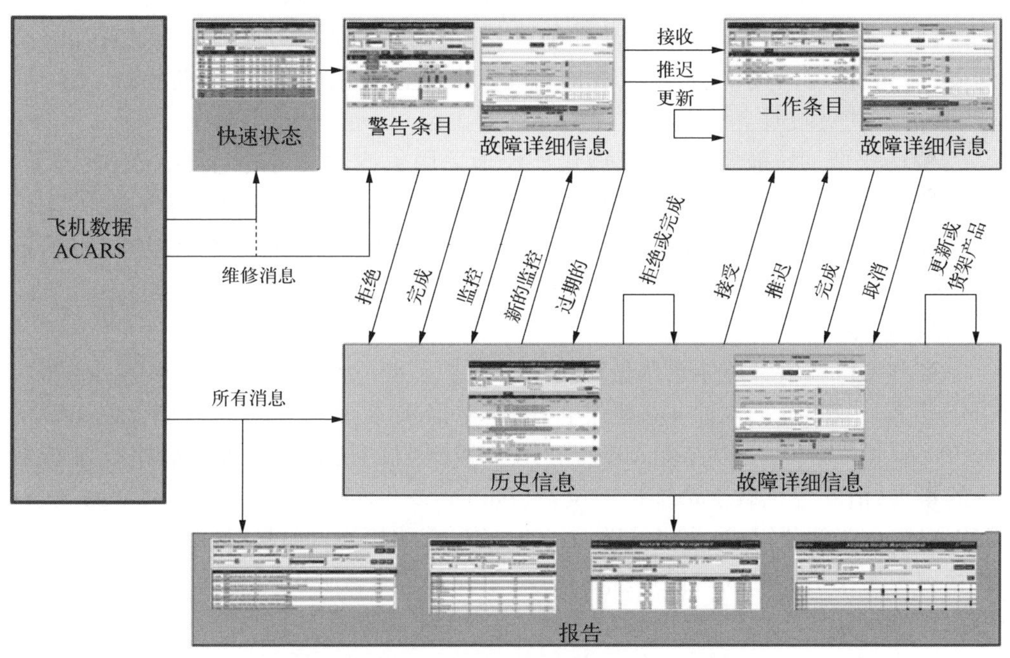

图 1-1 波音的 AHM 系统功能架构示意图

AHM 的功能组成主要包括:① 机队监控(fleet status);通过处理来自空地数据链的实时数据,获得每架飞机的信息,实现实时航行动态监控、实时故障监控和状态参数监控;② 激活任务(actionable items)分析;接收来自空地数据链的故障飞行数据,按预先编辑的逻辑将警告信息显示给机务维修人员,由维修工程师筛选虚警、任务派发;③ 故障详情(fault details)分析;为排故工程师提供与故障相关的详细信息,综合显示历史故障情况、故障处理流程、相似故障案例;④ 工作任务(work items)分析;根据故障现象,通过一定的算法逻辑,综合应用维修类手册、维修历史案例等信息,实现对飞机故障快速诊断,给出合适的排故方案;⑤ 历史记录(history items)分析;显示半年内所有相关故障的处理情况,提供历史数据分析工具;⑥ 报告(reports)发布;提供多种分析报表及自定义报表发布功能。

波音每年会根据用户需求持续升级完善,确保 AHM 系统的生命力和竞争力,为航空公司带来持续的使用价值。波音的 AHM 系统,为全球 42%以上的 B777 飞机和全球 28%以上的 B747-400 飞机提供实时监控和决策支持服务,并以 AHM 服务为重要组成部分推出了 Gold Care 服务包,提高了飞行安全和航班运营效率。据波音的初步估计,通过使用 AHM 可使航空公司节省约 25%的因航班延误和取消而导致的费用。

2005 年 12 月,JAL 成为首家全面采用波音 AHM 系统的航空公司,对其 B747-400 和 B777 机队进行监控。2007 年,波音推出新的 AHM 模块,扩大了信息提供的范围,又先后推出了勤务监控模块功能、ELB 功能等。系统的状态监控装置在收集到飞机的数据后,与系统的性能进行对比,当被监控系统(如发动机滑油、液压油等)接近运营极限时会发出报警。

2007 年新加坡航空公司(SIA)最广泛地采用了波音公司的电子维修和性能软件产品,也完整地评估了波音电子飞行日志报告功能。应用表明,AHM 能为飞机提供胎压、氧压和液压油等数据,系统数据的管理提供了更好的方式,通过跟踪这些系统的性能趋势,可制定维修计划并计算出最佳的维修间隔。

2) 空客

空客飞机健康管理体系基于飞机中央维护系统(onboard maintenance system),OMS 平台+AIRMAN 软件+空地维护网络,AIRMAN 支持众多机型,包括 A320/A330/A340/A380,也将支持 A350。AIRMAN 开发的初衷是弥补机载中央维护系统的不足,消除各机载子系统自检设备(built-in test equipment,BITE)大量的虚警。AIRMAN 由 3 部分组成:第 1 部分是实时信息获取模块,通过空地数据链实时采集和管理多架飞机上机载维护系统的信息;第 2 部分是 AIRMAN 知识库,包含飞机过往执行飞行任务的历史报告、排故手册、维修经验案例库;第 3 部分是电子排故(e-trouble shooting)功能,对故障信息进行深入分析、诊断和运算,计算出大故障出现的概率、排故措施和最优化的维修时机。

空客在飞机的设计阶段就已经充分考虑飞机交付后的可维修性和健康管理功能。经过多年的探索和实践,空客系列飞机的健康管理机载和地面系统的功能不断扩展和优化。空客在设计世界第一代电传式民用飞机 A320 时,将飞机上的指示/记录系统中与故障和维修有关的信息提取出来提供给维修人员。在 A320 上,维修人员主要通过电子集中监控(electronic centralized aircraft monitor,ECAM)系统和中央故障显示系统(centralized fault display system,CFDS)获得相关的发动机和飞机故障信息。通过各个机内 BITE 探测、定位并储存系统故障;BITE 将维修数据传给中央故障显示接口组件(centralized fault display interface unit,CFDIU)进行显示或打印,还可以通过 ACARS 传给地面系统。在 A330/A340 上,空客专门设计了 OMS、CMS、上传下载系统、打印等子系统。A330/A340 上的 CMS 通过 2 台中央维护计算机(CMC1, CMC2)与所有的机内自测设备相连。A380 设计了 OMS 和机载信息系统(onboard information system, OIS), OMS 不但能收集飞机各系统、发动机汇总到驾驶舱的故障信息,还与客舱的监控装置相连。A380 维护信息的空地数据传输通过 OIS 实现。

AIRMAN 从 1999 年问世以来,一直深受各类飞机运营商的青睐,这些运营商的机队规模和业务模式各不相同。由于具有极高的数据分配效率, AIRMAN 大大提高了用户的运营效率,并且显著降低了直接和间接维护成本。AIRMAN 通过减少计划外的维护工作,从而提高飞机的签派可靠率,是空客和航空公司以及维护、维修及大修厂商协商后开发的。

AIRMAN 的功能是监测飞机系统在飞行途中的状况,把实时信息传送给地面维护部门,依靠这些早期信息,维护人员在飞机着陆前就能清楚判断出故障所在。安装 AIRMAN 能最大限度地缩短由于飞机维护而造成的运营时间延误,从而保证准点签派。这种技术先进的系统也有助于降低飞机的计划外维修次数。通过分析以前的飞机维护和故障资料,该系统还能找到适当措施,预防以后发生类似的问题。空客 AIRMAN 功能架构如图 1-2 所示。

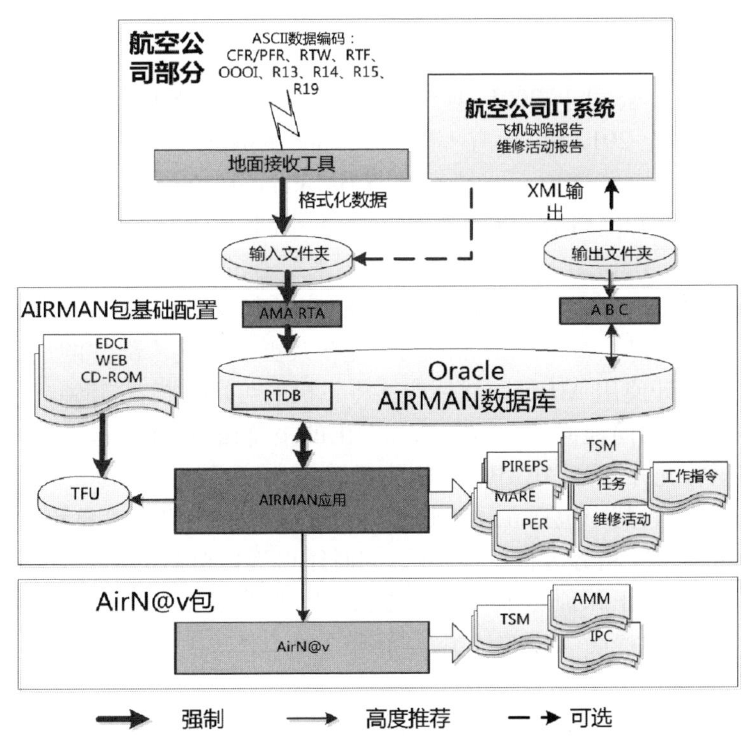

图 1-2 空客 AIRMAN 功能架构简图

AIRMAN 作为空客设计研发的专业数字化排故及维护管理软件,其主要作用是:帮助地面航站基地对整个机队的维修信息进行跟踪管理;简化和优化排故维修工作,提高排故效率;提供更为积极的预防性维修措施,减少非定期的排故维修任务。通过 50 架空客电传动操纵飞机进行长达一年的研究显示,AIRMAN 系统的安装使用,避免了 3 200 多起维修活动、节省了近 900 份飞行员日志报告、避免了 70 多次签派延误事件的发生。以此推算,航空公司安装该系统后,至少可为每架飞机每飞行小时节约 4~6 美元费用。此外,应用该系统还能降低飞机停场次数及相应的巨额费用。

通过安全的互联网技术,用户可以在世界上任何地方访问 AIRMAN 系统。通过友好的用户界面,AIRMAN 提供了通往集中存储的实时维护资料和飞机或机队分析资料的门户,可很容易地与航空公司 IT 系统整合在一起,为航空公司提高运营效率提供了宝贵知识。AIRMAN 和空客其他运营支持系统之间具有互操作性,用户能从中获得全面的飞机服务。

空客新的实时健康监控软件(AIRBUS real time health monitoring, AiRTHM)更进一步为新型飞机提供了更多参数,使空客能远程实时收集和分析数据。AiRTHM 与空客维护控制中心的飞机停场技术中心系统(Airtac)集成,能够提供实时排故支援,指导备件供应,监控预期故障下的系统健康状态。

3) 巴西 Embraer

巴西航空工业公司于 2006 年 6 月,为 E170/190 飞机推出了基于网络的 AHEAD 系统。截至 2012 年,约有一半的 E-Jet 飞机和 40%的 Embraer 用户在使用。这个集成的健康管理地面支持系统(PHM-ground support system, PHM-GSS)将飞机系统的数据和网络数据库中的数据合并,对 E-Jet 飞机进行监测并提供维护建议,最新版本 AHEAD-PRO 能够覆盖未来所有的商业飞机。Embraer 维护和支援副总 Luiz Hamilton 说“精简集成的 AHEAD 软件能够对非计划维护和计划维护间隔、零件库存数量、每个维护点的人力配备及更换退化零部件的最佳时刻做出最佳预测”,并估计使用 AHEAD 软件能够将飞机的可用性提高 35%。

AHEAD 可自动向地面传送飞机系统发出的报警信息,在飞行过程中持续地监控飞机的健康状况并通过 ACARS 接收飞机数据。该系统跟踪零部件状态和实时的报警和维修信息,其中包括在飞行过程中生成但没有在驾驶舱显示的信息,为故障分析和确定其发展趋势进行提前筛选,同时还可提供机队的信息、故障类型和故障分析等,并提供纠正和预防维护措施建议。巴西航空工业公司称,通过 AHEAD 的使用,可以明显地提高飞机的技术签派率。

4) 庞巴迪

庞巴迪(Bombardier)的 eService 产品,主要是 2009 年其门户网站提供的飞机故障诊断解决方案(aircraft diagnostics solutions, ADS),在加拿大 CaseBank 公司帮

助下开发完成,应用了 CaseBank 的 SpotLight®、ChronicX™ Reporter &Manager 软件系统方案。ADS 是一个决策支持系统,通过基于网络的故障诊断知识库(基于飞机手册和专家经验)和故障树推理机进行排故。ADS 还支持与庞巴迪技术帮助中心的协同工作。这些新型的诊断和分析工具可以将 CRJ 和 Q 系列飞机的维修资源提升至新水平。

5)通用电气

通用电气(GE)几乎为全球的飞机提供了性能优良的发动机健康管理系统,它能够在发动机性能监控、健康维护方面实现全局性的掌控,为航空公司发动机监控与飞机运营维护提供技术支持。

GE 为全球多家航空公司提供了远程诊断服务,包括国内的中国南方航空公司、中国国际航空公司等多家航空公司。通过其远程在线诊断(remote diagnostics, RD)软件,能够实现 GE 公司对全球飞机发动机的掌控,为航空公司发动机监控与飞机运营维护提供技术支持,减少飞机延误甚至航班取消,最大化地降低维护费用。

系统发布之初即在全球超过 1 000 架飞机及动力装置中得到成功应用,调查表明,通过 RD 软件的应用,发动机使用部门可至少实现以下目标:降低人力成本;减少备件库存;减少培训需求;降低维修时间;及时满足可靠性与维护性需求;快速决策;远程排故技术支持。

1.3.2 国外研究现状及技术发展趋势

欧美等发达国家的工业界和研究机构近年来一直活跃在民用飞机健康管理技术的各个领域,民用飞机健康管理技术在国外工业界和研究机构也得到了充分的认可和推广应用。以美国为例,参与到民用飞机健康管理技术研究的公司有:NASA、波音(Boeing)、洛克希德马丁(Lockheed Martin)、美国无线电(ARINC)、霍尼维尔(Honeywell)、罗克韦尔(Rockwell Science Center)、GE、普惠(Pratt & Whitney)发动机、智能系统咨询公司(Intelligent System Consulting)、冲击技术公司(Impact Technologies)、SMI(Scientific Monitoring Inc.)、桑迪亚国家实验室(Sandia National Laboratories)、Dutch PHM Consortium 等。参与到民用飞机健康管理技术研究的大学有:康涅狄格大学、田纳西大学、华盛顿大学、马里兰大学、加州理工学院、麻省理工学院、佐治亚理工学院、宾夕法尼亚大学、斯坦福大学等。

1997 年 NASA 民用航空安全项目(AVSP)成立,这一项目的研究目的在于降低民用航空事故率,其中包括发动机的健康管理(engine health management, EHM)。作为 EHM 的一个组成部分,基于模型的控制和诊断(model-based controls and diagnostics, MBCD)得到了深入的研究。MBCD 包括实时的机载发动机模型和控制结构。

2004~2009 年欧盟投入 4 000 万欧元至 TATEM(Technologies And Techniques for New Maintenance Concepts)研究项目,目标是使得航空公司飞机运营维护成本 10 年内降低 20%,20 年内降低 50%。其核心研究内容是参考 OSA - CBM 标准研究民用客机下一代的健康管理技术,分为 5 个研究专题: ① 健康监测;② 基于健康管理的集成数据管理;③ 基于健康管理的维护规划;④ 维修业务流程再造;⑤ 移动维护。该项目由 12 个国家的 57 家承包方共同完成,由 GE 航空牵头,空客、EADS、SNECMA、BAE、THALES AVIONICS、EUROCOPTER、SAGEM 等欧洲一流航空制造、服务企业和研究机构参与。

2005~2008 年,空客飞机高级状态监控功能(advanced aircraft condition monitoring function,A - ACMF)项目,以 ACMS 作为飞机的信息汇聚和处理中心平台,提供统一的飞机状态和性能趋势数据/报告给各类客户和利益相关方(航空公司、机场、维护、维修、系统/发动机供应商、主制造商等)。

2007~2008 年,空客飞机运营维护质量提升(quality enhancement of total operative maintenance,QUANTOM)项目主要研究了无缝的飞机健康管理战略框架(标准、指南、准则、服务相关性)、运营模式(业务模型、流程、业务实体与接口)、系统设计(机载、地面、功能、方法)等飞机健康管理的各个领域。

美国、欧洲从 2008 年开始每年都召开民用飞机健康管理学术研讨会。

荷兰民用飞机健康管理联盟提出了基于模型的信号解释预测技术(prognosics by model-based interpretation of signals,PROMIS)的理念,并将其作为民用飞机健康管理技术开发的通用技术。

美国桑迪亚国家实验室(Sandia National Laboratories,SNL)与美国能源部、国防部、工业界和学术界合作建立了预测与健康管理创优中心(center of excellent,COE),支持民机健康管理技术开发、验证和确认。

美国马里兰大学成立了预测与健康管理联合会,致力于电子产品预测与管理方法的研究。人们普遍认为,电子预测技术目前虽然远未达到成熟,尚不能进入应用,但它代表了民用飞机健康管理未来的一种重要发展趋势。

国际标准化组织 ISO 和 IEEE 等许多国际组织和机构专门组建了联盟来推动民用飞机健康管理相关标准的研发和推广,如由波音等 50 多家公司和组织组成的机械信息管理开放系统联盟 MIMOSA 就一直致力于开放的使用与维护信息标准的研发。这为民用飞机健康管理架构设计提供了指导。其中,国际标准化组织(ISO)发布的状态监测和诊断(CM&D)系列标准中 ISO - 13374 给出了 CM&D 系统的信息流结构,将飞机健康管理技术划分成六个处理模块:数据采集(DA)、数据处理(DM)、状态检测(SD)、健康评估(HA)、预测评估(PA)、提出建议(AG)。

MIMOSA 组织发布的 OSA - CBM 是 ISO - 13374 功能规范的一个应用。OSA - CBM 增加了数据结构,定义了 ISO 标准中定义的功能模块的接口方法。OSA -

CBM 是一个接口标准,定义了 CBM 系统内部功能模块之间的接口。开发方可以开发这些模块内部的算法,将精力放在信息处理而不必关心如何传递。这种分离使得私有代码和算法隐藏在每个功能模块中。它还拥有即插即用的功能,能够在不影响其他模块或功能模块程序的情况下,轻松地升级或者退回到以前的版本。波音使用 OSA - CBM 标准开发了 AHM 系统,极大降低了系统更新和修改所需的费用和时间。

国外民机、军机的民用飞机健康管理总体架构系列通用标准和规范的研究与应用,使得在民机的应用领域有相对成熟和稳定的系统架构,比如波音公司的 AHM 系统、空客公司的 AIRMAN 系统。国外这种相对成熟的应用架构可以为国内民用飞机健康管理技术的总体架构设计提供很好的参考和指导。

综上可见,目前美国、欧洲的主要航空发达国家均十分重视民用飞机健康管理技术的研究与应用,美国等西方发达国家的水平已由过去的部件/系统级监控技术逐步发展到今天的整机级健康综合管理技术。通过人工智能、先进传感器、先进通信等技术的综合,飞机健康管理技术朝着更加综合化、标准化和智能化的方向发展,使得飞机能对故障进行推理、诊断、预测,并能给出解决方案建议,并且在飞机健康管理框架研究、标准制定等方向均取得了长足的发展。

1.3.3 国内技术研究现状

在国内,飞机制造商尚未建成成熟的故障预测与健康管理系统,尚未向航空公司用户开展实时监控与健康管理应用。目前国内更多的成果是在军用飞机的故障预测与健康管理方面,但在民用客机故障预测与健康管理方法及相关技术的应用方面,仍处于起步阶段,更多的是限于个别预测方法的理论研究,没有工程化的应用,在故障预测与健康管理技术的通用性、总体架构设计、标准符合性、适航体系建设等方面与国外有较大的差距,尚不能满足实际需要。

国内的民用客机故障预测与健康管理技术的研究起步较晚,在理论方面做了一些研究工作,并开发出一些诊断系统和原型。近 20 年来,随着故障诊断技术、神经网络理论、模糊推理理论及信号处理等智能诊断方法的迅速发展,我国在民用飞机的电源系统、动力系统、飞控系统、电传操纵系统、起落架等系统中进行了故障检测与诊断系统的开发和原理验证。

中国商用飞机有限责任公司对支线飞机的健康管理已进行了大量的前期研究,形成了一定的成果,但尚未能形成工程化应用。由西安飞机工业有限责任公司研制生产的新舟系列支线飞机对基于状态的维修技术还处在探索和规划阶段,目前新舟系列的飞机保障基本还处在依赖人员的定时定检以及故障的事后诊断的状态,缺乏先进的健康管理技术与体制。

目前中国商飞上海飞机客户服务有限公司开发的“大型客机实时监控与故障

诊断系统(COMAC aircraft progrostic & health management system,CAPHM)”,充分借鉴了国外波音和空客的先进成功经验,初步定义了飞机健康管理地面支持系统的框架,并且已实现了飞机的实时参数监控、事件监控、故障监控、基于手册和案例的诊断等功能,为民用飞机故障预测与健康管理地面系统总体综合设计与验证奠定了很好的基础。该系统层级结构如图 1-3 所示。

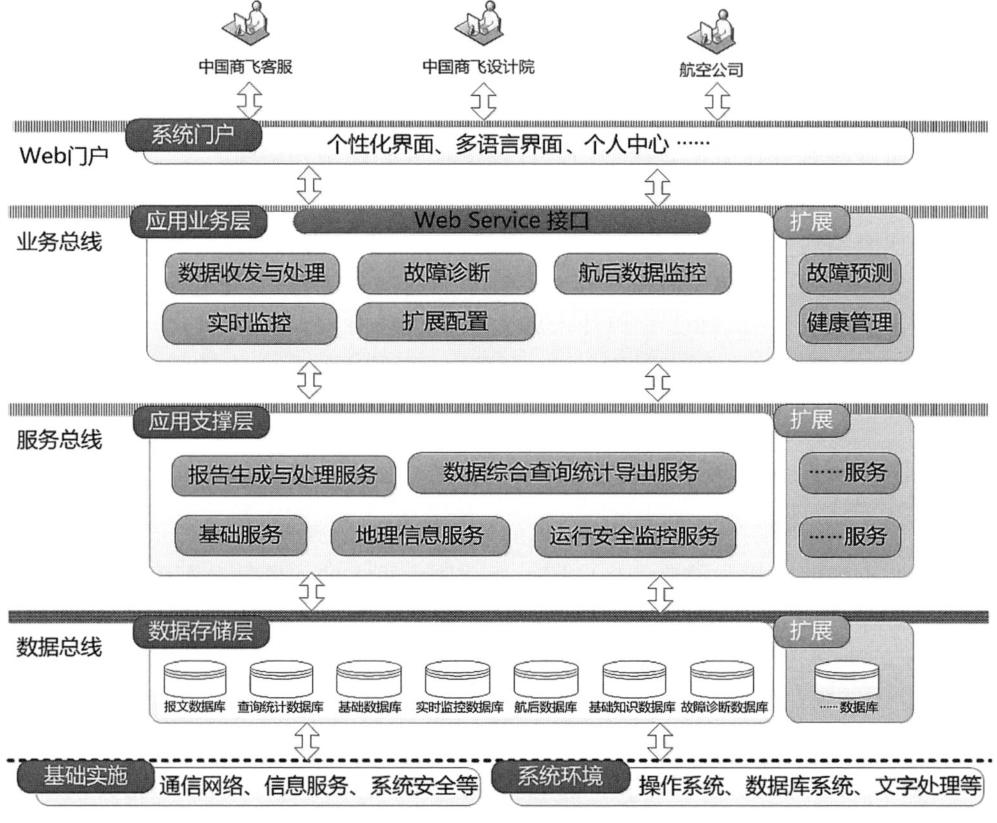

图 1-3　实时监控与故障诊断系统层次结构图

如图 1-3 所示,该系统结构主要包括: ① 基础设施、系统环境层;② 数据存储层,包括报文数据库、基础数据库、基础知识库等;③ 应用支撑层,为上层业务系统提供基础的软件服务,包括基础服务、报表服务等;④ 应用业务层,包括运行服务业务需求(包括实时监控、故障诊断)、扩展配置管理业务需求、数据及知识管理业务需求(包括海量数据管理和综合知识处理)等;⑤ 系统门户层,实现各个业务系统的集成和综合,为用户提供门户服务。

中国商飞公司北京研究中心在国家 863 计划、国家自然科学基金以及中国商飞公司民机预研等项目的资助下,在分布式传感器网络为基础的集成化结构健康监测技术及其复合材料结构上的应用等方面正在开展研究工作。南京航空航天大学、大连理工大学、西北工业大学、哈尔滨工业大学、重庆大学等单位开展了光纤传感技术以及超声导波技术等在不同领域的结构健康监测应用研究。具体来说，南京航空航天大学在飞行器复合材料结构健康监测领域开展了研究工作；西北工业大学进行了飞机结构远程健康监控系统的原理及方案的研究；北京航空航天大学和哈尔滨工业大学进行了智能材料制备及性能表征方面的研究；西安交通大学应用智能涂层技术对飞机结构关键部位裂纹的在线监测进行了研究；国防科技大学对液体火箭发动机系统健康监测开展了大量的研究；大连理工大学采用超声导波技术研究火箭贮箱绝热层试片在模拟飞行环境下进行脱黏检测/监测。

综上可见，国内的民用客机进行的民用飞机健康管理以及地面支持系统方面的技术研究与论证工作较少。在某些方法和建模方面取得了初步的技术成果，但没有系统或平台的建设，也没有完成整个系统的验证和应用。

国内对于民用飞机的顶层研究和总体架构设计，基本处于刚起步阶段，通过不断消化和吸收国外的经验和成熟系统，在对飞机健康管理技术的架构进行了多方面的调研、摸索和总结，在架构设计上形成了一定的共识，但还没有出现通用性的总体架构，更没有用以指导飞机健康管理技术建设的规范和标准。

国内机载飞机健康管理架构的研究在军用飞机上有了雏形，民用飞机的自主研发正如火如荼地进行中，民用飞机机载飞机健康管理的构建工作还是空白，需要借鉴国外的架构模型。

国内地面飞机健康管理架构的研究基本属于空白阶段，近年来比较有突破性进展的是商飞客服公司与北京航天测控公司合作研发的 CAPHM 系统，该系统借鉴了国外飞机健康管理地面支持系统框架的先进经验（如 AHM、AIRMAN 等），采用了开放的平台架构，能够在其上扩展故障预测、健康管理等业务，同时能够支持多数据源的应用模式（ACARS、空地无线宽带等）。

国内通信系统的架构随着空地数据链路模式的转变也处于一个转型期，目前空地数据宽带正式引入，民用飞机通信系统的架构也相应地进入了一个规划期，所以还没有成体系的通信架构。

在预研以及标准方面，我国尚没有形成预测与健康管理的设计规范，软件开发工具也正在研究中，无法支持型号的研制工作；而国外在 20 世纪就已经形成了综合诊断的标准（MIL - STD - 1814）以及所有测试环境下的数据交换标准（IEEE1232），在软件工具方面已经具备了 eXpress、TEAMS、ReasonPro 推理机等工具软件。

综上可见，由于我国尚未开展飞机健康管理及地面支持系统总体架构设计的系统性研究，使我国民用飞机的产品支援体制还停留在现有的阶段水平，难以有跨越式的发展，尤其是飞机设计技术的发展迫切需要健康管理技术的同步发展。

国内民用飞机适航标准大多借鉴国外先进经验,持续性适航体系初步建立,但是尚未有民用飞机健康管理技术的研制流程、研制规范。国内民用飞机的适航标准大多借鉴 FAA 的先进经验,近年来也初步形成了符合我国国情的持续适航体系,但是限于飞机健康管理技术的设计和研制还没有全面开展,飞机健康管理技术的研制流程、研制规范均处于空白。国内需要通过定义研制流程,制定研制规范,并按照制定的流程和规范进行系统建设,迭代几轮后逐渐固化飞机健康管理的研制流程和研制规范,从而孵化出符合民用飞机系统特点和研制特点的适航取证、适航审定标准。同时,根据飞机健康管理技术适航审定过程,结合民用飞机现有运营支持系统,建立适合于国内民用飞机的持续适航体系。

国内航空公司在健康管理技术方面开展了有限的探索和实践,南方航空公司于 2006 年开发了飞机远程诊断系统并获得专利,其开发的系统已经应用于南方航空公司机务工程部维修控制中心、运行控制中心以及各分公司维修基地,改变了民航机务维修排故的传统模式;东方航空公司于 2007 年实现了无线 QAR 技术,这些监控系统和技术的开发都大大促进了航空公司对飞机实时监控和健康管理的能力。目前国内能进行实时监控的主要机型有 A320、A330、A340、B737NG、B747－400、B777、ERJ145(50 座)等,中国国际航空公司、中国东方航空公司、中国南方航空公司及海南航空公司、深圳航空公司、厦门航空公司等都在对其主要机队进行实时监控。中国国际航空公司 2009 年开始应用波音飞机健康管理(AHM)系统监控该公司新一代 B737 机队的航行状况,今年扩大了其使用范围,监控该运营商旗下 B777 和 B747－400 机队的飞行状况。

第 2 章　面向客户服务的民用飞机健康管理系统方案

2.1　民用飞机主制造商客户服务模式分析

在信息技术革命的背景下，制造业发展模式已发生深刻变化，制造业和服务业之间正在加速融合，全球制造业产品的价值越来越多依赖于服务的功能、质量、效率和网络，形成了一种新型的商业模式——制造服务业，改变了传统生产和出售的商业模式，实现了从制造商向制造服务商的转型，而用户也从传统的“买产品”变为“买服务”。

民用飞机主制造商需要充分挖掘公司运营管理和产品全寿命周期中所产生数据的价值，借助大数据处理与分析技术，依托云计算平台，将客户端的价值需求作为整个产业链的出发点，帮助分析企业运营管理和产品全寿命周期过程的各种行为活动，提供决策支持。民用飞机主制造商可以借助大数据应用实现全产业链的协同及全产品生命周期闭环，回答好大数据能否用、哪里用、怎么用这三个问题。此外基于云计算平台和大数据分析技术对于民用飞机实现预测式维护有助于主制造商提供基于飞行小时付费模式的一站式维修解决方案，实现民用飞机主制造商服务化的转型。

经过近 30 年的演变，以波音和空客为代表的主制造商的价值定位已由民用飞机产品制造商转变为民用飞机全生命周期解决方案提供商，这种服务化转型已为波音和空客在增加业务收益、提高客户服务水平、巩固市场竞争优势和增强产业上下游的掌控能力等方面带来极大红利。

在全球民用飞机市场同质化产品竞争越来越激烈的环境下，民用飞机产品要获得市场青睐，不仅取决于产品本身的性能，还取决于民用飞机制造商能为客户提供什么样的支援、保障以及额外的增值服务。快捷、高效的客户服务成为民用飞机产品取得商业成功的关键。目前,国外先进民用飞机主制造商都已建立了数字化客户服务系统,客户仅需通过其客户服务平台网站,就能够在线完成查询、下载、提交服务请求等服务内容,及时享受到主制造商提供的客户支援服务、航材备件服务、维修服务、机队服务、飞机服务、航线与机队、融资与租赁、材料验证、零部件、航材在线订购等服务。

当前航空业内部分制造商/供应商的客户服务已呈现出一种新趋势——由面向产品的服务转向预测性服务:发动机制造商 GE 公司运用机载传感器搜集记录发动机空中数据,经智能软件系统分析后,可以为客户提供关于发动机运行状况、故障预测、预维修提示等预测性服务;波音公司的 e-Enabled 战略同样基于网络,在飞机与机场塔台、飞行管理中心、机务中心、航材库和机库之间构建实时数字化环境,依托大数据技术对系统进行统计分析并给出预测;这些分析预测都已超出现有的民用飞机客户服务范围,这种趋势将引领出新一轮的客户服务变革。

2.2 面向客户服务的健康管理系统功能和使用需求分析

民用飞机健康管理系统的主要目的是保证飞机在既有安全水平的前提下实现飞机运营与维护效率最大化,其设计目标是帮助航空公司或用户能够在维护飞机获得成本-效率-收益最大化,主要体现在 3 个方面:

(1) 延长维修间隔,缩短维修用时,提升运营效率;

(2) 提高故障隔离效率,降低维护成本;

(3) 简化维修程序,减少相应的维修培训课程。

为了满足航空公司或用户实现经济、实用维修飞机的需求,健康管理系统可作为飞机维护的一种方式或辅助工具,用来提升飞机维护工作的品质,提高飞机维修的效率,缩短维修时间。

基于航空公司和用户经济性要求,从用户的维修目标出发,健康管理系统的设计目标应至少满足以下要求:

(1) 具备故障及时维修的能力;

(2) 具备提前安排维修计划的能力,以保持系统或设备运行在预定设计状态下;

(3) 具备预测系统、设备的剩余寿命,或预测设备的未来性能的能力;

(4) 为飞机维护提供一个有成本效益的、用户友好的人机界面;

(5) 提供状态监控功能;

(6) 缩减功能测试的时间和维修人员的数量;

(7) 减少非计划维修的次数;

(8) 简化维修程序,降低维修培训的成本;

(9) 减少飞机延迟或航班取消的次数。

健康管理系统功能特性方面,应在传统功能的基础上具备以下新特性或接口。

(1) 中央维护功能产生的维护消息不仅应跟所有相关的 CAS 消息、ND 上相关的故障指示、驾驶舱语音、灯光警示等信息关联,还应关联飞机的定期维护任务、服务消息等信息,关联机组电子日志中记录的标准化的故障记录或异常信息。

(2) 中央维护功能产生的维护消息应具有链接到机上电子维护手册,如故障隔离手册(fault isolation manual,FIM)、飞机维修手册(aircraft maintenance manual, AMM)、最低设备清单(minimum equipment list,MEL)等相关维护程序的能力,且通过电子维护手册中的相关任务指示,应可以链接到系统页面中相应的操作界面。

(3) 中央维护功能应可以对多个飞机系统同时发出的故障报告作出综合判断,识别并记录根故障,舍弃由根故障引起的下游故障。当中央维护功能无法隔离根故障时,应可以根据所有可能故障的发生概率作出推测,为维护人员呈现最有可能的故障消息指示。此外,还应根据维护消息关联的驾驶舱效应(flight deck effects,FDE),定期维护任务等信息,为某一系统中的维护消息及不同系统的所有维护消息做出优先级排序。

(4) 中央维护功能为维护人员提供获取飞机系统设备生命周期数据的接口,当部分飞机系统设备无法提供其生命周期数据时,中央维护功能应可以根据系统故障报告或其他周期性消息监控并提供系统设备的声明周期数据。

(5) 中央维护功能和飞机状态监控功能应具有与通信系统数据链、宽带数据链等系统的接口,重要的维护消息或飞机参数信息应可以在飞机飞行过程中实时下传到地面系统或飞机落地后自动传输到地面系统,下传的维护消息、参数信息和传输方式应支持通过地面工具进行配置或客户化。

(6) 飞机状态监控功能应具有驻留第三方复杂监控算法的能力,允许飞机系统开发商按照 ACMF 应用接口开发针对本系统的监控模型,特别地,应具有支持部分机械电子系统开展系统结构方面的健康监控接口并向中央维护功能报告可能的维护消息。

(7) 数据加载功能的发展趋势方面,地面系统首先应具备将待加载的软件、数据库或配置文件通过安全路径自动上载到机上数据库的能力,其次,机上数据加载功能应可以识别并确认数据库中的待加载数据,支持维护人员通过驾驶舱显示器、EFB、维护访问终端、有线或经安全认证的无线连接的便携式维护终端等多种途径执行数据加载任务。

依据民机健康管理系统的设计目标和发展趋势,表 2-1 列出了对于系统设计目标的系统需求。

表 2-1　民机健康管理系统的设计目标和需求

设计目标	系统需求
具备及时对故障进行维修的能力	监控系统或设备的实时状态,收集其失效状态信息;分析收集到的状态数据,找到系统或设备失效的根故障原因;将分析结果提供给维护人员
具备提前安排维修计划的能力,以保持系统或设备运行在预定设计状态下	监控系统或设备的实时工作状态,并收集数据;分析收集到的数据,评估、判断何时进行维修,并确定维修任务;将分析结果提供给维护人员
具备预测系统、设备的剩余寿命或预测设备的未来性能的能力	监控系统或设备的实时状态,收集其早期磨损、老化迹象和故障状态等信息;分析收集到失效状态数据,评估系统的功能偏离或降级,预测系统、设备的剩余寿命时间或预测设备的未来性能,评估、判断何时进行维修,并确定维修任务;将分析结果提供给维护人员
为飞机维护提供一个有成本效益的、用户友好的人机界面	使用集中式维护计算机系统,替代各种测试开关、维护手册和地面支持设备,来维持飞机保持在各种预定的设计状态下的能力
提供状态监控功能	提供状态监控功能
减少非计划维修的次数	提高故障隔离和探测的能力
简化维修程序,降低维修培训的成本	以简明英语显示故障航线可更换单元(line replaceable unit,LRU)的标识、LRU 拆卸安装程序、派遣偏离指南、替换验证测试和维修指南等信息,提供具备简单直观的用户输入能力
最大限度地减少地面备件的种类和数量,缩减功能测试的时间和维修人员的数量	提供维护信息、数据给地面系统,方便地面维护人员提前制定维修计划

为了满足以上需求,健康管理系统需求如下:

(1) 具备状态监控的能力;

(2) 具备预测系统、设备的剩余寿命或预测设备的未来性能的能力;

(3) 具备集中式自动计算处理能力;

(4) 具备故障隔离、故障探测的能力;

(5) 具备显示故障 LRU 的标识、LRU 拆卸安装程序、派遣偏离指南、替换验证测试和维修指南等信息,显示信息为简明英语格式;

(6) 具备简单直观的用户输入能力;

(7) 具备提供维护信息、数据给地面系统的能力,方便地面维护人员提前制定维修计划。

民用飞机健康管理系统需求可以概括为诊断和预诊断,其中,诊断是提供系统或设备失效和故障诊断的能力,而预诊断是提供预测系统或设备剩余使用时间或性能的预诊断能力。

诊断:诊断是通过监控系统或设备的实时状态,以决定哪些维护需求需要完成的一个过程。只有当观察到系统或设备的状态下降的时候,才会执行诊断。诊断所规定的维护是指当系统或设备的某个状态显示系统或设备的性能下降或可能存在的失效时,所执行的维护任务。系统或设备状态是指在系统或设备失效发生之前,且有一个足够长的时间周期的条件下,能够触发维护行为。因此,维护任务可以在系统或设备发生故障或性能下降之前执行。检查系统或设备状态的技术手段包括无损检测、目视检查、性能数据和定期测试等。同时,状态数据可以周期性地或连续性地收集。

诊断过程的主要步骤包括:

(1) 监控系统或设备的实时工作状态,主要集中在异常状态和失效状态;

(2) 处理监控到的数据,使系统或设备一直保持在其预定的运行状态下;

(3) 决定何时进行维护任务,以解决已发生的故障、预防可能出现的故障;

(4) 执行维护动作,解决并修复已发生的故障、预防潜在故障。

预诊断: 故障预测主要关注的是预测系统或组件正常功能失效的时间。最常见的失效是性能的缺失,当这种失效超过一定范围内就会造成系统无法满足预期设计的性能,又可称为预测性诊断。所以此时预计的时间就成了可用的剩余时间,这对做偶发故障迁移的决定是很重要的。并且,故障预测可以通过评估系统从其正常操作条件偏离或降级的程度来预测组件将来的性能。故障预测是基于失效模式分析、失效条件检测以及对组件磨损、老化、失效等早期情况的检测。一个健全的可以对那些降级或失效可能最终导致系统失效的组件进行监视的系统是一种很有效的故障预测手段。获得一个组件的初始失效信息(包括位置、模式、原因和机制)是很有必要的。同时识别系统要监视的参数也是很重要的。

预诊断过程的主要步骤如下。

(1) 监控系统或设备的实时状态,包括设备运行的所有状态: 正常状态、异常状态和失效状态。

(2) 处理监控到的数据,包括正常运行状态和异常状态下的监控参数数据、失效状态下的故障数据及其监控参数数据。

(3) 分析数据,评估系统或设备的状态,包括功能偏离或降级、磨损或老化迹象、失效或故障未来趋势等。

(4) 预测系统或设备的剩余使用时间。

(5) 判断何时进行维护动作,以及时更换未来性能有下降趋势的系统或有磨损、老化迹象的设备,以达到最经济的维护。

(6) 制定维修计划,完成维修任务,解决并排除故障。

关于民用飞机健康管理系统的功能,根据其实际需求,应具备以下系统级功能。

(1) 中央维护功能: 用于故障检测、故障隔离、故障确认、故障记录、故障数据处理、故障报告生成、故障历史获取、故障历史重置、启动地面测试、获取构型数据等；

(2) 飞机状态监控功能：采集系统参数，执行虚拟快速存储记录器（quick access recorder，QAR）功能，数据分析并预测即将要发生的失效与功能降级，产生实时报文等；

(3) 数据加载功能：在无须拆卸待加载设备的情况下完成机上软件、数据库或配置表的更新。

这些功能可以增加任务系统的可靠性与可用性，也能为机组提供改善重要情况处理的能力，提供基于系统状态和恰当时机进行维护操作的能力，可以通过中央维护功能，飞机状态监控功能的结合使用，实现飞机健康管理的目标。民用飞机健康管理系统能够接收从成员系统 LRU 发送来的故障报告和失效信息等数据，并将这些数据显示在显示器或维护终端上。故障、失效信息的原始数据来源主要来自成员系统的故障探测功能和 BITE 功能。故障数据和失效数据包括成员系统报告的故障和失效数据，以及民用飞机健康管理系统计算处理的故障、失效数据。系统还能够对这些故障数据进行检索、分类，识别或确认这些故障和失效数据，从而将故障隔离到单个的 LRU 或接口，帮助维护人员发现并修理故障。系统对故障数据进行整理，使其以简单易懂的、统一的格式显示在显示器上，并存储在数据库中或以统一的、标准的格式将数据下载到地面上。系统能够支持某一特定的成员系统 LRU 执行地面测试功能，并能够持续监控所有成员系统的 BITE 输入数据以及各成员系统的健康状态，持续监控时间是从成员系统开机自测试开始，一直到设备关机。

如果飞机安装了双套民用飞机机载健康管理系统应用，那么民用飞机机载健康管理系统应能够探测其内部发生的故障和接口故障，并能够处理所有成员系统的 BITE 输入数据。包括分析来自成员系统的数据和其他有歧义的、不明确的失效报告，确认故障数据。存储失效数据，以及与失效数据相关联的驾驶舱效应数据。

同时民用飞机机载健康管理系统应该需要有足够的固定存储器（non-volatile memory，NVM）存储空间用于存储成员系统的失效数据，如驾驶舱效应信息、失效的 LRU、机载维护文档、飞行阶段故障/失效发生的时间和日期、其他支持的飞行参数等。

民用飞机机载健康管理系统应该有足够的 NVM 用来存储失效 LRU 的软硬件构型信息和航线唯一识别号，同时应具备机上更新软件的能力，可以在不将其从飞机上拆卸下来的情况下完成软件更新的工作，并且能够支持人工启动上电自测试功能。

同时只有当飞机处于地面状态，且当前飞机状态满足成员系统 LRU 内锁逻辑，地面测试功能才能被激活，并被使用。通过使用地面测试功能，可以最大限度地减少地面支持设备(ground support equipment,GSE)的数量,减少飞机维护的时间和成本。地面测试的功能应包括如下。

(1) LRU替换验证测试:LRU替换验证测试应验证,更换或维修后的LRU的基本运行参数及其接口性能正常。

(2) 系统测试:系统测试应能表明系统在首次安装或大修后,满足系统设计规范、容限要求,主要用于确定系统某些特定参数是否位于设计容限范围内。需要注意的是,在实际操作过程中,与系统设计规范中定义的操作相比,实际维修环境与工厂或设计试验室是截然不同的。因此,设计时应考虑,当系统工作在运营中的飞机上应允许其发生合理的性能下降。性能下降可能是持续的使用引起,也可能是环境带来的温度、压力、湿度、振动等因素产生的容限变化而引起。

(3) 调整测试:民用飞机机载健康管理系统应能够为成员系统提供触发式的指令及相应的返回信息,以用于激活校准、调整功能,而不需要特殊的测试设备。成员系统应传送相应的运算测量结果和数据给民机机载健康管理系统计算模块,用于支持部件校准与调整功能。民机机载健康管理系统应能够监控、接收及显示与系统计算模块有信号交联的接口状态。

(4) 运行测试:运行测试应决定系统的所有部分(包括余度通道以及通信链路)安装良好并功能正常。民用飞机健康管理系统是对飞机和飞行性能进行监控的系统,主要对飞机维护、故障数据、飞机运行数据和趋势监控等数据进行监控和记录。能为用户提供必要的数据、信息,进而为飞机快速制定及时的、适时的维修计划。其应能获取与系统趋势事件或飞行分析相关的系统数据,并能为不同用户提供客户化服务。同时,其设计应符合硬件和软件设计要求规范。用户专用的、自定义功能(自定义应用程序)应满足相关的适航要求,而不需要重取证。用户自定义应用程序应可加载。民用飞机健康管理系统应能够在确定数据的有效性的前提下获取、接收模拟量信号、离散量信号和飞机总线信号,同时也能获取一系列与预定事件相关的、用于事件监控的数据,记录这些事件和数据,并产生报告。

民用飞机机载健康管理系统需要能监控不同采样率的系统状态,采样率最大不能超过被监控系统所能达到的最大采样率,并转换原始数据的工程单位,并能执行标准的滤波功能,如虚部取反、闭锁以及平滑,其应能获取容错系统的冗余状态。在多级功能冗余设计下的系统,获取系统降级状态报告,可帮助用户提前制定相应的维修计划。同时应提供预诊断信息,特别是针对可能对当前航段或下一航段飞行造成影响的潜在故障状态;如果系统的成员系统包含冗余设计,则设立较高的故障诊断阈值,当冗余架构未按照设计规范运行时,需向上一层级诊断系统报告该状态;跟踪飞行中出现的间歇性故障状态,通过故障诊断模型提高间歇性故障处理效率;诊断和预诊断模型应可以隔离出根故障,并通过数据积累提高模型的准确率;系统可以检测出模糊故障组时,有必要对模糊故障组中的故障做出排序,但是故障的发生概率无须呈现给航空公司用户，否则易造成误导；系统诊断和预诊断模型应可以基于多个飞行航段的数据输入做出更为准确的诊断结果判断，也即提供跨飞行航段的故障诊断和状态预诊断能力；系统应可以并行处理多种故障状态，如稳定性故障或间歇性故障，本定性故障或扩散性故障等。系统应能监控一系列选定的飞机数据，这些数据可用于布尔逻辑运算和算术法则。这些运算法则可以判断计算结果，特定事件发生等。同时应能记录采集或衍生的数据，它应支持数据在大容量存储设备中进行记录如用户定义格式的可选磁带、磁片、固化记录器。系统能采集和存储来自不同 LRU 的数据，并采集与某一特定事件相关的，事件发生时间内的所有数据。

事件可以是飞行包线中的一个指定点、常规程序或内部逻辑触发的基本异常、机组告警事件或在驾驶舱上人为触发事件按钮等。事件发生事件是一个快照数据或是有起始点和结束点的一段时间，也可以是事件发生所在的时间范围或事件发生前的时间或事件发生后的时间。事件报告包括一个头文件，应包括：报告 ID、飞机 ID、日期和时间、航班号、起飞和着陆地点、航段、软件部件号等内容。系统应能将报告存储于 NVM 存储器中，并根据每航段报告存储发生的次数、第一次或最后一次发生报告保存、每次报告发生的飞行航段、每个报告的最大保存次数等参数对数据保存进行管理。

同时，系统应能根据用户要求删除 NVM 里的报告，并将数据发送给一些输出设备，这些设备包括：维护访问终端、机载打印机、数据链（如 ACARS）、数据加载、大容量存储器。

数据应可通过数据链进行传输，民用飞机机载健康管理系统应根据用户选择输出并基于指定方式下发报告，如数据链组件就续后即时进行传输、飞行员检视后才进行传输、数据链上行请求后下发下一个报告等。

系统能够提供飞机构型信息，包括各系统或设备 LRU 的软/硬件件号、版本、序列号、状态等构型信息，并能够访问、获取维护文档，支持维护人员的维修工作。维护人员可以对维护文档进行访问、索引、关键字搜索、部件号等操作。

2.3 民用飞机健康管理系统总体方案架构

民用飞机健康管理系统主要由机载系统、通信传输链路、地面系统以及航空公司的运营支持系统构成。民用飞机健康管理系统顶层架构初步设计如图 2-1 所示。

（1）机载系统：民用飞机机载健康管理系统是整个系统的前端，负责采集机上各系统运行的信息，同时针对采集的信息进行实时处理与存储，并在飞机飞行过程中将处理结果以及机上重要信息进行下传；当飞机回到地面以后，可以通过民用

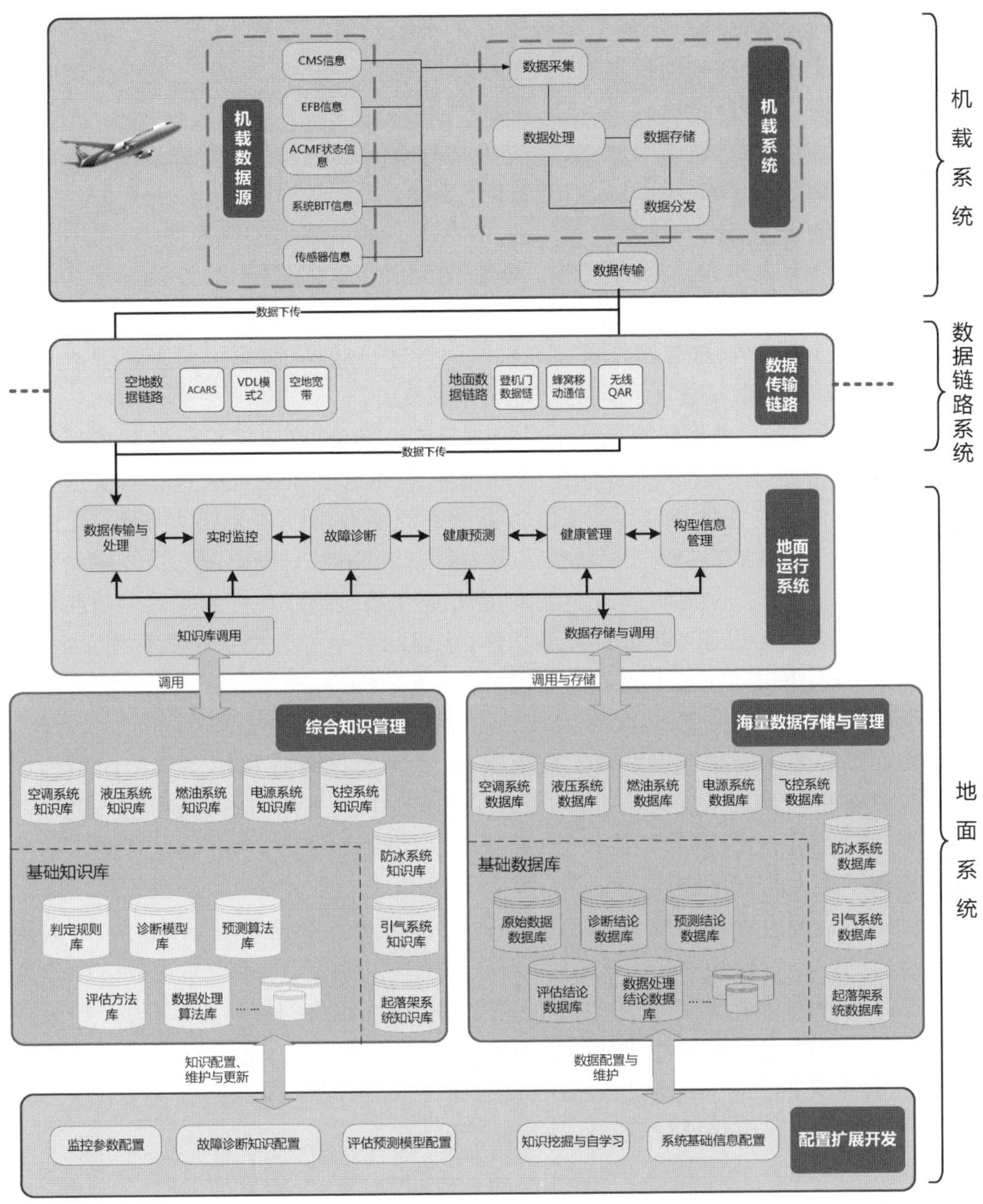

图 2-1　民用飞机健康管理系统顶层架构初步设计

飞机机载健康管理系统将采集存储的信息内容通过无线或有线的方式进行大批量的输出。民用飞机健康管理系统主要实现飞机的状态监测、故障检测、故障隔离、性能监控以及故障诊断功能,并支持软件的客户化能力。

机载健康管理架构研究以美国 4 代先进攻击机 F-35 最为突出。在 F-35 中首次应用飞机健康管理系统体系结构是一个不断发展的过程,主要从三层结构来进行规划和设计,包括软硬件监控层、分系统管理层、平台管理层。民用飞机的架构也可参照该架构进行设计。

(2)数据链路系统:由空地数据链和地面通信链路两部分组成,分别满足飞行中的实时数据下传和回到地面后的数据传输。

数据链路系统架构的研究发展迅猛,随着无线通信技术的飞速发展,民用飞机的通信链路由传统的 ACARS 下传模式正在向无线传输模式转化,无线宽带是国外较新的传输模式。通信系统的搭建基于该传输模式开展,国外已建立了比较稳固的空地数据通信网络,这种网络覆盖飞机健康管理机载系统、飞机健康管理地面系统、地面手持终端等,搭建了稳定的空地通信系统。

(3)地面系统:地面系统是整个系统的最核心部分,一方面可以针对接收到的机载信息内容,通过故障诊断、健康预测、健康管理组成的飞机健康管理系统进行深层次的分析与处理,并具有与其他系统信息交互的能力;另一方面,提供客户化配置工具,实现用户针对机载数据处理规则方法、地面诊断方法、健康评估方法、健康管理方法等多种处理方法的维护、管理与配置,满足整个系统通用化配置和具有功能扩展性的要求。最后,为保证数据库的可维护性,构建两类基于数据层面的管理及应用,将地面系统应用的故障模型、诊断规则、预测算法、健康管理方法等知识库内容进行统一管理,将采集处理的数据、诊断输出结论、故障预测结果等信息进行统一的管理。

地面顶层架构的研究仍然以宏观层次为主,但是国外在民用飞机的应用领域有相对成熟和稳定的系统架构,比如波音公司的 AHM 系统、空客公司的 AIRMAN 系统等,都具有相对稳定的架构设计,并且在保障系统的安全运营、提高维修效率方面起到了很大的帮助作用。

民用飞机健康管理系统应具有故障诊断,故障预测和健康评估能力。对故障诊断能力的评估可分为两个层次,一是对故障征兆的判断,即要求对微弱故障信息有足够高的分辨灵敏度;二是对故障有效检测和精确定位,具体可分解为:① 故障的检测与隔离能力主要包括对故障能有效检测和精确定位;误报和漏报应尽可能少;对故障征兆的判断准确;② 检测隔离的速度应尽量快,即延迟时间短;③ 对背景噪声和工况变化应足够稳定;④ 诊断置信度高。

根据上述能力分解情况,提出以下主要参数:① 平均故障检测时间要求;② 故障检测率,检测到的故障占所有故障的比例;③ 故障虚警率,故障报警在所有的非故障事件中所占的比例;④ 稳定性,稳定性用以衡量某故障严重度在峰-峰值变化过程中相应置信水平的变化范围;⑤ 工况敏感度,工况的敏感度用以衡量在不同的工况状态下,健康监测系统算法的输出差异。

对故障预测的能力评估可以从下面几个方面进行考虑:① 应覆盖可行的所有对象;② 预测应准确,一是预测的准确度高;二是预测曲线簇“聚集”;③ 预测及时性好；④ 置信度高；⑤ 对背景噪声和工况变化应足够稳定；⑥ 对损失演变敏感。

对健康状态评估能力评价可以从下面几个方面进行考虑：① 应覆盖可行的所有对象；② 评估需要给出定性和定量的评估结果，包括评估的准确度和置信度；③ 强鲁棒性，即对背景噪声和工况变化的适应性；④ 微弱损伤的评估与识别能力，即具有一定的预测能力。

2.3.1　机载系统

民用飞机机载健康管理系统主要由传感器、预处理软件、中央处理软件、数据分析软件和综合分发接口软件等组成，通过传感器获取系统或部件的原始状态信息，由分散于各系统中的预处理软件进行数据的初步处理和计算，以提高数据的有效性和传输效率，借助中央维护计算系统，可以将来自各系统或机械结构部件的预处理后的数据进行综合处理、融合与优化以提取根故障，数据分析软件在获取根故障或大量状态参数的基础上进行进一步的分析计算，确定系统状态的变化趋势并通过综合分发接口软件为飞机运营监控人员、维护人员等给出行动建议。

民用飞机机载健康管理系统架构的核心是基于故障模型的故障诊断技术，通过分析检查各成员系统的基本故障模型中的故障隔离关系及传递关系实现飞机级的故障建模，为实现民用飞机机载健康管理系统设计的模块化、跨平台、开放性提供技术基础。

民用飞机机载健康管理系统装置在网络服务系统（network server system，NSS）中，它接受来自航电系统（通过一个安全的通信接口）和驾驶舱中其他各个系统的数据，维护数据可以通过 NSS 进行存储，并在飞行过程中传送给地面控制中心和服务人员。民用飞机机载健康管理系统结构如图 2-2 所示。

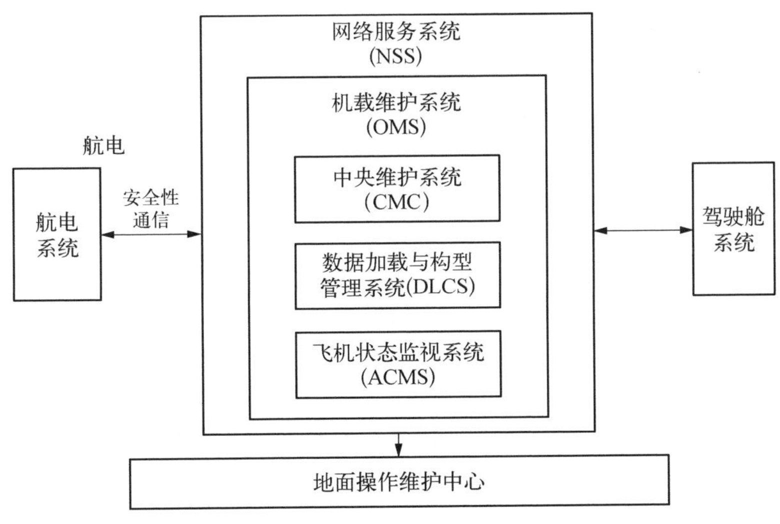

图 2-2　民用飞机机载健康管理系统结构图

民用飞机机载健康管理系统具有开放系统体系结构，它是一个基于集成处理中心内公共计算模块上的应用软件，需要具备三个主要功能：故障诊断、飞机状态监控、数据加载。

民用飞机机载健康管理系统为机上维护相关的信息提供了一个综合的框架，从系统的角度来讲，系统起到综合信息的作用，并将其更加方便快捷地提供给维护技术人员，维护系统对 LRU 监控的广度和深度由各个系统来决定，根据飞机上各个系统的要求，将收集的相关信号通过故障方程进行判断并记录为相应的故障信息。

民用飞机机载健康管理系统也应具有软件客户化的功能，以方便运营商以及飞行员更有效地处理其飞行中的故障数据。机载软件客户化的核心业务为：当航空公司用户在使用过程中发现新的监控、分析等需求时，应用机载软件客户化地面工具对机载软件内部逻辑、显示内容等进行编译，仿真验证通过后利用打包封装工具生成可加载机载软件客户化配置文件，并通过维护笔记本、无线连接等形式加载至相应飞机系统，从而使飞机形成新的监控逻辑、显示内容及报文等。之后开展相应的飞行测试验证客户化效果，经过多次优化迭代，完成机载软件客户化工作。

根据以上业务功能需求的分析，机载软件客户化的业务架构如图 2－3 所示。

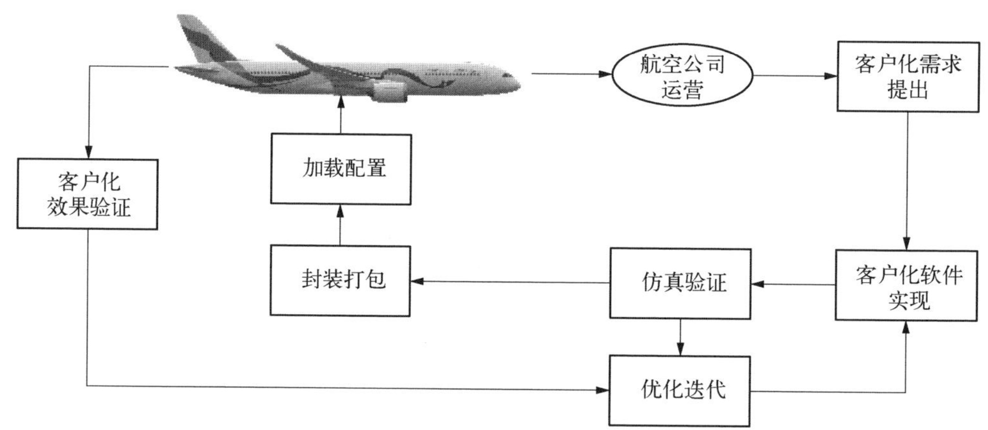

图 2－3　机载软件客户化业务架构图

机载软件客户化系统业务主要通过基础业务构件，实现民用飞机的机载软件客户化功能，重点业务功能如下。

客户化软件实现：航空公司用户按照自身运营维护需求，利用机载软件客户化地面工具进行编程，产生客户化程序，程序加载至飞机后，相应机载系统可以按需生成客户化参数、报文、逻辑等。

仿真验证：航空公司用户完成客户化软件实现后，利用机载软件客户化仿真模拟功能对客户化程序进行可视化验证，通过可视化界面校验报文、参数、逻辑等客户化内容，验证编程逻辑的正确性。

封装打包：航空公司用户对客户化程序不断迭代优化直到通过仿真验证后，利用机载软件客户化封装打包工具将客户化程序按一定格式封装，并添加密钥、签名及安装路径，生成机载软件客户化配置文件，保证客户化程序可以按照机载系统认可的格式安全加装。

加载配置：航空公司用户利用维护笔记本、软盘、无线连接等形式将机载软件客户化配置文件加载至飞机，通过电子分发系统对文件进行认证与分发，程序相关成员系统对该文件进行加载，从而实现对机载系统的客户化配置。

2.3.2　数据通信系统

飞机健康管理数据通信系统的设计遵循：① 整体而言，与民用飞机型号的通信系统方案、导航系统方案、信息系统方案、客舱系统方案、维护系统方案中定义的系统状态相吻合；② 旨在研究和突破前置型号积累不足或未曾实施的技术，为民用飞机的型号发展做出必要支持，对前置型号上已经较为成熟的技术不做过多涉及；③ 具备一定的前瞻性，对民用飞机系统方案中做出未来可发展规划的技术进行研究和设计；④ 系统基于综合模块化航电（integrated modular avionics，IMA）技术的通用性、开放式、模块化系统构架；⑤ 系统设计研制采用世界民用飞机项目通用的工业标准和规范。

系统有以下主要功能。

（1）数据链通信系统应用软件：驻留在 IMA 平台上，包括 FANS1/A+、FANS 2/B、ARINC623ATS、机场运行控制（airport operation control，AOC）。

（2）数据链通信系统路由：驻留在 IMA 平台上，包括 ACARS 路由栈和民航航空电信网（aviation telecommunication network，ATN）Baseline1 路由栈，可实现数据处理、数据存储、数据传输、路由策略管理、链路监控和选择等功能。

（3）信息系统路由：驻留在信息系统服务计算机上，具有数据预处理、数据存储、链路选择、路由网关、文件传输、链路状态监控等功能。

（4）数据安全及防火墙技术：针对不同网络的安全等级要求，采用有效安全隔离、地址隐藏、网络拓扑隐藏、路由信息和 IP 数据包加密等措施，防止窃听、中断、篡改或伪造等来自外部网络的入侵；研究能实现身份鉴别、数据签名和数据完整性验证，具有灵活的密钥配置、支持集中式密钥与分布式密钥管理的飞机健康数据传输网络的安全管理技术。

（5）地面处理系统：飞机健康管理数据压缩后，通过空地链路及地面站传输到飞机健康管理地面系统，通过数据协议解析、数据解压缩、解码、解密等处理后，与航空器独立监视在与现有数据处理中心进行数据的融合后再进行综合处理、管理和分发。

主要性能如下。

(1) 需求涵盖：功能性要求、适航性要求、安全性要求、经济性要求；

(2) 具有稳健的系统安全和数据安全能力；

(3) 支持基于安全等级的飞机健康管理数据传输；

(4) 网络安全：系统应具有区域划分、边界防护、入侵防范等能力；

(5) 应用安全：系统应用应具有容错性，通信传输应具有完整性、保密性等能力；

(6) 数据安全：具备保密性、完整性要求，并具有备份和恢复能力；

(7) 地面处理与传输系统具备安全性。

2.3.3 地面系统

系统在建设过程中以业务需求为导向，采用构件化建设思路，基于云计算和大数据技术架构，设计和构建适用于民用飞机的飞机健康管理地面系统。总体架构如图 2-4 所示。

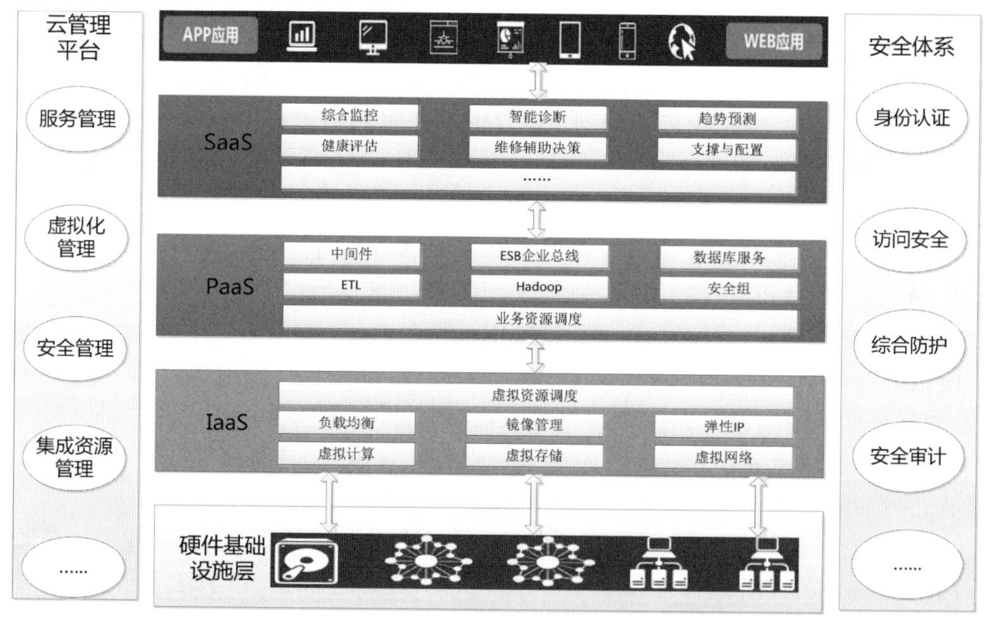

图 2-4 飞机健康管理地面系统总体架构图

飞机健康管理地面系统通过空地双向数据通信链路实现飞机机载系统信息数据与地面系统信息数据的双向传输，对整个航程中飞机的飞行状态进行全程综合监控；同时根据故障信息，按照一定的处理逻辑，基于飞机健康管理地面智能诊断与推理方法，实现对民用飞机典型系统及其关键部件的深层次诊断，并将故障诊断信息转化为维修活动管理与维修决策信息，保障民用飞机的运行、维护等相关活动；通过对航后数据的收集、整理与分析，结合典型系统的趋势和故障预测模型，分析系统的性能变化及周期性变化规律，基于近一段时间内系统性能所处趋势阶段，预测未来趋势走向与系统的工作能力，判断系统关键部件的故障发生时间，以便维修人员提前做好维修准备，实现维修精益化管理。结合飞机的参数信息、可靠性数据信息评估单机和机队的健康状态，从而为机队及机队中的每一架飞机提供维修决策建议。

根据系统业务功能需求的分析以及上述内容，初步拟定飞机健康管理地面系统的业务架构如图 2－5 所示。

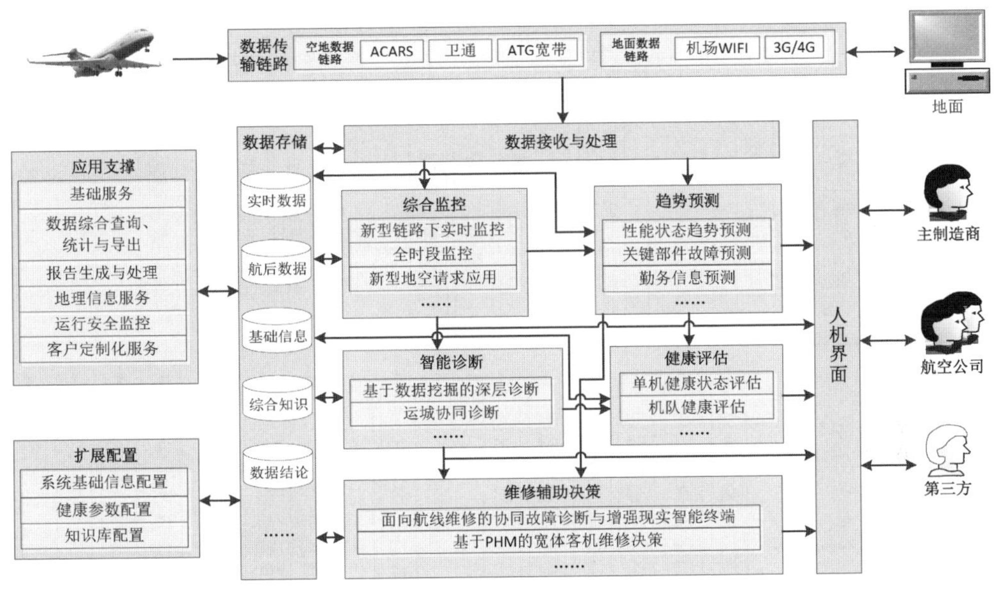

图 2－5　飞机健康管理地面系统的业务架构

飞机健康管理地面系统采用构架化设计思路，拟划分成为基础构件（主要包含运算构件、基础服务构件）、业务构件以及第三方构件。

基础构件重点实现支撑地面飞机健康管理平台运行的最基础的运算构件功能和共性支撑服务。运算构件可包括配置信息构件包、定时器管理构件包、日期操作构件包、文件上传构件包、信息发送构件包、事件管理构件包、数据库构件包、可扩展标记语言（extensible markup language，XML）操作构件包、数据计算构件包等；共性支撑服务提供系统本身在安全性、可靠性、流程控制等方面的服务，还包括数据构件、报表构件、工作流构件、权限控制构件、用户登录构件、性能监控构件、系统日志构件、邮件服务构件、短信服务构件、地理服务构件、消息服务构件、页面构件等基础服务相关构件。

第三方构件主要为支撑系统运行的 IT 支撑、基础计算、公用工具等。

民用飞机健康管理地面系统业务主要通过基础业务构件，实现民用飞机的地面健康管理功能。构件库划分示意图如图 2－6 所示。

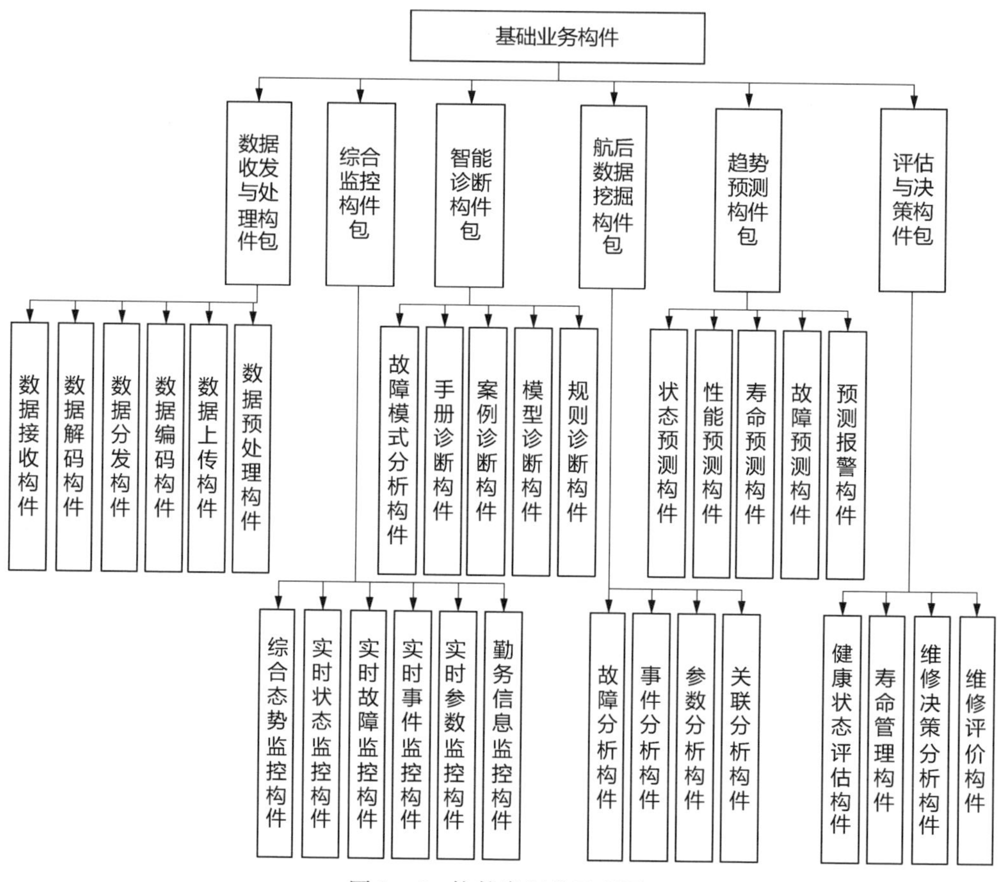

图 2－6　构件库划分示意图

飞机健康管理地面系统将采用云计算平台架构技术，利用分布式存储、分布式计算技术，为业务应用提供完整的技术服务支撑。如图 2－7 所示，采用 SaaS、PaaS、IaaS 应用服务模式。IaaS 层通常是将虚拟化的平台环境作为一项服务，主要组成部分为计算机基础设施，为上层应用系统提供计算、网络、存储等资源。PaaS 把应用服务的运行和开发环境作为一种服务，为开发人员提供了构件应用程序的环境。SaaS 层为用户提供了基于云的功能模块应用，包括综合监控、智能诊断、趋势预测、健康评估与维修辅助决策等。

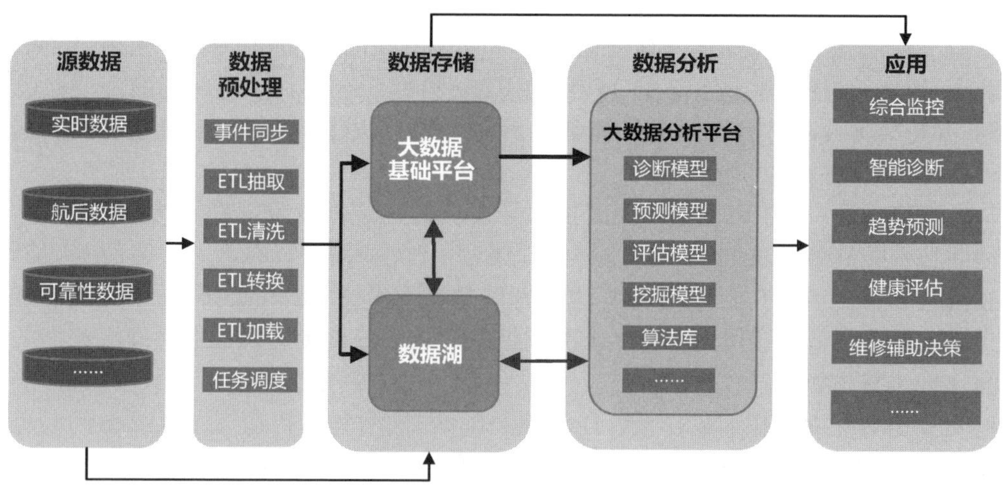

图 2-7　大数据平台体系架构

飞机健康管理数据遵循“源数据-预处理-存储-分析-应用”的处理过程。源数据(如实时数据、航后数据、可靠性数据等)经过数据仓库技术(extract-transform-load,ETL)抽取、清晰、转换、加载等数据预处理过程,转入数据存储层数据库中,然后经过数据分析或数据挖掘过程,应用到飞机健康管理各业务模块中。

飞机健康管理地面系统运行在云计算大数据平台体系架构上,针对不同应用场景和业务功能的软件工具集,系统支持在移动终端、PC 终端等不同模式、不同场景下的应用,以满足未来平台开放性、灵活性、可伸缩性和实用性的云服务模式原则。系统重点实现以下几方面功能应用需求。

综合监控:飞机健康管理地面系统综合监控功能,在前期基于传统实时传输手段的实时监控应用基础上,针对未来民用飞机实现综合监控应用。一方面,完成适应性修改与基于传统实时传输手段的实时航行动态、故障监控应用,实现多维度可视化展示;另一方面,实现适应未来先进通信链路,如空地宽带通信(air to ground,ATG)等模式下的新型功能应用。

多维度可视化展示综合监控也是必要的,在飞机运行数据库的支撑下,对飞机运行信息进行统计分析及多维度可视化展示(柱状、折线、饼图、面积等),以及对飞机典型系统关键参数历史趋势进行多维度可视化展示,可视化结果随数据的更新自动更新,并支持用户从时间、参数、特征等维度进行筛选定制。

智能诊断:智能诊断的主要目标应实现典型系统的地面智能诊断功能,并基于大数据分析手段实现智能诊断。地面智能诊断与推理技术是整个飞机健康管理系统的重要组成部分。随着民用飞机集成度、复杂性的增加,传统的基于案例推理与手册的故障诊断技术已经不能满足智能诊断的需求。在前期大型客机基于案例与手册的故障诊断工程研制基础上，通过研究飞机健康管理地面智能诊断与推理方法，针对民用飞机发动机/辅助动力装置（auxiliary power unit，APU）、气源、空调、液压、燃油、飞控等典型系统，实现对民用飞机典型系统及其关键部件的深层次诊断，并将故障诊断信息转化为维修活动管理与维修决策信息，保障民用飞机的运行、维护等相关活动。

趋势预测：民用飞机趋势预测技术是飞机健康管理技术区别于传统的监测/诊断技术的重要标志，也是飞机健康管理能力及优越性的核心之一。在故障诊断建模与分析技术能力提升的同时，也应开展趋势预测技术的相关研究，以此提升和突破性能退化预测应用的成熟度及关键技术。通过分析飞机系统未来健康状态的演化规律与趋势，为民用飞机的运行维护与勤务计划制定提供支持。其中，性能衰减趋势预测应实现基于状态与数据的趋势预测，采用基于状态与飞行数据的趋势预测技术，选取状态变化趋势明显的民用飞机典型系统为对象，分析系统的性能变化及周期性变化规律，基于近一段时间内系统性能所处趋势阶段，预测未来趋势走向与系统的工作能力，为维修决策提供有力的依据。而故障失效预测应以民用飞机发动机、APU、液压系统、起落架、气源系统、空调、电源、飞控和燃油等典型系统中的关键部件为研究对象，利用经过预处理的海量历史数据、实时飞行数据等信息，加载故障预测模型，实现对民用飞机典型系统关键部件的故障预测，从而及时获知关键部件的故障发生时间及剩余寿命，以便维修人员提前做好维修准备，实现维修精益化管理。故障失效预测的功能是进行飞机的关键参数的故障失效预测和分析，为后续的预测和维修过程提供依据。该模块利用飞机大量的历史数据、故障信息以及相关的预测模型和知识，通过对飞机部件当前状态、数据与历史状态变化模式的对比分析，从而确定飞机部件和系统的当前状态，对其是否进入故障潜伏期进行评判，实现故障的预测。

健康评估：在民用飞机故障诊断建模与分析基础上，构建民用飞机健康状态评估体系，实现多级健康状态评估。结合飞机的参数信息与可靠性数据信息，从健康目标层、健康指标层、健康评估层、健康指数层、健康等级层五个方面构建健康评估指标体系，评估单机和机队的健康状态，从而为机队及机队中的每一架飞机提供维修决策建议。主要功能如下。

（1）单机健康状态评估：在监控状态评估体系构建技术的基础上，进一步对民用飞机单机健康状态进行评估，分析民用飞机典型系统及其关键部件的健康状态，分析故障发生的概率，确定健康管理初步实施方案。单机健康评估模块的主要功能是根据评估模型和测试数据、基本数据等信息生成部件级、分系统、整机的健康状态评估结果，以及整机健康状态历史信息分析结果。

（2）机队健康评估：在上述内容的基础上，进一步对机队健康状态进行评估，结合机队单机的役龄、维修历史、任务规划等因素，给出单机综合健康状态，进一步给出机队内单机维修风险的优先级，为机队及机队中每架民用飞机的使用提供决策建议。机队健康评估模块融合机队中所有飞机的健康信息，形成全机队的健康指数，并以直观的方式显示出每架飞机的健康状态指标。

维修辅助决策：在飞机健康管理系统智能诊断、性能趋势预测与健康评估的基础上，以降低维修难度为目标，实现民用飞机智能维修决策，分析民用飞机维修的影响因素，制定维修策略，构建飞机健康管理地面维修决策平台，为机务维修人员的维修工作提供辅助决策支持。同时，在分析民用飞机故障信息、剩余寿命、产品支援信息、设备历史信息与任务状态以及维修影响因素的基础上，结合现有民航维修体制，以及主制造商、系统供应商和客户需要提供的技术服务内容与服务策略；综合权衡系统可用度/时间、费用与风险等维修目标，以及维修能力和资源等约束条件，建立维修决策因素及策略体系。在此基础上基于系统当前健康状态信息和性能衰退趋势进行维修决策。综合维修目标与约束条件，结合故障诊断与健康预测信息，建立民用飞机维修决策模型，为地勤人员及机组管理人员提供快速有效的维修决策与运营管理信息支持。

应用支撑与扩展配置：应用支撑与扩展配置提供基础的应用支撑平台及配置工具，主要包括：共性支撑服务、扩展配置服务、知识管理服务。其中，共性支撑服务为上层业务系统提供基础的软件服务，实现系统中所涉及的基础功能，主要包括：基础服务、报表处理服务、报告生成服务、地理信息服务、系统运行安全监控服务。扩展配置服务对地面接收数据的解码、分析逻辑、健康管理算法功能进行配置和扩展开发，使系统具备持续完善的能力。主要包括：监控参数配置管理、飞机健康管理信息构型配置管理、基础信息配置管理。

第 3 章 民用飞机机载健康管理系统设计

3.1 系统架构

民用飞机机载健康管理系统初步架构如图 3-1 所示。民用飞机机载健康管理功能软件驻留在公共信息处理平台中,实现中央维护功能和飞机状态监控功能,其中中央维护功能的故障诊断是基于民用飞机机载健康管理分析模型算法实现,此外还与飞机系统、结构传感器、打印机、数据链、多功能显示器等有接口。

民用飞机机载健康管理系统架构设计方案顶层设计遵循以下原则。

(1) 故障预测与民用飞机机载健康管理系统的设计应参考 A604-1、A624-1、A615/A615A 等行业规范,符合 CCAR-25、CCAR-121、ARP-4754A、DO-178B 等规章文件,降低飞机维护成本和维护人员培训成本,提升飞机安全性和运营经济性。

(2) 故障预测与民用飞机机载健康管理系统作为航空公司维护人员开展故障检测与隔离、进行飞机状态监控数据收集等操作的有效工具之一,其信息的使用必须与系统的实际运行状态和规定的程序、要求相符合。

(3) 故障预测与民用飞机机载健康管理系统的开发符合较低级别的过程保证要求,飞机健康管理与其他系统的交互接口设计需分别提供与各自过程保证要求相符合的设计特性。

(4) 故障预测与民用飞机机载健康管理系统的目标是为所有成员系统提供统一的机上功能接口或操作服务支持,如启动测试、数据加载等,飞机健康管理的接口要求不应对成员系统机外的接口设计造成影响。

(5) 故障预测与民用飞机机载健康管理系统的设计应具有充

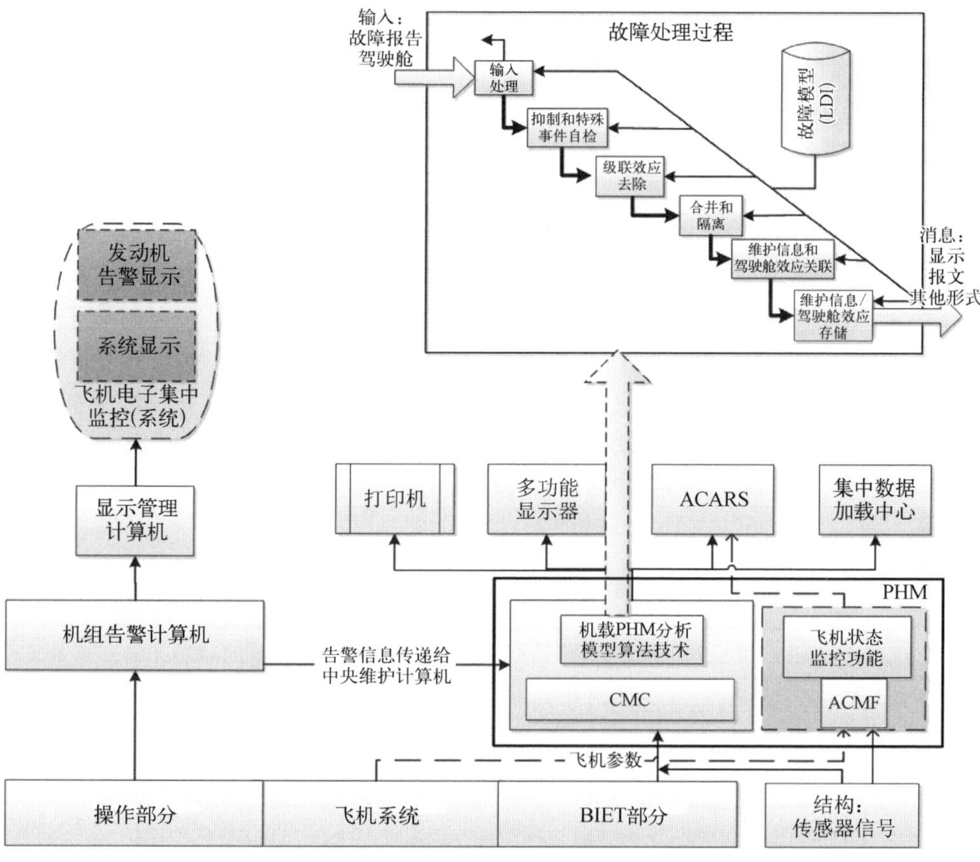

图 3－1　民用飞机机载健康管理系统初步架构示意图

分的灵活性和扩展能力，允许在较低成本下完成系统功能的优化升级或功能扩展。

（6）故障预测与民用飞机机载健康管理系统的设计应尽可能减少对 GSE、自动测试仪器（automatic test equipment，ATE）的使用需求。

（7）故障预测与民用飞机机载健康管理系统应提供开展成员系统故障报告分类的指南或应用工具，使中央维修计算功能接收的故障报告可以按照输入接口、输出接口、内部或线路故障等方式进行分类。

（8）故障预测与民用飞机机载健康管理系统与成员系统之间的数据交互，在不明显占用飞机网络资源的情况下，应优先考虑通过自动方式实现，如果自动报告方式不可用或影响到成员系统、飞机网络的功能、性能时，可以选择采用基于人工请求的数据获取方式。

（9）故障预测与民用飞机机载健康管理系统架构设计应同时兼顾“公共信息处理平台中尽可能驻留更多应用”和“加强故障预测与民用飞机机载健康管理系统和信息系统接口交联”的原则。

(10) 故障预测与民用飞机机载健康管理系统设计应充分考虑新研设备和成熟产品的接口类型,在系统开发过程中尽可能兼容采用较旧接口协议的系统或设备。

(11) 故障预测与民用飞机机载健康管理系统支持的各类访问终端上访问的同类维护数据或允许维护人员执行的同类维护活动,显示页面的内容和风格应尽可能保持一致性。

(12) 故障预测与民用飞机机载健康管理系统的设计应与以往型号的 OMS 产品在功能、接口和使用程序等方面保持最大限度的继承性。

民用飞机机载健康管理系统由中央维护子系统(CMS)、飞机状态监控子系统(ACMS)和机上数据加载子系统(onboard data loading subsystem, ODLS)三个子系统组成,每个子系统承担一项或多项系统级功能,这些功能与公共支持性功能一起组成民用飞机机载健康管理系统功能。子系统承担的系统级功能都会调用公共支持性功能中的接口或处理资源,如图 3-2 所示。

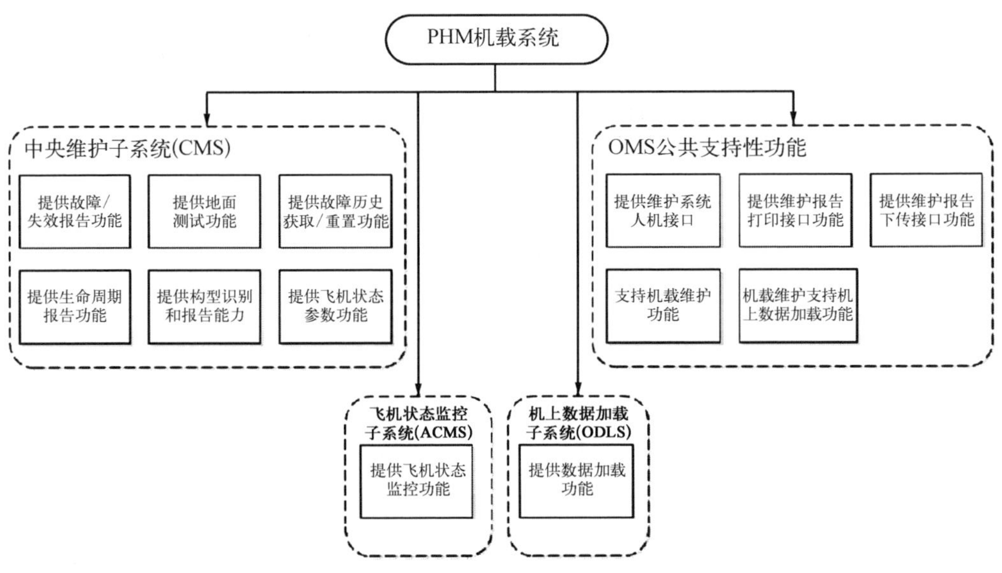

图 3-2 民用飞机机载健康管理系统示意图

健康管理系统与飞机系统和机械结构传感器有接口,还与驾驶舱显示器、ACARS 数据链、打印机等有接口。其当前技术方案采用的是软件驻留架构,不包括独立的硬件设备。

3.2 需求分析

民用飞机机载健康管理系统需求主要包括: ① 数据信息需求,民用飞机机载健康管理系统必需获取的数据项、数据用途、数据类型等;② 功能需求：民用飞机机载健康管理的接口系统、系统组成要素等,机载健康管理设计要求;③ 数据接口技术：民用飞机机载健康管理系统与机上其他系统的交互接口、民用飞机机载健康管理系统与地面系统的接口。

3.2.1 数据信息需求分析

健康管理系统接收两类数据信息作为数据源,分别是：

(1) 能够自动接收并处理飞机在飞行过程中的实时数据信息,如 ACARS 报文、卫通维护数据、ATG 通信维护数据等;

(2) 能够接收并处理航后发送的数据信息,如航后报(post flight report,PFR)、无线 QAR 数据、电子飞行记录本(ELB)数据、来自信息系统的存储数据等。

健康管理系统应该能够存储并管理原始数据,支持 PB 级数据存储,并具备扩展能力。通过系统可以方便地访问原始数据,包括查看、按条件查询、导出等。在接收到新的源数据后,能够自动处理源数据,并自动将处理后的计算结果更新到显示终端,自动刷新用户相应的显示内容。综上分析得出,整个系统需要记录两大类数据内容,分别是：飞机在飞行或回到地面之后向该系统输入的原始数据,以及经过该系统处理后的结果数据。原始数据信息遵循以下一些原则进行选择：影响飞机签派放行的信息、在地面难以复现的故障信息、机载设备已经监控的故障信息、基础性信息。根据以上原则确定原始数据主要包括以下几类。

(1) 飞机运行基本信息：主要包括飞机基本构型信息以及使用状态信息等。

(2) 实时航行动态信息：这类信息是为满足航空公司运营控制和主制造商(original equipment manufacturer,OEM)实时掌握已交付飞机的飞行位置的需要而发送的信息,常见的报文有定位定姿系统(position and orientation system,POS)报、滑出报/起飞报/着陆报/滑入报(Out/Off/On/In,OOOI)等。

(3) 飞机实时状态信息：这类信息主要包括超限信息、异常事件信息、勤务信息以及系统状态信息;这些信息主要是由飞机的 ACMS 或信息系统收集并发送相应参数类报文信息,主要包含飞机重要机载系统的相关状态参数信息,如发动机参数等。

(4) 飞机故障信息：这类信息是在飞机的 CMS 探测的故障信息。

3.2.1.1 飞机运行基本信息

飞机运行基本信息主要是指飞机在投入运行后的基本状态信息,这些信息是飞机运行的基本信息。其中主要涉及的信息有以下几类。

(1) 飞机基本信息：飞机机型、注册号、航空公司 IATA 和 ICAO 代码、MSN 号、具体型号、发动机序列号、APU 序列号以及所有软硬件的件号/版本号。

(2) 航班基本信息：航班号、起飞/到达机场(city pair/code)、飞机全重、飞机油量。

(3) 时间信息：UTC 时间、当地时间(local time)、预计到达时间、日期(date)。

(4) 运营基本信息：飞行小时数、飞行循环数、发动机运行小时数、发动机循环数、APU 运行小时数、APU 运行循环数。

3.2.1.2　实时航行动态信息

实时航行动态监控是指通过空地数据链实时获取飞机飞行轨迹以及飞行状态的相关参数信息从而实现对飞机当前状态的实时监控,其中主要涉及的信息有以下几类。

(1) 飞机滑出/起飞/着陆/滑入相关信息,该类信息至少包括以下参数：滑出/起飞/着陆/开舱门时间、起飞/到达机场、当前剩余油量、预计到达时间。这些信息在飞机到达相应的运行阶段时实时采集并下传。

(2) 飞机飞行位置信息,该类信息至少包括以下参数：时间、当前剩余油量、经度、纬度、飞行高度、预计到达时间、风向、风速、总温、静温、马赫数或者校正空速。这些信息是飞机在飞行过程中以固定的时间间隔(如 10 分钟)实时采集并下传到地面。

3.2.1.3　飞机实时状态信息

1. 超限状态实时监控信息

超限状态实时监控是指当飞机各个机载系统的某些系统参数到达所设定的阈值时实时采集并下传的信息。

2. 异常事件监控信息

异常事件监控信息包括但不局限于下述种类。在系统研发周期内,将实现对下述异常事件的监控,系统平台具有可扩展能力,可以编辑新的监控逻辑以实现对新事件的监控。

(1) 重着陆/超重着陆。

(2) 严重湍流。

(3) 起落架收放异常。

3. 勤务信息

通过收集飞机的勤务信息,对飞机的勤务工作进行提前预警,减少例行检查工作。同时,主制造商还可以通过对勤务信息的分析实现机队燃油/滑油等消耗情况的对比,发现潜在的故障。对于该类信息的需求主要如下。

(1) 驾驶舱/客舱氧气。

(2) 液压油量。

(3) 轮胎胎压。

(4) APU 滑油量/消耗量。

(5) 发动机滑油消耗量。

(6) 发动机碎屑监控系统(debris monitoring system,DMS)所监控到的金属屑。

(7) 发动机滑油油滤。

(8) 发动机滑油压力。

以上所列信息可以采用的具体应用形式有: ① 实时下传相关的警告信息提醒用户;② 记录并存储相关信息,当飞机落地后提醒用户。

4. 系统状态实时监控信息

通过对民用飞机空调系统、电源系统、飞控系统、燃油系统、液压系统、防冰除雨系统、起落架系统、引气系统以及APU系统九个系统的状态进行实时监控,一方面可以辅助维护人员对飞机现有故障进行排故,另一方面也可以用于提前发现系统的异常状态信息并进行预防性维护。

此类信息的触发逻辑应可以根据特定需求进行更改,比如在某些特定的飞行阶段内以固定时间间隔实时触发;同时,也可以在发生某些特定的故障信息后,地面上传参数请求报后实时下传。

以下为各个系统需要监控的状态信息。

(1) 空调系统状态信息。

(2) 电源系统的状态信息。

(3) 飞控系统的状态信息。

(4) 燃油系统的状态信息。

(5) 液压系统的状态信息。

(6) 防冰系统的状态信息。

(7) 起落架系统的状态信息。

(8) 引气系统的状态信息。

(9) 辅助动力装置(APU)的状态信息。

5. 发动机状态实时监控信息

发动机状态监控主要是通过收集发动机的状态信息,对发动机在飞机各个飞行阶段的状态进行持续监控。民用飞机目前选用的是GE的发动机,GE发动机收集的典型的状态信息主要包括以下几类。

(1) 发动机运行基本参数信息;N1、N2、废气温度(exhaust gas temperature,EGT)、涡轮气体温度(turbine gas temperature,TGT)、滑油温度/压力、燃油流量、反推响应时间/作动到各个位置时间/完全打开时间、N1/N2震动、发动机慢车位、发动机启动时间。

(2) 发动机启动(normal engine start)状态。

(3) 发动机不正常启动(abnormal engine start)状态。

(4) 起飞(take off)状态。

(5) 爬升(climb)状态。

(6) 稳态巡航(engine stable)状态。

(7) 发动机超限(engine limit exceedance)状态。

(8) 发动机超限历史(engine exceedance history)状态。

(9) EGT/TGT(EGT/TGT divergence)状态。

(10) 发动机数据(engine data)状态。

(11) 发动机滑油监控(engine oil monitoring)状态。

(12) 发动机空中/不正常停车(engine in-flight/abnormal shutdown)状态。

由于发动机健康管理技术起步比较早,发动机供应商对于以上各种状态中所需监控的具体参数信息以及相应的触发逻辑均有自身的标准,在此不再赘述。

3.2.1.4 飞机故障信息

飞机的中央维护系统会实时收集飞机各个机载系统的故障信息,并根据故障信息的影响程度对其进行存储或者通过实时故障报文的形式下传到地面。目前飞机在运行过程中实时下发到地面的故障信息按 ATA 章节的分类,主要包括:① ATA21 空调系统故障信息;② ATA24 电源系统故障信息;③ ATA27 飞控系统故障信息;④ ATA28 燃油系统故障信息;⑤ ATA29 液压系统故障信息;⑥ ATA30 防冰系统故障信息;⑦ ATA32 起落架系统故障信息;⑧ ATA36 引气系统故障信息;⑨ ATA49 辅助动力装置(APU)故障信息;⑩ 其他 ATA 章节故障信息。

故障信息的类型主要包括:① 驾驶舱效应信息;② 影响飞机飞行安全的信息;③ 对飞机的签派放行有影响的信息。

同时,航空公司可以根据自身需要对实时下传的故障信息进行客户化修改,以满足其不同的运行需求。

3.2.2 功能需求

飞机健康管理技术是新一代飞机高效、正常、安全运营的基本保障,是使大型民用客机“确保安全性、提高经济性”的重要手段。民用飞机机载健康管理系统通过收集飞机机载系统实时下发的报文信息,及时发现飞机故障和性能衰减,为航空公司用户及主制造商提供更简单、有效的排故解决方案,方便用户采取更有效的预防维修工作以及高效的工程支援来提高飞机利用率、缩短飞机延误时间、减少非计划维修、降低运行成本和维修成本。民用飞机机载健康管理系统具有开放系统体系结构,它是一个基于集成处理中心内公共计算模块上的应用软件,需要具备三个主要功能:故障诊断、飞机状态监控、数据加载。

3.3 系统接口和功能模块

民用飞机机载健康管理系统级功能接口定义的原则如下。

（1）系统功能接口应包括本系统范围内的功能之间的接口，以及本系统功能与各成员系统功能的接口。

（2）对于民用飞机机载健康管理系统内部功能接口，定义应明确各系统级功能之间接口关系描述、存在接口关系的各系统级功能之间的输入输出关系。

（3）对于民用飞机机载健康管理系统外部功能接口，定义应明确系统级功能在民用飞机机载健康管理系统和各成员系统间信息的传递方向、系统之间所传信息的内容含义、与各系统级功能具有接口关系的成员系统名单。

（4）应明确系统功能接口的失效影响等级。

3.3.1　民用飞机机载健康管理系统级功能内部接口定义

民用飞机机载健康管理系统级功能内部接口是指系统内部存在交联关系的各系统级之间的功能接口。民用飞机机载健康管理系统级功能内部接口定义见表 3－1。

表 3－1　民用飞机机载健康管理系统级功能内部接口定义

序号	输　出　端	输　入　端	各系统级功能内部关系描述
1	提供人机接口	提供故障/失效报告功能	在驾驶舱显示器或便携式终端显示页面上显示故障/失效报告相关信息
2		提供地面测试功能	在驾驶舱显示器或便携式终端显示页面上显示地面测试相关信息
3		提供构型识别和报告功能	读取维护人员具体指令，在驾驶舱显示器或便携式终端显示页面上显示构型相关信息
4		提供故障历史获取/重置功能	在驾驶舱显示器或便携式终端显示页面上显示故障历史获取/重置相关信息； 读取维护人员相关操作，进行与故障历史获取/重置功能有关的动作
5		提供生命周期报告功能	在驾驶舱显示器或便携式终端显示页面上显示生命周期报告相关信息
6		提供飞机状态监控功能	在驾驶舱显示器或便携式终端显示页面上显示飞机状态相关信息
7		提供数据加载功能	显示与数据加载有关的各类信息
8		提供打印维护报告功能	显示打印内容、打印进度等信息
9		提供下传维护报告功能	显示维护报告下传功能相关信息
10	提供地面测试功能	提供人机接口	将维护人员操作指令通过人机接口传递给地面测试功能
11	提供故障历史获取/重置功能		将维护人员操作指令通过人机接口传递给故障历史获取/重置功能
12	提供生命周期报告功能		将维护人员操作指令通过人机接口传递给生命周期报告功能

续 表

序号	输 出 端	输 入 端	各系统级功能内部关系描述
13	提供数据加载功能	提供人机接口	将维护人员操作指令通过人机接口传递给数据加载功能
14	提供打印维护报告功能		将维护人员操作指令通过人机接口传递给打印维护报告功能
15	提供下传维护报告功能		将维护人员操作指令通过人机接口传递给下传维护报告功能
16	提供打印维护报告功能	提供故障/失效报告功能	通过故障/失效报告功能提供数据给打印机
17	提供下传维护报告功能		通过故障/失效报告功能提供数据给下传功能模块
18	提供打印维护报告功能	提供构型识别和报告功能	通过构型识别和报告功能提供数据给打印机
19	提供下传维护报告功能		通过构型识别和报告功能提供数据给下传功能模块
20	提供数据加载功能		为数据加载功能提供构型报告支持
21	提供故障/失效报告功能	支持机载维护功能	支持机载维护功能,可以发出故障数据
22	提供地面测试功能		支持机载维护功能为民用飞机机载健康管理系统软件提供上电自测试(power built-in test,PBIT)、持续自测试(continuous built-in test,CBIT)和启动自测试(initiate built-in test,IBIT)等自测试(built-in test,BIT)能力
23	提供生命周期报告功能		支持机载维护功能可以提供用于支持健康诊断的状态参数
24	提供飞机状态监控功能		支持机载维护功能提供构型数据等信息
25	支持机上数据加载	提供数据加载功能	支持机上加载民用飞机机载健康管理系统数据

3.3.2 民用飞机机载健康管理系统级功能外部接口定义

为保障飞机的飞行、维护、运营、检测等相关活动,民用飞机机载健康管理系统需要与飞机绝大部分子系统产生数据交互活动,以支持各子系统的状态监控、故障报告、数据加载、构型管理、生命周期数据管理等功能。与民用飞机机载健康管理系统存在交联关系的飞机子系统称为成员系统,民用飞机机载健康管理系统也是其自身的一个成员系统。

民用飞机机载健康管理系统级功能外部接口是指系统同各成员系统的功能接口。民用飞机机载健康管理系统级功能外部接口定义见表3－2。

表3－2　民机机载健康管理系统级功能外部接口定义

序号	输 出 端	输 入 端	各系统级功能内部关系描述
1	提供故障/失效报告功能	成员系统(提供机上维护支持功能)	显示成员系统故障报告,包含航段、时间、飞行阶段、ATA章节、建议维护信息等信息
2	成员系统(提供机上维护支持功能)	提供地面测试功能	维护人员通过地面测试功能向成员系统发送与测试相关的指令
3	提供地面测试功能	成员系统(提供机上维护支持功能)	显示成员系统地面测试状态等相关信息
4	提供构型识别和报告功能	成员系统(提供机上维护支持功能)	显示成员系统构型信息
5	成员系统(提供机上维护支持功能)	提供故障历史获取/重置功能	对成员系统自身故障数据进行获取/重置的操作
6	提供故障历史获取/重置功能	成员系统(提供机上维护支持功能)	显示成员系统故障历史相关信息
7	提供生命周期报告	成员系统(提供机上维护支持功能)	显示成员系统生命周期数据
8	成员系统(提供机上维护支持功能)	提供飞机状态信息	向成员系统提供飞机状态信息,包括飞行阶段、航段、时间、目的地、源地等信息
9	提供飞机状态监控功能	成员系统(提供机上维护支持功能)	成员系统向民用飞机机载健康管理系统发送实时状态数据,民用飞机机载健康管理系统解析并处理数据和显示相关信息
10	成员系统(支持机上数据加载功能)	提供数据加载功能	支持成员系统通过民用飞机机载健康管理系统加载数据
11	提供数据加载功能	成员系统(支持机上数据加载功能)	显示成员系统数据加载状态

3.3.3　部件级状态数据的采集和总线传输

在目前主流的大型民用飞机上,比较重要的机载系统如发动机、APU、飞控、电源等,都具有自身独立的控制器对系统内部各个组件的状态进行监控。而控制器与部件之间主要依靠内部数据总线进行交互,比较常用的数据总线技术主要包括ARINC429总线技术和CAN总线技术两种。以下对这两种数据总线技术进行简要介绍。

1. ARINC429总线技术

ARINC429协议产生于1977年,是美国航空电子工程委员会提出、发表并获得使用许可的,其全称为数字式信息传输系统。该协议主要定义了航空电子设备之间以及系统与系统之间的数据传输标准。目前,该协议是民用航空领域应用最为广泛的协议,国内对应的标准为 HB6096 - SZ - 01。

ARINC429 协议主要有结构简单、性能稳定、抗干扰性强等优点,因此该协议可靠性非常高。ARINC429 协议的具体特性如下。

1）数据传输方式

主要采用单向数据传输的方式,即数据从数据源发出,经过传输总线发送至与之相连的设备端口。但是,数据无法实现倒流,即无法实现信息沿发送路径从接收端口到发送端口的传输。如果需要实现两个设备之间的双向数据传输,则需要在每个方向上单独建立传输路径,这样有助于降低数据分发的风险。

2）总线负载能力

单向的数据传输总线上可以连接少于 20 个的数据接收设备,这样可以保证数据传输具有充裕的时间。

3）数据传输速率

数据传输速率可以分为高速 429 和低速 429 两种,速率分别为一百 kbit/s 和十几 kbit/s。对于制定传输内容的位速率,其传输误差范围一般在 1%以内。需要注意的是,单条传输总线无法同时实现高速和低速两种传输速率。

4）数据同步方式

数据传输以字(Word)为基本单位,每个字由 32 个位(bit)组成。而位同步数据是包含在双极归零信号波形中的,该同步信息以传输同期间至少 4 个位的零电平的时间间隔为基准,后面紧跟该字间隔后发送的新字的第一位。

ARINC429 的每一个数据字(二进制或二-十进制)都是长 32 位。

标号位(label):1~8 位,确定信息的数据类型和参数。例如,若传送甚高频(very high frequency,VHF)信息,那么标号为八进制数 030;若是测距仪(distance measuring equipment,DME)数据,那么标号为八进制数 201 等。

源终端识别(source destination identification,SDI)域:9~10 位,定义了目的数据域。例如,一个控制盒的协调字要发送到 3 个甚高频收发机上,需要标示出信息的终端,即把调谐字输送到标示的甚高频接收机上。

数据组(data field):11~28 或 29 位,根据字的类型是 11~28 位或 11~29 位,用于传输应用数据。例如,BCD 编码数据格式,数据组为 11~29 位,标号为 030,表示 11~29 位是频率数据。

符号状态矩阵(sign status matrix,SSM)位:根据字的类型是 29 或 30~31 位,定义了符号矩阵,包含硬件设备状态、操作模式、数据合法性等。在甚高频中使用 30~31 位二进制编码的十进制(binary-coded decimal,BCD)编码。

奇偶校验位(P):用于数据的奇偶校验,一般采用奇校验方法。检查方法是当 1~31 位所出现的 1 的总和为偶数时,则在 32 位上为“1”;如果是奇数,则显示为“0”。

在每组发送的数据后有四位零周期为隔离符号,用来方便发送下一组数据。

2. CAN 总线技术

CAN 最早作为 20 世纪 80 年代末的汽车环境中的微控制器,在各车载电子控制装置 ECU 之间互换信息,形成汽车电子控制网络。CAN 由于其良好的实时性能,在工业控制、安全防护和航空工业中都得到了应用。CAN 的高层协议是一种在现有的物理层和数据链路层之上实现的应用层协议,一些国际组织已经研究并开放了多个应用层标准,以使系统的综合应用变得更加容易。一些高层协议有:CiA 的 CANOpen 协议、ODVA 的 DeviceNet 协议、Stock 公司的 CANaerospace 协议、Honeywell 的 SDS 协议。

3.3.4 故障诊断

故障诊断主要是通过民用飞机机载健康管理系统中央维护功能来进行,主要是基于机载健康管理分析算法来实现。中央维护功能收集飞机系统 BITE 或布置在机械结构的传感器发送的故障信息,对故障数据进行延时及抑制、整合、去除级联故障和分类等处理,生成维护消息以协助维护人员隔离飞机故障。中央维护功能可以接收并记录各成员系统提供的件号、序列号等构型数据。原始的故障数据、经过飞机健康管理系统处理后生成的维护消息和 CMF 记录的构型数据将存储在网络服务系统数据库中,供显示、下载、打印和远程访问。中央维护功能可以实现维护消息与相应驾驶舱效应(FDE)、定期维护任务、维护服务消息等信息的关联,也可以将维护消息链接到相应的电子维护手册上,并通过维护手册中的信息指示启动相关地面测试调整操作,以方便维护人员的排故活动。飞机处于地面维护模式时,维护人员可以通过中央维护功能启动飞机系统执行特定的测试调整功能,从飞机系统处获取生命周期数据和故障历史数据或对飞机系统故障历史数据进行重置操作,当部分成员系统无法提供生命周期数据时,CMF 可以根据该飞机系统的周期性故障报告等信息执行生命周期数据计算服务并提供给维护人员。中央维护功能可以为飞机系统提供飞机状态信息,帮助其记录故障发生时的飞机状态。

3.3.5 飞机状态监控

飞机状态监控功能提供给系统用户实时掌握飞机运行状态的功能,及时了解飞机的故障及超限情况,提前做好维修准备,保障航班的安全、准点运行。

飞机状态监控功能可以记录和监控飞机系统主要部件/LRU 的参数信息及机械结构的传感器信息,以支持飞机状态监控或支持地面维护人员开展健康数据分析和维护计划等活动。ACMF 可以根据预先定义的参数列表连续收集飞机系统参数或基于特定的触发事件记录一定时间内的飞机系统参数,捕获的参数数据和事件数据将存储在飞机健康管理系统的存储器中,以供维护人员在飞机落地后进行查看、下载、打印或远程访问,也可以在飞机飞行过程中基于预先设定的逻辑或从地面系统上传命令将重要的参数信息打包成报文数据,通过通信系统的数据链路发送到地面系统,以支持维护人员提前开展维护计划,制订和飞机健康数据分析活动。

飞机状态监控功能支持系统供应商按照标准的 ACMF 应用接口设计本系统监控模型并驻留在 ACMF 功能中。此外,ACMF 支持将自身功能故障报告或将第三方系统/设备故障报告按照 CMF 接口要求发到 CMF 进行处理。

3.3.6　数据加载

数据加载功能主要包括两个方面:空地实时数据处理、航后数据处理。

1. 空地实时数据处理

空地实时数据处理模块处理和发送飞机飞行中经 ACARS 链路数据等实时下传的数据,一方面实时解析和存储,另一方面传输至系统各业务模块调用。这些信息主要包括如下几类。

(1) 实时航行动态信息:这类信息是为满足航空公司运营控制的需要而发送的信息,常见的报文有 POS 报、OOOI 报(Out/Off/On/In、滑出报/起飞报/着陆报/滑入报)等;

(2) 飞机实时状态信息:这类信息是由飞机的 ACMS 或 PHM 数据采集装置收集并发送相应参数类报文信息,主要包含飞机重要机载系统的运行状态参数信息,如发动机参数等;

(3) 飞机故障信息:这类信息是在飞机的 CMS 探测到一定级别的故障信息后发送相应的故障报文到地面,这类报文发送的信息主要是飞机的实时故障信息。

以上这些报文中涉及的所有信息均是各个机载系统实时采集并同时发送到机载 OMS 系统和健康管理数据采集装置。这些信息在经过 OMS 系统和健康管理数据采集装置处理后,通过通信系统以实时报文的形式下传至地面监控系统。

2. 航后数据处理

航后数据处理模块是健康管理系统的扩展数据监控接口,该接口能够接收经航后数据处理系统(如航空公司常用的 QAR 译码软件)按预先协调的方法处理后的输出数据,并利用这类数据进行监控应用。

同时,本模块应实现对 VDL 模式 2、ADS-B 等数据传输模式的处理;预留新型实时数据链数据的接口,具备扩展处理未来空地宽带数据链数据等的扩展接口。

民用飞机机载健康管理系统能通过实时获取飞机的数据,将各子系统信息进行预分析,对故障进行诊断与隔离,并通过数据加载功能对故障信息进行存储,同时生成 ACARS 报文将信息传输至地面。这一功能将有效帮助维护人员及时、准确地掌握飞机的技术状态,在飞机降落前获取到相关故障信息并及时做出维修决策。

第 4 章　民用飞机空地传输系统设计

4.1　空地传输系统架构设计

国内外先进民用飞机机载健康管理系统架构及空地数据通信系统架构现有及未来有发展前景的数据通信手段主要为：L 波段卫星通信、Ka 宽带卫星通信、自主 S 波段卫星通信、ADS－B、北斗短报文、空地宽带通信 ATG 技术、ACARS/ATN 数据链、机场无线通信技术等多种通信技术。空地传输系统在设计时应充分考虑人机接口设计、网络传输需求、数据安全等级、信息处理手段、业务流程等问题。

民用飞机机载健康管理系统主要指与飞机健康管理系统相关的机上系统或设备单元，主要包括机载维护系统（OMS）、信息系统（information system，IS）、通信系统、客舱系统等，机上各模块的组成及各自接口如图 4－1 所示。

如图 4－1 所示，飞机健康管理系统各部分功能如下。

（1）机载维护系统：机载维护系统部分主要监控飞机各成员系统失效状态，探测、接收并存储从各成员系统报告来的故障数据，判断、确认各成员系统的故障状态，并将故障状态隔离到单个的 LRU 或接口。同时，将所探测的故障、状态等信息通过通信系统，如 VHF 设备（即 ACARS 链路）、L 波段卫星通信、ADS－B、北斗卫星等，实时下传至 PHM 地面系统。此外，机载维护系统还将自身所收集的所有参数数据、报文以及处理结果发送至信息系统，以便存储并导入 PHM 地面系统数据库中，供航后维护人员使用。

（2）信息系统：信息系统主要负责收集各分系统所发送的状态量参数、模拟/离散量参数、故障信息等数据，并将其按照一定的格式进行存储，供航后手动或通过机场无线通信方式导入 PHM 地面系统使用。同时，信息系统提供对未来基于空地宽带的地面实时

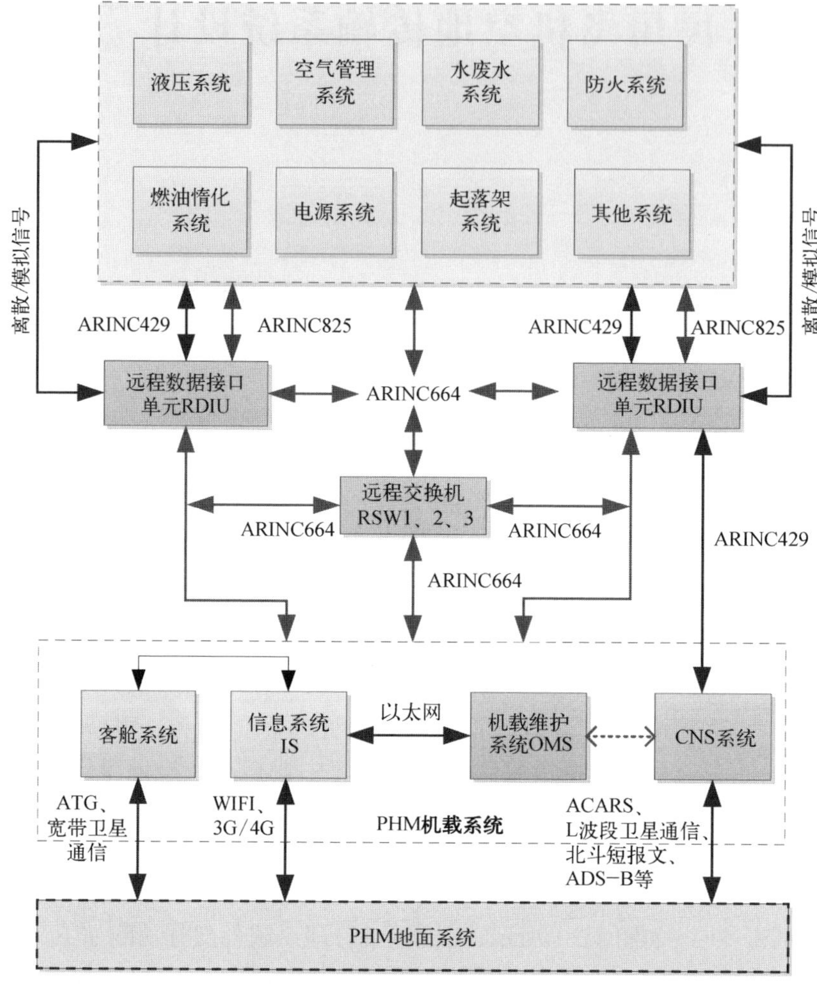

图 4-1　民用飞机机载健康管理系统接口与数据传输方式

监控功能的支持,以及机上故障预测与健康管理功能的扩展等。

(3) 通信导航监视系统:通信导航监视(communication navigation surveillance, CNS)系统主要负责将 OMS 等系统所产生的故障、参数等报文,依据空地数据传输规范,将其下传至地面 PHM 系统。同时,通信系统也将其自身产生的部分 AOC 报文,实时下传至地面 PHM 系统,以供地面实时监控功能应用。

(4) 客舱系统:主要负责将 OMS 等系统中所产生的安全等级较低的故障、参数等报文,通过宽带通信系统 ATG、宽带卫星通信系统等链路,进行下传。

机上模块功能由信息系统、机载维护系统、通信导航监视系统及客舱系统共同完成。具体而言,PHM 机上模块功能应至少包括以下几部分内容,如图 4-2 所示。PHM 数据通信系统主要功能如下。

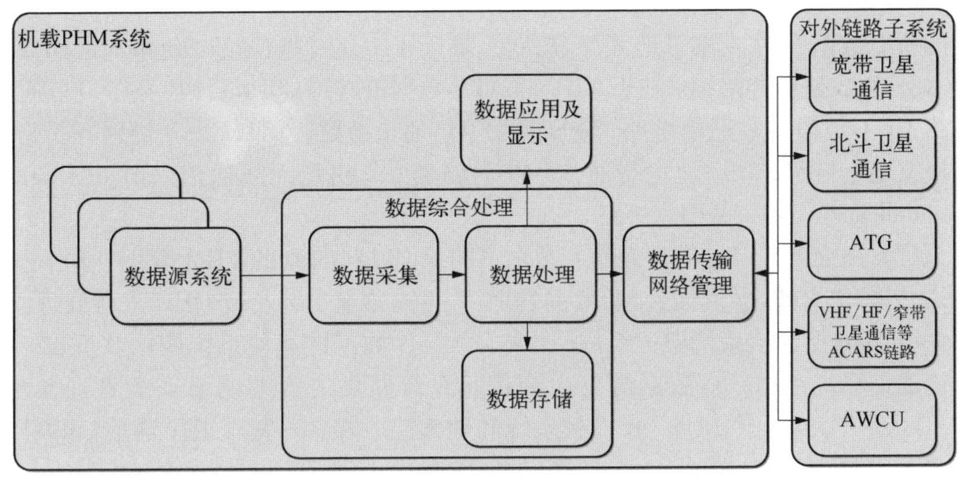

图 4-2　民用飞机机载健康管理系统的功能组成

（1）数据综合处理：

数据采集。实现对集中数据的采集功能，能够具备采集飞机以下数据的能力：① 系统在总线上传输的所有数据；② 系统所有传感器采集的数据的参数值；③ 系统的组件级、LRU 级、系统级 BIT 数据（包括每次 BIT 结果、BIT 摘要）；④ OMS 输出的故障信息、状态参数信息；⑤ 发动机显示和机组警告系统（engine indication and crew alerting system，EICAS）生成的警告信息；⑥ EFB 中的飞行日志功能、客舱记录本功能记录的故障信息；⑦ 飞机各系统的构型信息、OMS 生成的构型报告信息。

数据处理。对获取到的数据进行压缩、加密等预处理，应用采集到的数据，进行简单的逻辑判断或数值计算，形成健康信息报告，进行健康事件监控。① 具备飞机参数逻辑处理能力，能在参数发生超限、参数满足相应逻辑方程式、探测到飞机系统异常事件等情况下，触发健康信息报告；② 识别不同安全级别的数据，针对不同安全级别数据采用对应的综合处理方案；③ 能对飞机各系统的软硬件构型信息进行处理，在构型发生变更时（如硬件部件拆换、软件部件更新等），能自动发送构型信息报告。在接收到地面系统构型信息请求时，能发送构型信息报告。

数据存储。提供对处理过的数据或原始数据的机上存储功能，将数据存储到数据存储单元中，并将大量的数据进行统一管理；同时识别不同安全级别数据，针对不同安全级别数据采用对应的存储方案。

（2）PHM 数据机上即时应用：提供人机界面，实现相关信息的应用及显示。

（3）PHM 数据传输网络管理：根据 PHM 数据安全等级制定不同的路由策略，基于不同的路由策略设计不同的逻辑流及数据流，实现基于 PHM 数据安全级别的网络管理、对外链路的统一管理等功能。

(4) 对外链路子系统，分别结合以下通信链路，将飞机机上模块所能获取和存储的所有数据实时传输至地面系统：① 基于 VHF/高频(high frequency，HF)的 ACARS 的数据链链路；② 基于 VHF 的 ATN 数据链链路；③ Ka 波段宽带卫星通信链路；④ L 波段卫星通信链路；⑤ S 波段卫星通信链路；⑥ ADS－B 链路；⑦ 北斗短报文通信链路；⑧ 空地宽带通信(ATG)链路；⑨ 机场无线通信(airport wireless communication unit，AWCU)链路。

(5) 地面处理及传输子系统：结合不同地面站接收到的 PHM 数据，分别进行协议转换、消息路由、网络管理、数据处理等，发送给航空公司或 OEM 进行处理。

PHM 数据通信系统架构组成(图 4－3)：① 数据链通信系统应用软件；② 数据链通信系统路由；③ 数据链路由和信息系统路由之间的网络安全管理模块；④ 信息系统路由；⑤ ADS－B 机载系统和地面接收端；⑥ 宽带卫星通信(SBB)机载系统和地面接收端；⑦ 航空移动机场通信系统(aeronautical mobile airport communication system，AeroMACS)机载系统和地面接收端；⑧ 自主卫星通信机载系统和地面接收端；⑨ 北斗卫星机载系统和地面接收端；⑩ ATG 机载系统及地面接收端；⑪ AWCU 机载系统及地面接收端；⑫ Ka/Ku 机载系统及地面接收端。

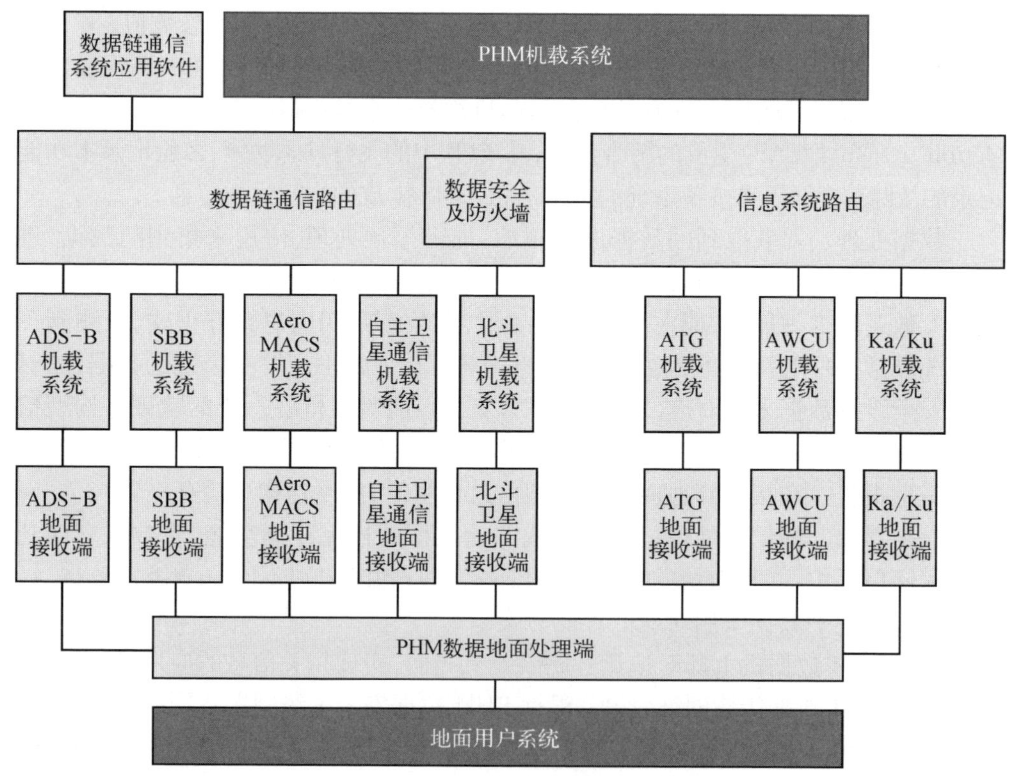

图 4－3　PHM 数据通信系统架构示意图

4.2 需求分析

PHM 数据通信顶层需求

1. 客户服务对 PHM 数据通信的需求

(1) 实时监控服务：提供实时监控软件系统，向客户提供飞机实时健康状态监测数据，并通过数据分析功能向客户提供飞机性能、可靠性、维修支持服务。

(2) 故障诊断与维修智能决策服务：提供故障诊断与维修智能决策专家系统，具有排故与修理知识库功能，能够及时形成排故/修理技术方案。

(3) 健康管理服务：提供飞机在役健康评估分析，包括机载系统、发动机、起落架等重要系统的健康分析和维修工程管理，实现技术支援工作或用户飞机排故、维修工作的辅助支持，保持客户飞机的正常安全运行。

2. 航空公司对 PHM 数据通信的系统需求

(1) 缩短飞机技术状态信息（故障报、超限报、状态报等）获取的时间差，并集成维修相关资源，以减少工程师对飞机故障的确认与处理时间；通过空地数据链路接收处理及故障告警，完成故障诊断、故障预测和故障隔离后，实现各类手册、案例库、技术预案的链接等维修决策功能。

(2) 为维修控制决策流程提供电子化辅助工具，缩短流程时间，并提高维修控制相关部门的协调效率，并书面记录在案。

(3) 飞机运行管理需求：公司高层或 AOC 值班经理对本公司机队技术状态及运行情况的掌握；利用 PHM 数据进行相关的飞机技术问题分析。

通过飞机 PHM 系统提供的功能和服务，缩短维修流程时间，提供飞机技术问题的深度分析，从飞机本身技术状态的角度保障航空公司运营的安全性与经济性。

3. 主制造商对 PHM 数据通信的需求

(1) 以 PHM 系统为手段，获取飞机运行的技术状态数据与航空公司运营数据，在此基础上进行数据分析及应用，主要数据如飞行数据、飞机原始的技术状态数据，包括 ACARS 报文、QAR 数据、飞机故障信息、航空公司生产数据（包括机队信息、航班计划、维修控制流程及维修计划、航材资源）、航空公司知识库（包括故障案例库、针对某个/类故障的技术预案）等；为飞机设计改进提供数据支持；飞行品质监控及服务；飞机维修品质分析及服务。

(2) PHM 系统在数据交换、诊断、预测等方面的相关民机规范、标准、适航规章：FAA/EASA/CAAC 相关规章及咨询通告、RTCA 标准及航空无线电通信公司（ARINC）系列标准中与飞机健康监控相关部分，涉及数据传输、数据线、机载维护系统的设计细节、接口、中央维护计算机与各成员系统之间的通信、机载维护文档的设计、状态监控系统的设计要求等。

(3) PHM 系统数据传输需求,PHM 系统核心数据类型、数据安全等级、数据传输周期等。

飞行安全相关的用例(含飞机位置数据-实时、关键飞机系统参数-实时、FOQA/FDA/FDM -实时、MOQA -实时)。

非飞行安全相关的用例(含发动机状态监控、飞机系统状态监控-起落架、机舱压力、燃油系统等)。

4.3 功能模块

4.3.1 数据通信系统

1. 机载 ACARS 数据链系统

数据链是指地空数据通信系统的通称,该系统用于建立飞机机载设备和地空数据通信网络之间(即飞机与地面计算机系统之间)的连接,实现地面系统与飞机之间的双向数据通信。随着新航行系统技术发展,数据链技术得到越来越广泛的应用,数据链是空中交通管理高度自动化的前提,也是保证空中交通安全有序的同时减轻驾驶员和管制员工作负担的有效手段。数据链的运行原理如图 4-4 所示。

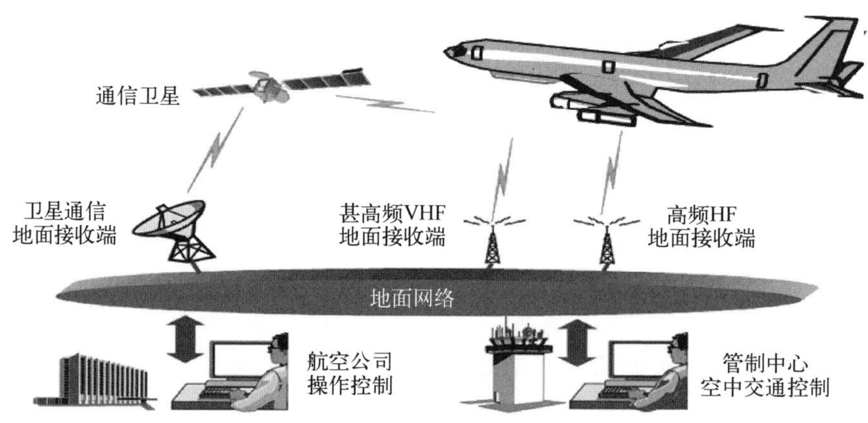

图 4-4 数据链的运行原理图

飞机通信寻址与报告系统(ACARS)是由美国 ARINC 公司开发的数据链通信系统[1]。基于 ACARS 网络的数据链可以通过契约式自动相关监视 ADS-B 应用、航空操作通信 AOC 等数据链应用实现飞机位置及状态信息传输。ACARS 数据链主要通过 HF、VHF 和卫星通信信道实现数据链报文传输。

（1）HF 通信系统：提供短波通信信道，实现飞机与地面之间超视距常规话音通信；提供短波通信信道，并结合通信管理功能实现飞机与地面之间超视距常规数据通信，必要时可利用该信道实现短波话音备份通信。HF 信号不稳定，不能作为高可靠的、高安全需求的数据传输手段。

（2）VHF 通信系统：VHF 收发机为受控空域中的所有飞机提供超短波通信信道，实现飞机与地面之间、飞机与飞机之间的视距常规话音通信；提供超短波通信信道，并结合通信管理功能实现飞机与地面之间视距常规数据通信，必要时可利用该信道实现超短波话音备份通信，VHF 能实现视距通信，不能作为远距离跨洋通信的数据传输手段。

（3）卫星通信系统：具备与卫星的通信能力，能够通过卫星中继实现全球范围内飞机与地面之间的多路话音和数据通信，并可扩展实现机舱乘客与地面的卫星电话、传真、无线上网等个人通信服务；卫星通信可实现高可靠的、高安全需求的远距离跨洋通信，是实现航空器全球独立监视的重要通信手段，目前国际民航广泛使用的是 Inmarsat 通信系统，但由于技术原因，Inmarsat 卫星通信无法覆盖 80 度以上的高纬度区域。

ACARS 通过机载通信管理单元（communication management unit，CMU）自动采集来自飞行管理系统（flight management system，FMS）等机载数据发生组件的数据，通过机载高频、甚高频电台和机载卫通设备与地面系统按照一定标准进行数据传送，再通过地面的数据网系统和数据处理中心，最终实现飞机与航空公司或空中交通管制部门之间点到点的数据报文通信。

ACARS 是从 20 世纪 80 年代末逐步发展起来的民航客机数据通信服务，该服务目的是提供客机维修、飞行、机舱服务的便捷性。其数据通信内容包括：一方面，地面站向飞机上传电子舱单、航路气象预报等信息；另一方面，飞机自动向地面站下传位置、高度、发动机实时状态等信息，ACARS 还可根据飞行员按键或输入，实时发送飞行员操作信息。ACARS 的 VHF 地面站网络由专业的航空数据服务商运营，向各航空公司提供服务。ACARS 摆脱了以往空地通信只有话音的局限性，尽可能自动地承担起了与地面的通信任务；减轻了飞行员和管制员的工作负荷、增加了空域容量和效率、提高了飞行的安全性，并提供了一种额外的雷达覆盖范围以外区域的监视方法；飞机的飞行信息和设备状态也可以通过与航空公司终端进行实时的数据交换，使其在整个飞行过程中得到地面技术支援。ACARS 从 20 世纪 80 年代初发展至今，国外已达到成熟应用的水平。ACARS 的 VHF 通信网络在北美、欧洲地区建设完善。航空公司及空中交通管理与服务部门也已将地空数据通信系统作为日常运行的必备系统，逐步将话音通信用于紧急通信。现在，在世界范围内，每天有 100 家以上的航空公司，超过 10 000 架飞机在使用 ACARS 系统，每个月交换的信息达数千万条。将来在空地通信系统中，占主要服务内容的空中交通服务和航空运营通信将以数据通信为主,逐渐减少话音通信,最终达到只在必要时或紧急情况下才使用语音通信。

ACARS 数据链系统是实现未来空中交通管理高度自动化、保证空中交通安全、提高运营效率的重要手段。目前,国际上较多航空公司已将 ACARS 数据链技术作为飞行运行控制与服务、飞机/发动机远程状态监控与故障诊断、地面服务等重要业务的实现手段,为 PHM 提供空地数据通信链路。

目前,国外数据链供应商经过多年的技术积累已经具备成熟的 ACARS 数据链系统研发技术,并且已广泛应用于民用航空领域中。

(1) ACARS 甚高频 VHF 通信网络在北美、欧洲地区建设完善,且使用多个 VHF 频率进行地空通信,该网络主要由美国 ARINC 公司、欧洲 SITA 公司、泰国的 AEROTHAI 公司以及中国民航数据通信有限责任公司 ADCC 提供。我国也已建设了较为完备的 ACARS 甚高频 VHF 通信网络,基本实现对国内民用机场,以及除西部部分航路外的全国中、高空航路覆盖。

(2) ACARS 卫星数据链是现阶段甚高频 ACARS 数据链的重要补充手段,可弥补甚高频数据链通信距离及覆盖范围方面的不足,满足飞行运行无间隙通信的要求,目前提供 ACARS 数据链服务的卫星系统主要包括海事卫星 Inmarsat 与铱星系统,我国主要应用基于海事卫星 Inmarsat 的 ACARS 数据链服务,服务模式包括两类: Classic Aero H+和 SBB - Safety,随着技术的不断演进 Classic Aero H+将逐步退出服务,SBB - Safety 将取而代之。

Classic Aero H+服务: 支持多个同时的话音信道、4.8 kbit/s 的传真、信道速率为 10.5 kbit/s 的分组模式数据和 9.6 kbit/s 的实时双路电路模式数据。

SBB - Safety 服务: 支持 ACARS 数据链的高安全级别、高速率卫星通信服务,通信速率可达 432 kbit/s,目前 SBB - Safety 设备已实现在夏威夷航空 767 机队装机,用于 ACARS 数据链和 EFB 的 IP 数据的传输。

(3) ACARS 高频 HF 数据链通信服务质量随季节、昼夜以及气象条件的变化而变化,并易受外界环境的干扰,但随着现代数字通信技术的发展,高频数据通信应用迅速崛起。HF 单独台站的传输距离可达几千公里,只需在不同区域设置十几个高频地面站(high frequency ground station, HGS)并组成系统网络,即可实现包括地球南北极在内的全球数据通信覆盖,现代高频数据链的建设是 20 世纪 90 年代中期才被逐渐认识并加以规范的。1998 年初已有服务商推出了高频数据通信服务,目前 ACARS 高频 HF 数据链通信服务可基本覆盖全球。

2. 机载 ADS - B 系统

广播式自动相关监视 ADS - B 是国际民航组织确定的未来主要监视技术。ADS - B 能够提供更加实时和准确的航空器位置等监视信息,ADS - B 技术将卫星技术、通信技术、机载设备以及地面设备等先进技术进行结合，提供了更加安全、高效的空中交通监视手段，有效提高管制员和飞行员的运行态势感知能力，扩大监视覆盖范围，提高空中交通安全水平、空域容量与运行效率。与雷达系统相比，ADS－B 能够提供更加实时和准确的航空器位置等监视信息，为航空器提供相关交通信息，以及传送天气、地形、空域限制等飞行信息，使机组更加清晰地了解周边的交通情况，提高情景意识，增加无雷达区域的空域容量，减少有雷达区域对雷达多重覆盖的需求，大大减少空中交通管理的费用，并可用于航空公司的运行监控和管理。

ADS－B OUT 指航空器发送其位置信息和其他信息。机载发射机以一定的周期发送航空器的各种信息，包括：航空器识别信息（ID）、位置、高度、速度、方向和爬升率等，ADS－B OUT 通过广播航空器自身位置的方法向空中交通管制中心 ATC 或其他航空器提供监视信息。

美国运输航空和通用航空采用 1 090 ES 和 978 兆赫通用访问收发（universal access transceiver，UAT）两种不同的 ADS－B 数据链技术。美国在阿拉斯加、墨西哥湾和夏威夷等地区推广应用以 ADS－B 技术为核心的监视系统；而在美国本土，则侧重于现有雷达网结合，并逐步过渡到 ADS－B 系统。美国政府制定了全航路和终端（进近）管制区域 ADS－B 覆盖计划。由 ITT 负责美国全境 ADS－B 系统地面基站建设。

“十三五”期间，我国大力推广 ADS－B 技术的应用，制定 ADS－B 地面站监视计划，我国西部地区拥有大量雪山、沙漠，不适宜进行 ADS－B 地面站的建设及维护。

从 ADS－B 技术层面而言，中国在相关技术研究和实际的应用方面都较为滞后。2007 年中国民航总局发布《中国民航 ADS－B 技术政策》，从最高决策层对 ADS－B 的技术决策确定了方向，并在“十二五”规划中对 ADS－B 的实施提出了具体的工程策划。从 2010 年开始，中国民航开始在小范围对 ADS－B 的应用进行试验性研究，并取得一些研究成果。

3. Inmarsat SBB 卫星通信系统

在民用航空空地数据通信中，数据传输的快速性和实时性，直接关系到对故障的处理能力。特别是对飞行过程中的失控、飞机机体或计算机系统的误操作、空中撞机、起火、爆炸、发动机失效、气象异常等事故，哪怕是在发生事故的最后几秒钟能捕捉到那些突发事故信号，并采取有效措施，都有可能减少或避免恶性事故发生。为了提高空地数据传输速率，美国率先提出利用卫星通信对飞机进行健康监控的想法。该系统将收集到机载飞行数据记录仪（flight data recorder，FDR）、驾驶舱、客舱、货舱各系统和传感器采集来的数据通过卫星发送给地面基站，为飞机健康管理和航空公司运行维护提供有力支撑。

SBB（Swiftbroadband）是国际海事卫星组织（Inmarsat）的卫星应用之一，基于

Inmarsat 的 4 代星的窄波速,可覆盖除两极外的全球范围,为民航飞机提供语音、传真、数据通信等服务。作为宽带全球局域网(broadband global area network,BGAN)的终端,利用国际海事卫星组织的卫星,提供 IP 包交换业务,最高能够达到 432 kbit/s 速率。

为了进一步提高安全性,Inmarsat 提出在原有 SBB 协议规范基础上,增加专用的 SBB 安全协议规范,特别是针对传输 ACARS,即 SBB - Safety。SBB - Safety 可以实现高安全数据传输,包括传输 ACARS 和位置追踪。目前,实验已经完成,Inmarsat 已经将报告提交 ICAO(国际民航组织),计划于今年下半年 ICAO 正式将 SBB - Safety 写入规章。

SBB - Safety 的传输速率最大高达 432 kbit/s,比传统 10.5 kbit/s 的 Classic Areo 的传输效率有了极大的提升,预计在未来将作为航空公司和 OEM 厂商主推的卫星通信服务,将为飞机高安全级别数据传输带来一次大的变革。

4. 北斗短报文通信系统

北斗导航系统最大的特色,是源于双向通信的短报文特色服务。所谓双向通信,是指用户与用户、用户与中心控制系统间可实现双向简短数字报文通信,这是其他导航系统不具备的。北斗短报文的功能在国防、民生和应急救援等领域,都具有很高的应用价值。特别是灾区移动通信中断、电力中断或移动通信无法覆盖北斗终端的情况下可以使用短消息进行通信,提供定位信息和遥感信息等。该技术将被用于紧急救援、野外作业、海上作业系统。在 2008 年汶川地震时,进入重灾区的救援部队就利用 120 字的短报文功能突破了通信盲点,与外界取得联系,通报了灾情,供指挥部及时作出决策。同样机上重要的 PHM 信息在紧急时刻也可以通过北斗短报文传输给地面。

5. 天通一号卫星移动通信系统

天通一号卫星移动通信系统是我国规划的军民两用卫星移动通信系统,是我国现有卫星通信体系完备化的重要组成部分。该系统主要具有如下特点。

(1) 通信覆盖范围广: 陆地点波束覆盖我国国土及领海,最南端可达南沙群岛;海域波束可覆盖太平洋关岛以西和印度洋北。

(2) 通信容量大: 单星至少支持 6 000 个基本信道同时使用;至少支持 30 万用户终端;单用户速率可达 384 kbit/s。

(3) 对移动用户支持能力强: 卫星天线口径和功率大,降低了对用户终端天线尺寸和发射功率要求,可支持手持、便携类、车载、机载的小型终端。

(4) 系统使用灵活: 卫星点波束功率可动态调整,支持区域用户数灵活可变。

天通一号 01 星已于 2016 年发射,定轨 101°E,覆盖我国国土及第一岛链;采用 2 个海域波束覆盖印度洋和第二岛链,每个海域波束覆盖面积约 220 万平方公里(直径 1 200 公里)。天通一号卫星移动通信系统后续考虑通过装备星进一步扩大在印度洋、太平洋的覆盖范围，装备星 02/03 星计划定点 151°E（兼顾太平洋区域）和 125°E（兼顾印度洋、太平洋区域）。

6. 铱星通信系统

铱星通信系统属于低轨道卫星移动通信系统，由 Motorola 提出并主导建设，由分布在 6 个轨道平面上的 66 颗卫星组成，这些卫星均匀地分布在 6 个轨道面上，轨道高度为 780 km。铱星系统主要由卫星系统、地面系统组成，其中地面系统又由 12 个关口站、网络控制中心、3 个测控中心、用户终端组成。

铱星通信系统主要为个人用户提供全球范围内的移动通信，采用地面集中控制方式，具有星际链路、星上处理和星上交换功能。铱星系统除了提供电话业务外，还提供传真、无线电定位以及全球寻呼业务。从技术上来说，这一系统是极为先进的，但从商业上来说，它是极为失败的，存在着目标用户不明确、成本高昂等缺点。目前该系统基本上已复活，由新的铱星公司代替旧铱星公司，重新定位，再次引领卫星通信的新时代。

铱星通信系统的主要技术特点是系统性能极为先进，卫星采用先进的星上处理和星上交换技术，具有独特的星间链路功能。星间链路利用类似 ATM 的分组交换技术通过卫星节点进行最佳路由选址，因其卫星网络建立了独立的星间信令和话音链路，从而形成覆盖全球的卫星通信网络。理论上，铱星通信系统只需一个关口站负责接续，即可在全球范围内实现铱星用户间以及铱星用户与地面固定网和地面移动网用户间的呼叫建立及通信。同地面 GSM 网相比，铱星通信系统可形象地称为“空中 GSM 网”。这是铱星通信系统有别于其他卫星移动通信系统的又一个特点。

铱星通信系统的用户终端包括双模手机、单模手机和寻呼机。该系统除了提供电话业务外，还提供传真、数据和全球寻呼等业务。

铱星通信系统采用 TD－QPSK 调制方式和时分多址（time division multiple access，TDMA）接入方式；数据业务速率为 2 400 bit/s；数据话音编码速率为 4 800 bit/s；纠错方式为 3/4 的 FEC 纠错卷积码。

正在计划中的下一代铱星通信系统 Iridium NEXT 针对业务速率做了大量改进，提供服务如下。

（1）采用 L 波段进行传输的语音服务：速率范围为 2.4 kbit/s~1.5 Mbit/s；

（2）数据服务：服务范围从短脉冲数据（short burst data，SBD）、宽带数据（9.6 kbit/s~128 kbit/s）、高速数据（128 kbit/s~1.5 Mbit/s）、广播数据（速率达到 64 kbit/s）；

（3）利用 Ka 波段进行的传真和便携式电视服务，其速率最高可以达到 10 Mbit/s。

但由于铱星通信系统完全由外资所有，且未在国内落地，所有数据均被国外企业掌控,同时其频段又与我国自主的北斗导航系统有重叠,国内法规也并未明确批准其在中国境内的合法使用,因此铱星通信系统在国内航空领域没有得到广泛应用。

7. Ka/Ku 卫星通信系统

Ka/Ku 卫星通信系统属于同步静止卫星通信系统。随着卫星制造技术和毫米波技术的发展,机载卫星通信向 Ka/Ku 频段发展,可使用频率扩展技术、星间链路抗干扰技术、扩频跳频技术,具有较强的抗干扰能力。

Ka/Ku 频段宽带卫星通信具有高通量、低成本、广覆盖、小终端等优势特点,成为宽带卫星通信未来的发展方向,全球各地卫星运营商均已建设或正在筹建开展 Ka/Ku 频段宽带卫星通信服务。

全球卫星机载宽带领域有 Ku(Panasonic、GEE、Gogo)和 Ka(Visat、Inmarsat)两大阵营,表 4-1 是目前已经运营和即将运营的卫星通信情况对比。

表 4-1　不同运营商 Ku/Ka 卫星通信对比

航空公司	通信技术	服务提供商	资　　费
United Airlines	Ku-band	Panasonic Astronics	标准速度服务, \$3.99/h~ \$14.99/h 更高速度服务, \$5.99/h~ \$19.99/h
	Ka-band	Viasat	根据航程, \$10/h~ \$15/h
JetBlue	Ka-band	Viasat	购物等定向服务,免费 流媒体/下载等服务, \$9/h
—	Ka-band	Inmarsat	Inmarsat 提供的 Ka 卫通还未正式运营,价格未知

在频段的选择上,现在许多新的高通量卫星(high-throughput satellite, HTS)采用 Ka 频率。其中一个简单原因是安排给其他频段的卫星轨道位置已快被用完,今天已很难从国际电信联盟(International Telecommunication Union, ITU)申请得到商业 Ku 频段的轨道位置。而 Ka 的轨道位置还有很多,当前只有少数 Ka 轨道被使用,运营商较容易从 ITU 获得 Ka 轨道。相对于 Ku 频段,Ka 频段拥有更宽的频谱,一颗典型的 Ku 卫星可能使用 750 MHz 频谱,而 Ka 卫星仅其地面关口站的馈电波束就可能使用 1 500 MHz 或更宽的频谱。

对航空设备来说,现有 Ku 波段的卫星总资源依然大于 Ka 波段卫星,基于 Ku 波段通信的机载设备也比 Ka 的多,因此短期来看,选择 Ku 波段的机载卫星通信设备能更快地投入使用,带来经济效益。而 Ka 设备具有的高带宽、高速率、设备尺寸小等优势必将成为长期发展的趋势。

Inmarsat 第五代星座计划共计耗资 30 亿美元,除卫星以外还包括地面网络的建设,提供除两极外的全球 Ka 卫星覆盖。系统建设完成后,预计单星吞吐量可达 50 Gbit/s,60 cm 口径的终端可支持最高下载速率 50 Mbit/s、上传速率 5 Mbit/s。

8. 空地宽带通信 ATG 系统

目前民用飞机卫星通信使用收费高,通信带宽也很有限,空地宽带通信近年来发展迅速。美国运营商 Aircell 搭建的 GOGO 网络平台,推出了世界首个基于码分多址(code division multiple access,CDMA)技术的地空宽带系统,实现了宽带空地互连,乘客可实现上网,浏览网络等。基于 ATG 的地空宽带通信方式的优点是: 建设和改装成本更低、信号传输稳定可靠、带宽大(30~60 Mbit/s)等,缺点是: 基于地面基站的缘故,需要沿飞行航路或特定空域架设地面基站,以向高空进行覆盖,这些基站很难跨国部署,因此这种通信方式不适于跨洋(国际航线)使用,较适合于国土陆地面积较大的国家的地空宽带数据通信。目前,美国的 GOGO 公司运营空地宽带是全球最大的 ATG 网络。该系统信号网络遍布全美大陆,美国 9 家航空公司的 1 500 架班机已经实现全面的空中宽带通信。空地宽体通信 ATG 系统架构如图 4-5 所示。

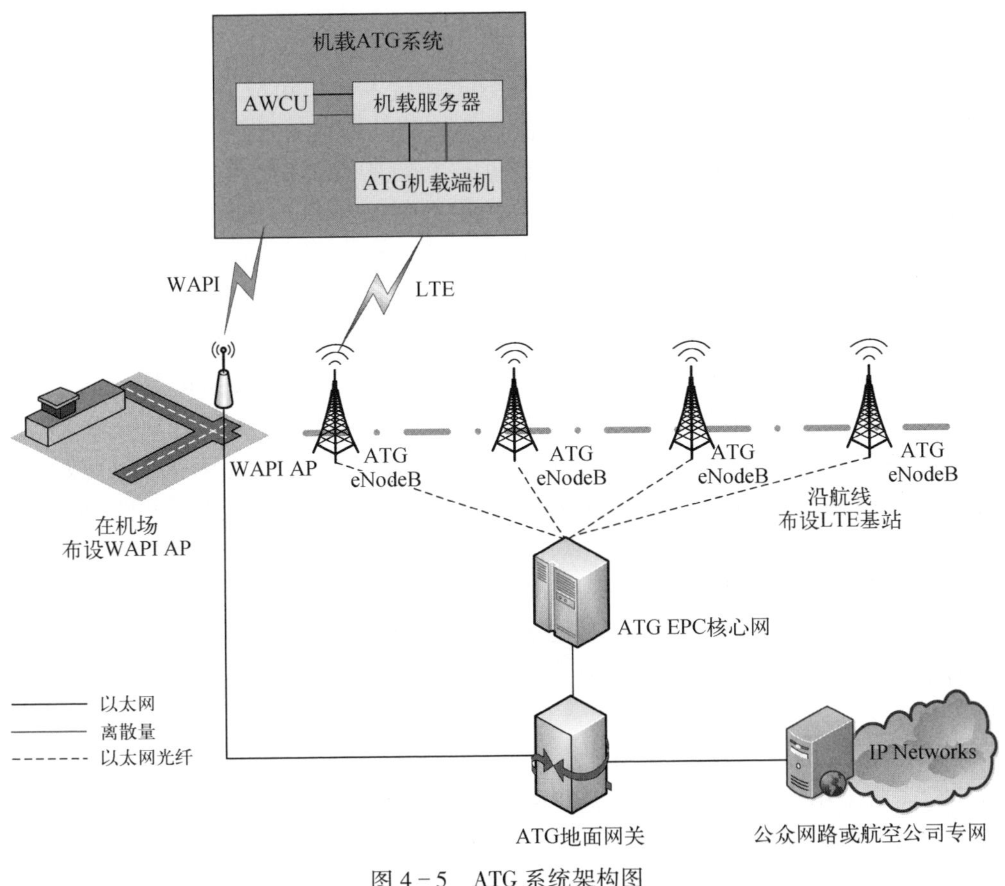

图 4-5　ATG 系统架构图

近年来,我国积极发展空地宽带移动通信 ATG 技术,与美国基于 CDMA EVDO(3G)技术的 ATG 地空宽带通信不同的是,我国的 ATG 地空宽带通信采用了更加先进的 4G 长期演进技术(long term evolution,LTE)技术。相比 CDMA EVDO 的理论值高出数十倍。目前,在应用方面,我国空地宽带通信系统发展现状如下。

(1) 民航地空宽带通信系统成都-西安航线建设。2012 年,民航飞行学院与为邦远航公司联合进行了民航空地宽带通信系统的成都-西安航线建设,该系统采用基于 ATG 的空地宽带通信方式。

(2) 国航开启基于 ATG 的"空中宽带系统"体验之旅。2014 年 4 月 16 日,在中国移动的支持下,国航航班采用基于中国移动 4G 的空地宽带服务,首次开启"空中宽带系统"体验之旅。国航自北京飞往成都的 CA4116 航班和自成都飞往北京的 CA4109 航班,均成功实现面向乘客提供基于 4G 的空地宽带通信服务。

4.3.2 基于机场无线通信方式的航后 PHM 数据传输系统

基于机场无线通信方式的航后 PHM 数据传输系统应可以支持 WiFi、3G 以及 4G 等多种方式与地面建立无线通信链路。当飞机处于地面状态时(通过舱门信号和轮载信号判断),机场无线通信单元 AWCU 会对所有可用的航后无线数据链进行优先级排序。其中,优先选择建立 WiFi 连接;如果机场 WiFi 不可用,则会自动切换至 4G 或 3G 手机网络,如图 4-6 所示。

传统的 L 波段的卫星通信设备同时支持 Classic Aero、SBB、Aero-H/H+,用于传输 ACARS,SBB 传输基于 IP 的后舱业务,H/H+速率 10.5 kbit/s,SBB 速率最高可达 432 kbit/s 每通道(三个通道)。航后无线数据链是指将目前移动通信中的无线移动数据传输技术(WiFi、GSM、3G 等)应用到飞机航后的数据传输上,使得飞机在落地以后能够自动下传连续记录的海量数据。对飞机机载系统来说,航后无线数据链的相关功能的实现有以下两种实现方式。

(1) 加装独立的无线 QAR 组件即 WQAR:将之前通信系统以及指示记录系统合用的 QAR 替换为具有无线数据传输功能的 WQAR,从而实现 QAR 数据的自动无线下传功能,这种方式在已经投入运营的主流机型上应用比较多。

(2) 加装独立的无线数据传输组件:不对飞机原有的 QAR 进行改动,而是在某机载系统上增加独立的无线数据传输组件及对应的天线,用于下传各个机载系统所记录的海量数据,目前这种方式在在研机型以及刚刚投入运营的先进机型上应用比较广泛。

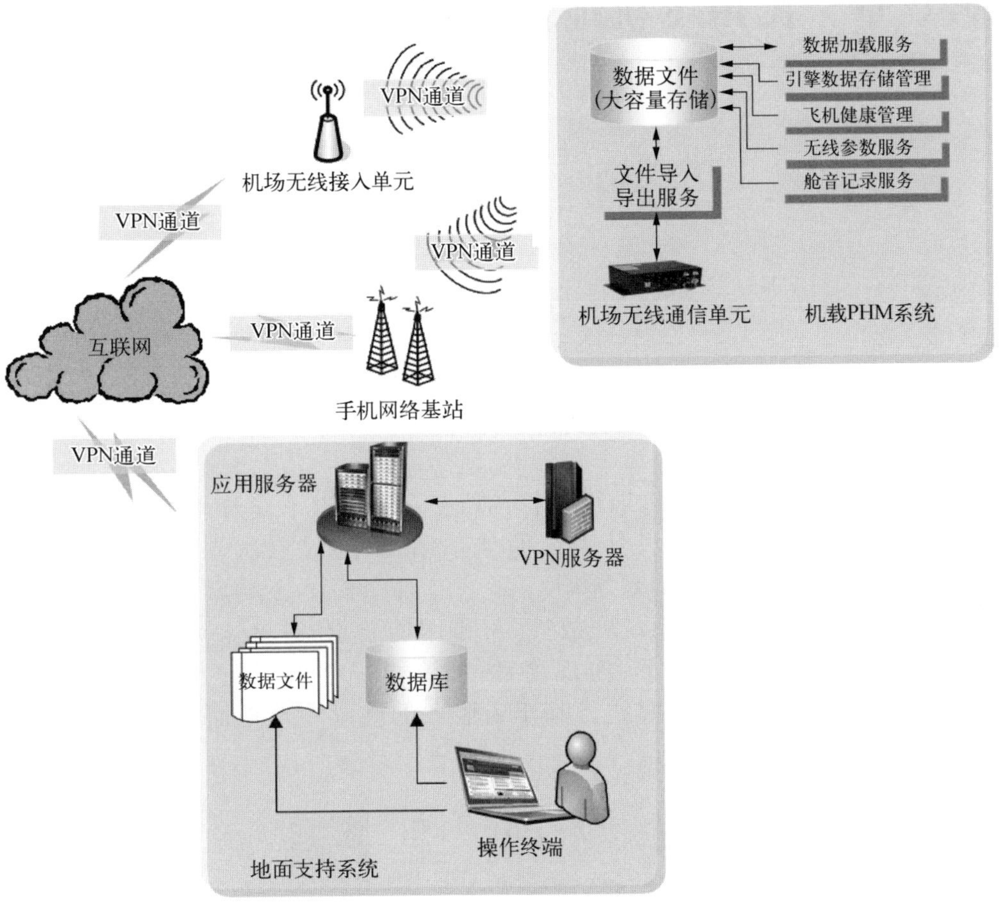

图 4-6　机场无线通信系统框图

第5章 民用飞机地面监控与维护系统设计

5.1 地面系统架构设计

民用飞机地面监控与维护系统(以下简称地面系统)可采用分层模式设计系统的体系结构,通过层次划分将关注点分离,从而达到系统中一部分的改变而不影响其他部分运行的目的,实现系统开放性、可重用的要求,并在大数据平台、云计算平台支撑下,实现高性能、高可靠性的运行,实现弹性可伸缩的云服务模式。基于云服务的健康管理地面系统如图5-1所示。

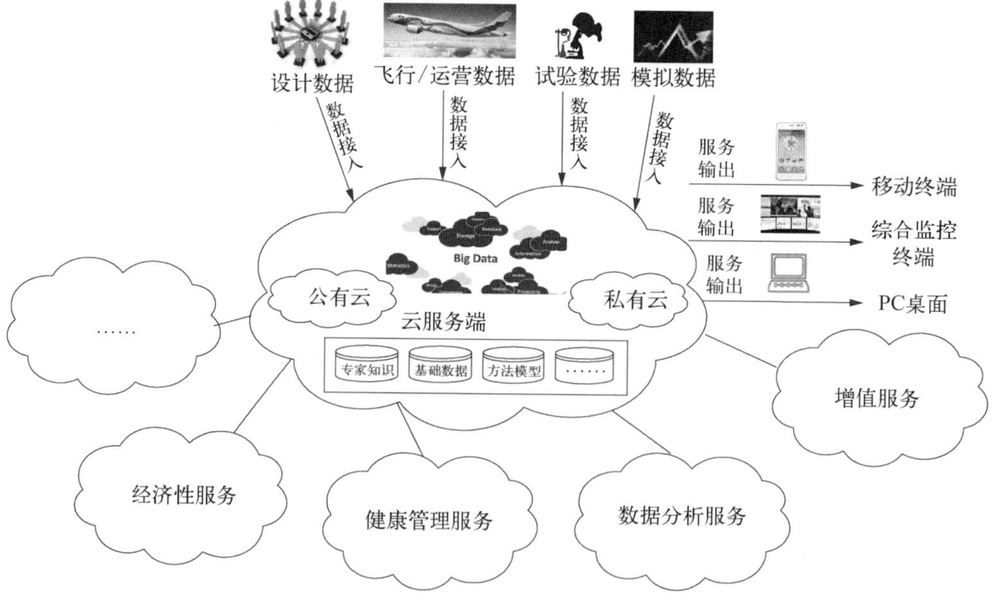

图5-1 基于云服务的健康管理地面系统

5.1.1　地面系统功能需求分析

数据信息处理：地面系统数据信息处理主要包括两个方面：空地实时数据处理、航后传输数据处理。空地实时数据处理模块接收飞机飞行中经 ACARS 链路数据等实时下传的数据，一方面实时解析和存储，另一方面传输至系统各业务模块调用；航后传输数据处理模块是地面系统的扩展数据监控接口，该接口能够接收经航后数据处理系统（如航空公司常用的 QAR 译码软件）按预先协调的方法处理后的输出数据，并利用这类数据进行监控应用。具体处理信息内容方面，地面系统接收两类数据信息作为数据源，分别是：

（1）能够自动接收并处理飞机在飞行过程中的实时数据信息，如 ACARS 报告等；

（2）能够接收并处理航后发送的数据信息，如航后报、无线 QAR 数据、来自信息系统的存储数据等。

地面系统应该能够存储并管理原始数据，并具备数据存储扩容能力。通过地面系统应可以方便地访问原始数据，包括查看、按条件查询、导出等。地面系统在接收到新的源数据后，能够自动处理源数据，并自动将处理后的计算结果更新到显示终端，自动刷新用户相应的显示内容。综上分析得出，整个系统需要记录两大类数据内容，分别是：飞机在飞行或回到地面之后向该系统输入的原始数据，以及经过该系统处理后的结果数据。

原始数据信息遵循以下一些原则进行选择：

（1）影响飞机签派放行的信息；

（2）在地面难以复现的故障信息；

（3）机载设备已经监控的故障信息；

（4）基础性信息。

根据以上原则确定原始数据主要包括以下几类：

（1）飞机运行基本信息，主要包括飞机基本构型信息以及使用状态信息；

（2）实时航行动态信息，这类信息是为满足航空公司运营控制和主制造商实时掌握已交付飞机的飞行位置的需要而发送的信息，常见的报文有 POS 报、OOOI 报等；

（3）飞机实时状态信息，这类信息主要包括超限信息、异常事件信息、勤务信息及系统状态信息，这些信息主要是由飞机的 ACMS 或信息系统收集并发送相应参数类报文信息，主要包含飞机重要机载系统的相关状态参数信息，如发动机参数等；

（4）飞机故障信息，这类信息是在飞机的 CMS 探测的故障信息。

实时监控功能：航空公司需要实时掌握执飞飞机的运行状态，及时了解飞机

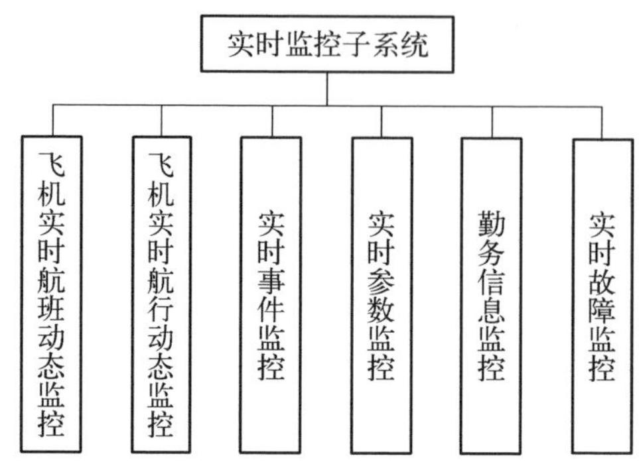

图 5-2　实时监控子系统功能组成图

的故障及超限情况，提前做好维修准备，保障航班的安全、准点运行。该子系统调用实时解析后的 ACARS 报文数据，对报文数据进行整理，以友好、直接的形式展示给监控或维护人员。实时监控子系统功能组成如图 5-2 所示。

故障诊断功能：地面系统故障诊断功能根据故障现象，通过一定的算法逻辑，综合应用维修类手册、维修历史案例等信息，实现对飞机故障的快速诊断，并给出合适的维护建议方案。针对故障诊断信息，可以对其影响程度进行排序，同时结合 MEL 进行关联分析，为放飞决策提供辅助依据。因此，该功能需要有以下几项子功能：故障信息集成与显示、基于维修手册的故障诊断、基于维修案例的故障诊断、排故处理方案及信息反馈。

航后数据监控应用：航后数据监控应用子系统是地面系统的扩展数据监控接口应用，该接口能够接收经航后数据处理系统按预先协调的方法处理后的输出数据，并利用这类数据进行监控应用。本子系统利用航后数据进行监控应用，主要实现的应用功能包括两个方面，一是故障监控，二是参数监控。其中参数监控的具体应用包括发动机工况监控、维修事件监控、关联显示维修事件与相关参数、参数趋势监控等。

5.1.2　架构设计

系统的设计原则如下所述。

(1) 遵循 ATA、ARINC 等标准，建立标准数据体系。在系统设计时，需要遵循 ATA、ARINC 等航空业内标准，并建立地面系统在数据交换、诊断、预测等方面的标准数据体系，实现与主制造商运行支持体系的无缝集成。这样将确保能够与现有系统、协议和标准的有效互通，并实现飞机设计研制单位、供应商和航空公司的持续有效参与。只有实现了标准化，建立标准数据体系，才能够通过更好的互操作性减少成本，并最大限度避免类似系统设计可能出现的重复性工作。

(2) 开放性平台化架构，满足系统纵向和横向扩展的需求。在设计时考虑开放性平台化架构，实现机上数据源、数据传输内容、地面处理系统以及跨平台数据源等方面的开放性。在纵向上，开放式系统架构设计将能够在地面系统中应用更多的符合开放架构的技术和模块，实现地面系统的不断优化和技术水平的提高；在横向上，将确保能够为多型飞机在内更多的飞机平台之间的通用性提供基础，最终提高系统有效性并降低总成本。

(3) 贯穿系统始终的安全策略和机制,确保系统高可靠度与高安全性。由于地面系统是以安全的企业为企业门户网站提供服务。先进的安全技术可以防患于未然,是安全的根本保证。电子商务作为前景广阔的商务模式,其安全工作也是一个系统的工作。因此,安全性是系统设计需要考虑的重要因素。从系统的设计到应用,安全策略和机制贯穿系统始终。在系统设计时需要考虑物理、主机、网络、数据等方面的安全及对外部系统的影响,确保地面系统的高可靠度与高安全性。

(4) 注重用户体验,提高系统人机接口的信息综合性和友好性。在设计时应重视地面系统的用户体验,不断提高系统人机接口的信息综合性和友好性,满足航空公司等用户的需要。

5.2　功能模块

5.2.1　数据库

地面系统在实际运行过程中需要自动接收与处理实时飞行数据与航后发送数据。这些数据包括飞机运行基本信息、实时航行动态信息、飞机实时状态信息与飞机故障信息。通过对这些信息进行处理分析,进行故障诊断、故障预测以及健康评估,并将结果进行存储、显示与导出。系统数据横向按照系统划分成 APU、液压系统、起落架、气源系统、空调、电源、飞控等几大类系统对象的数据类型。纵向按照信息类型划分成实时航行动态信息、实时状态信息、实时故障信息、诊断信息等信息内容。系统按照相同机队、相似机型、相同系统、相同分系统、相同故障、相同案例等方面对数据进行统计、管理、分类等。系统涉及数据众多、类型复杂,不同数据要求的访问响应时间也各不相同。

数据库的构建主要用来存储和管理异常事件监控、故障诊断及之后故障预测与健康管理等环节中,使用的各种规则知识、故障案例知识、性能趋势预测模型、统计分析算法及后续扩展的故障关联性模型、状态预估模型等知识。数据库的数据量并不会达到海量的程度,但是进行故障诊断等相关业务时需要进行大量的读操作。因此可采用主从复制、读写分离的方法进行该数据库的设计。与其他数据库存储内容所不同的是,由于模型及算法并不都是结构化数据,数据库需要考虑非结构化数据的存储及管理。同时,系统在设计上按照用户和对象的不同,需要提供按照不同权限的知识访问功能。

5.2.1.1　故障案例的描述

案例是地面系统的知识支撑,对于民用飞机的故障案例而言,案例包含的信息非常多，而且还涵盖故障隔离手册、故障报告手册、维修手册、系统图解手册和配线图表手册等信息。随着飞机使用状态的改变，很多案例都会有相应的调整，这就需要案例的更新、维护比较灵活。

一个完整的案例主要由案例基本信息表、故障征兆表和维修步骤表的相关记录联合组成。案例库中主要包含了案例基本信息表、故障征兆表、维修步骤表和故障分级表。如图 5-3 所示。

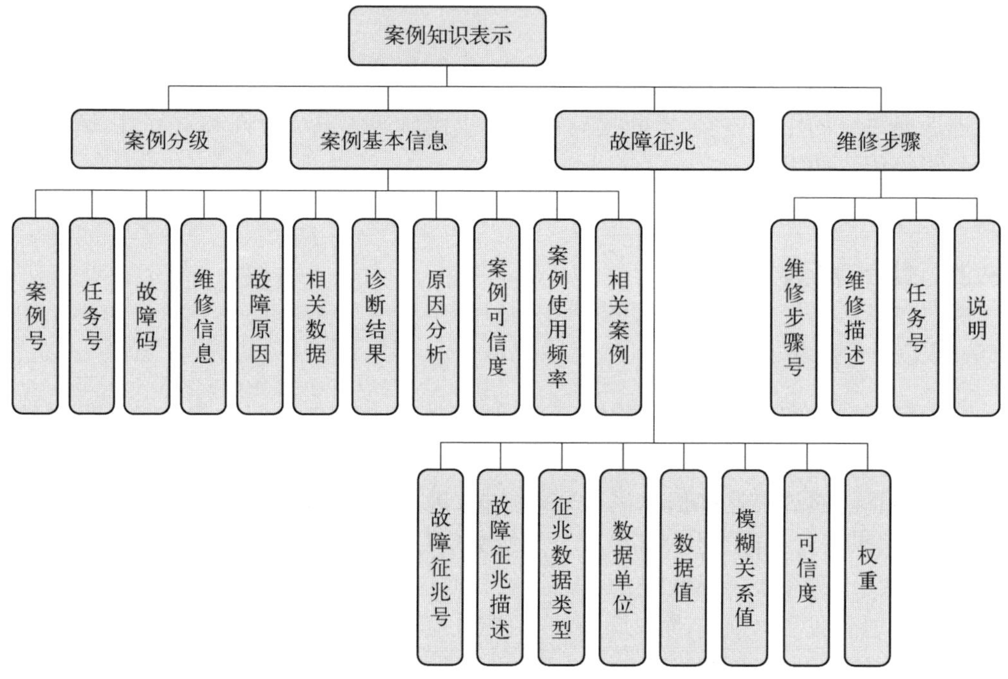

图 5-3　飞机故障案例描述方法示意图

1）案例分级

对于现代飞机系统来说，包含空调、飞行控制、发动机、起落架、燃油、滑油等 30 多个一级子系统，每个一级子系统下面还有更低层次的二级子系统，将飞机系统的故障按照系统结构来管理，一方面可以在检索时采用分级检索技术提高检索效率，另一方面也符合机务维修人员日常工作中对于飞机故障的认知习惯。

2）案例基本信息

一个典型的故障案例规范化描述框架，主要包括如下几类信息。

案例号：本系统中所有编号都参照《航空产品技术资料编写规范》编写。

任务号：任务号代表该故障在故障隔离手册中的编号，故障隔离手册是飞机供应商提供给航空公司和飞机维修公司的快速排除故障的重要参考手册，大部分的航线故障都可以通过该手册查询得到。

故障码：故障隔离手册中对应的故障码，主要作用是与手册中的每个故障描述相对应。每一个案例可能有多个故障描述，因此对应多个故障码。

维修信息：维修信息主要是通过 BITE 测试后得到的相关指示信息，可以帮助查找出各种故障。主要包括特殊的信号灯、数字代码和包含或不包含数字代码的一组英文词组。

故障原因：引发某故障可能原因的描述。某个特定的飞机系统故障，其对应的原因可能有多个。

相关数据：相关数据是指应用于此故障案例的其他相关数据，包括系统图解手册（system schematics manual, SSM）或配线图表手册（wiring diagram manual, WDM）。

诊断结果：该案例最终的故障原因分析，诊断出的故障部件。

原因分析：本字段主要记录维修人员根据此案例的特点，具体分析案例的发生、发展特点信息，便于为将来利用案例来进行诊断提供更多有用信息。

案例可信度：此处借用模糊数学知识来定义案例的可相信程度。

案例使用频率：使用频率代表案例被使用的次数，每使用一次案例，将案例的使用频率加 1，这样就可以通过使用频率来辨别常见案例和非常见案例。

相关案例：主要提供专家案例的某些其他相关案例的描述，以表达案例间的相互关联性。

3）故障征兆

故障征兆号：构成与案例号类似。

故障征兆描述：主要存储对故障现象的描述信息，机务维修人员通过对飞行数据的分析或者交流获得对故障的描述信息，可以采用文字描述，也可以采用公式表达。

征兆数据类型：包括两种类型，确定性数值征兆和非确定性数值征兆。

数据单位：数据的单位。

数据值：对于确定性数值征兆，可能有具体的参数值可以表达该征兆的详情。

模糊关系值：对于非确定性数值征兆，需要用模糊语言来描述故障征兆。

可信度：故障征兆的可信度，如同案例的可信度定义。

权重：权重也就是权值，代表征兆的出现对于整个案例的影响程度。

4）维修步骤

维修步骤号：构成与故障征兆类似。

维修描述：一个案例可能对应了多个维修步骤。

任务号：维修过程中的该步骤所对应的维修手册中的项目。

说明：对该维修步骤的一些说明。

现代大型客机由空调、飞行控制、发动机、起落架、燃油、滑油等30多个一级子系统构成,每个一级子系统下面还有更低层次的子系统,结构层次很多,关系复杂。因此,系统案例间应采用层次组织与网状组织相结合,在较高层次上,按设备功能或其组织特征形成层次结构,将案例库中的案例划分为系统/章、分系统/节的案例模块,使每个模块包含较少数量的案例,知识的组织结构得到优化,在进行某一具体故障诊断时搜索空间较小以提高推理速度。在模块内采用网状结构,使案例间能够相互参照,在向用户提供诊断结果时,如未检索到完全相同的案例,那么除提供可能性最大的案例外,同时也提供可能性较大的若干案例,以提高诊断的命中率。

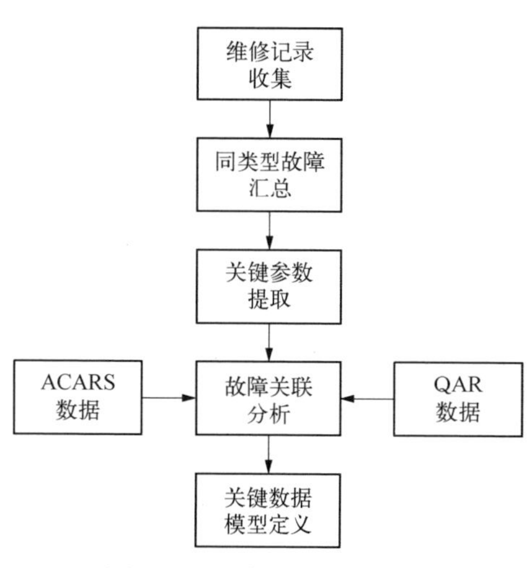

图5-4　逻辑模型定义流程

5.2.1.2　逻辑模型

针对民用飞机健康管理应用所需的逻辑模型构建需求,分析关键系统功能原理、故障逻辑,形成原理模型、故障逻辑分析的过程如图5-4所示。

5.2.1.3　故障模式库

对民用飞机关键系统故障模式开展分析,形成民用飞机关键系统故障模型和影响分析(failure mode and effects analysis, FEMA)分析内容项,主要包括如下内容。

(1) 故障模式基本信息:包括对故障所属的系统、子系统、部件及部件功能的简单描述。

(2) 故障模式描述:① 故障模式及原因,描述由故障原因造成的后果的表现形式及故障源(即诱发或激励故障机制的起因);② 飞行阶段,以某型客机为例,其飞行阶段划分与定义见表5-1。

表5-1　飞行阶段划分与定义

序号	代号	FHA 飞行阶段	定　　义
1	G	地面滑行	包括飞机起飞前从接通电源开始到从停机坪滑出至停在起飞跑道端头的过程和着陆后从滑跑结束开始滑进停机坪至切断电源的过程
2	T	起飞	从松刹车滑跑开始至达到起飞安全高度35英尺*的过程
3	F1	爬升	从达到起飞安全高度35英尺和开始至达到巡航高度的过程
4	F2	巡航	从爬升至巡航高度开始到开始下降为止的过程,包括加速至巡航马赫数、巡航和下降前的减速
5	F3	下降	从巡航高度下降到进场高度1 500英尺的过程
6	F4	进近	从到达进场高度1 500英尺开始至下滑到着陆安全高度50英尺的过程

续　表

序号	代号	FHA 飞行阶段	定　　义
7	L	着陆	从下滑到着陆安全高度 50 英尺开始至接地、滑跑并减速到速度低于 20 节** 的过程
8	ALL	全部	所有阶段指以上所有飞行阶段
9	Other	其他	其他(根据具体情况说明,如复飞、决策速度 $V1$ 之后)

* 1 英尺 = 0.304 8 米。
** 1 节 = 1.852 千米/小时。

故障影响：主要指故障模式对产品在工作、功能或状态方面所产生的后果,分为局部影响、高一层影响和最终影响。其中,局部影响指故障模式对当前所分析约定层次产品在工作、功能或状态方面所产生的后果;高一层影响指故障模式对当前分析约定层次高一层次产品在工作、功能或状态方面所产生的后果;最终影响指故障模式对最高层次产品在工作、功能或状态方面的最终影响。一般指对飞机的影响。

识别与纠正措施：包括给飞机机组的指示;具有相同指示的其他故障分析;飞机机组对故障的识别方法,隔离以及纠正措施;可能的不当措施的影响分析;维护人员的错误隔离方法与纠正措施等。

带故障的派遣要求：分析明确带故障的派遣要求,带故障的派遣级别主要包含四个：不能派遣、短期派遣、长期派遣、经济派遣。其中,短期派遣是指飞机可以在短期内安全飞行,在整个飞行期间,飞行员必须在飞行日志中记录该指示。长期派遣信息在中央维护系统驱动的多功能显示器上显示,飞行员看不到,也不需要在飞行日志中记录。经济派遣级别表示至少有一个经济派遣故障,派遣信息不需要记录在飞行日志中,也不需要采取维修措施。

(3) 故障影响分析：主要包括级联的/并发的有害故障的影响、单个部件的故障率、暴露时间、故障模式的发生概率及危害等级等,其中危害等级主要按照以下条件进行划分。

无安全性影响：失效条件不产生任何类似妨碍飞机营运能力或增加机组工作负担的安全性影响。

较小的：失效条件不会明显地降低飞机安全,机组的操作仍在其能力范围内。较小的失效条件可能包括轻微地降低安全裕度或功能能力,轻微地增加机组工作负担比如常规的飞行计划的更改或个别乘客或客舱机组身体略有不舒适。

较大的：失效条件会降低飞机的能力或机组处理不利操作情况的能力,包括明显地降低安全裕度或功能能力,明显地增加机组工作负担或增加机组效率削弱的情况,使飞行机组身体不舒适或使乘客或客舱机组身体不适甚至受到轻微伤害。

危险的:失效条件会降低飞机的能力或机组处理不利操作情况的能力,包括① 极大地降低安全裕度或功能能力;② 身体不适或过分的工作负担导致飞行机组不能准确地或完全地完成其任务;③ 除飞行机组以外可能个别乘员会遭受严重伤害或死亡。

灾难的:失效条件会妨碍持续安全飞行和着陆,导致绝大部分或全部乘员死亡及飞机损毁。

5.2.1.4 手册库

构建民用客机手册知识库,形成覆盖大型客机的 FIM、AMM、WDM、SSM、图解目录清册(illustrated parts catalog,IPC)等各类手册知识库。手册库手册种类如图5-5所示。

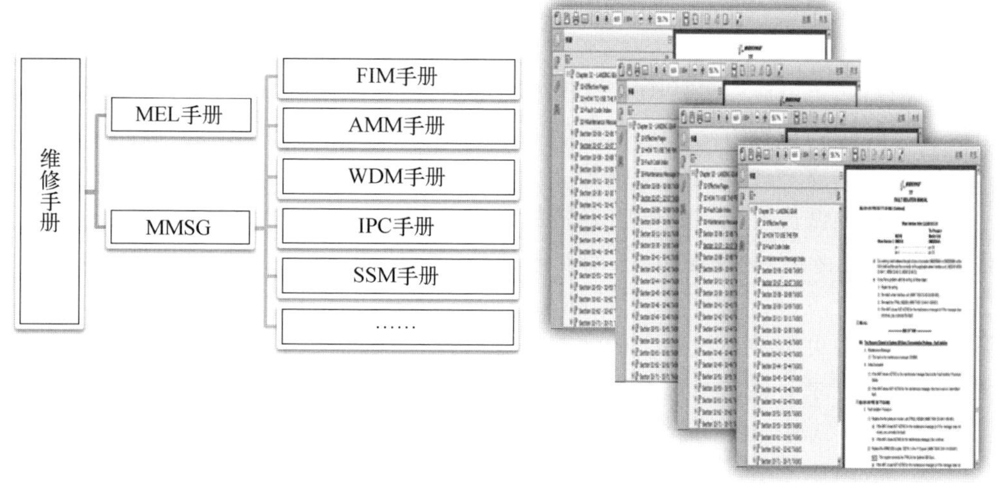

图5-5 手册库手册种类

5.2.1.5 系统基本信息库

系统基本信息库是系统运行的相关维护和配置型数据库,重点记录了系统用户信息、系统日志信息、系统邮件数据、报表数据、系统配置信息及系统临时信息等信息内容。由于系统的用户很多,因此这部分信息内容会随着系统的应用不断扩展,数据量会不断增大。但考虑到这部分数据信息内容不需要都进行实时查看等访问操作,因此采用定期存储备份和限制存储空间等方式来进行数据库的管理和维护。因此数据库可以采用一般数据库架构进行设计。

5.2.1.6 实时监控数据库

快速记录飞机实时下传的数据信息,由于实时下传的数据量受到空地数据链带宽的限制，因此每架航行过程中的飞机并不会发送大量的数据回到地面，但是客户端会进行大量的读操作。因此需要采用主从复制、读写分离的数据库架构进行设计。采用此架构设计还可以满足系统快速查询、实时显示的功能要求。每架飞机从起飞开始到落地结束，都采用该数据库进行信息的存储，一旦飞机降落以后，该数据库的数据会自动转移到航后数据存储库中。

5.2.1.7　PHM 应用数据库

数据库的设计主要用来记录系统所产生的结果和结论信息，包括诊断系统产生的诊断结论、故障预测结论及健康管理结论等。由于该数据库存储的只是计算的结果，这些结果和结论信息并不会达到海量的程度，但是由于客户端数量存在大量的读操作，因此需要采用主从复制、读写分离的方法进行设计。考虑到系统产生的结果数据和结论信息需要进行相关的界面显示，同时会提供用户进行快速查看、统计、查询及报表操作，因此运行系统产生的结论需要作为一个独立的数据库进行设计。

5.2.1.8　航后数据库

该数据库记录着实时数据库转移过来的实时数据及飞机回到地面以后，地面接收到的机载信息系统记录的所有原始数据内容，以及经过数据处理后的所有数据内容，是故障诊断、健康预测、健康管理等系统的数据输入库。数据量大小应该能够达到 PB 量级，因此航后数据存储库的设计不能采用传统一般的架构进行。应用的逻辑层及系统的应用用户都是按照不同的飞机分系统来进行划分的，比如液压系统故障诊断的推理需要调用液压系统航后数据作为推理诊断的输入，而其他系统的航后数据不会涉及。基于这种需求和考虑，该航后海量数据存储库的结构层次划分应按照系统的不同进行，同时逻辑层次也应按照系统数据存储和基础数据存储两个逻辑进行。

5.2.1.9　报文数据库

该数据库记录着实时数据库转移过来的实时数据及飞机回到地面以后，地面接收到的机载信息系统记录的所有原始报文内容。同样该数据库数据量将非常大，因此和航后数据库一样需要采用先垂直分割，再水平分割才能不断保持该数据库的扩展性。

5.2.1.10　数据库的作用和关系

数据库的作用和数据库之间的关系如下。

（1）基础知识数据库和系统基本信息库为系统进行各项业务的查询统计，故障诊断、实时监控、报文、航后数据库提供基础数据支撑。

（2）查询统计数据库为系统的查询统计应用提供数据支撑。

（3）PHM 应用、实时监控数据库为系统的实时监控和故障诊断业务提供数据支撑。

（4）报文、航后数据库为系统提供原始数据记录支撑。

5.2.2 状态实时监控

该功能提供给系统用户实时掌握飞机的运行状态的功能，及时了解飞机的故障及超限情况，提前做好维修准备，保障航班的安全、准点运行。

实时监控功能通过实时获取飞机的各类 ACARS 报文数据，将报文数据进行解码，进而将监控信息以友好、直接的形式展示给监控或维护人员。这一功能将有效帮助维护人员及时、准确地掌握飞机的技术状态，在飞机降落前获取到相关故障信息并及时做出维修决策。

实时监控功能主要包括实时显示飞机航行动态信息、实时驾驶舱效应、实时故障信息、超限信息、异常事件、签派放行限制显示信息等，为机队监控人员、维修控制人员提供实时、直观的信息支持，实现实时故障监控、实时飞机状态参数监控、勤务信息监控、飞机构型信息报告等子功能。

飞机实时航班动态监控子功能：飞机实时航班动态监控是机队动态监控的展现模式之一，主要用来显示航班的基本信息（机号、航班号、离港机场、到港机场、滑出时间、起飞时间、着陆时间、滑入时间等），并通过“警告标识”字段来标识飞机当前的技术状态（正常、故障、超限或警告等）。通过本子功能可以随时了解飞机的航班动态，同时也能及时获知飞机当前的健康状况等信息。本子功能提供了与某飞机有关的多种信息的链接入口，包括参数设置、页面自动刷新、数据查询、航段历史数据链接、航段详情链接、现有故障链接、报文上传功能链接等。

飞机实时航行动态监控子功能：飞机实时航行动态监控主要借助电子地图来监控、展示飞机的飞行状况和技术状态。该功能将飞机航行动态信息与地图叠加，实时显示飞机的位置信息和飞行状态信息。系统通过对 ACARS 报文的实时接收与解码，驱动飞机图标在地图上的动态展现。通过点击飞机图标可以显示与此飞机有关的信息，如机型、机号、航班号、当前经纬度、高度、空速、起飞时间、预计到达时间、起飞、降落机场、报文信息等。对飞机航行动态的实时监控和展示可以帮助用户随时掌握飞机的位置和飞机的技术状态。飞机与地图叠加的展示模式提供了良好的系统操作感受和全新工作方式，便于用户快速、准确定位和了解飞机位置及技术状况，以此增强决策能力。

实时故障监控子功能：实时故障监控主要针对飞机的故障信息，对实时下传的驾驶舱效应故障信息及相关联的维修信息进行综合监控。通过此子功能，可以链接至故障诊断子功能模块，进行针对故障信息的后续处理。实时故障监控子功能需考虑的主要功能点如下。

（1）故障监控：这里将集中显示所有接收到的飞机故障信息（包括故障、超限及警告），具体数据项目包括机号、航班号、飞行日期、章节、故障代码、消息内容、故障类型、航段、消息时间、状态、接收日期、消息等级。可以按机型、机队、机号、航班号、章节、故障代码及状态等条件查询数据。

(2) 故障到达通知：系统捕捉到故障报文后，可以根据业务人员角色的不同将故障数据推送到个人桌面，同时可以通过电子邮件、手机短消息或系统消息的方式将此故障信息通知给相关业务负责人。这些提醒方式可以预先定义，可以同时选择多种消息通知方式，也可以不选择任何通知方式。用户在收到通知之后，使用系统对故障进行相应的确认或处理。

(3) 故障确认：此处允许用户对这些故障(包括超限和警告类的数据)进行标识和处理，处理结论包括故障、虚警和观察(主要是针对暂时无法给出明确结论的数据)。对于结论为“虚警”的记录则自动归档到故障历史库；对于结论为“观察”的记录仍然在这里显示；对于结论为“故障”的记录，系统自动将其转移至“故障诊断”模块进行后续处理。

(4) 消息类型标识：系统可以用不同的图形或颜色表达消息类别和紧急程度，而且允许用户(营运人)定义自己的表达方式。例如，红色代表高紧急程度、琥珀色代表中紧急程度、黄色代表低紧急程度。再如圆圈表示 FDE、菱形表示警告等。

(5) 重复性故障定义与识别：系统允许用户自定义重复性故障，提供重复性故障的设置逻辑，如同一机型、同一章节一周之内出现 3 次算作重复性故障；同一机型、同一章节 10 个航段内出现 3 次算作重复性故障等。系统将根据故障历史数据和重复性故障的定义自动判断当前故障是否属于重复性故障，并用特殊颜色或符号进行标识。

(6) 故障诊断链接功能：可以通过点击故障代码执行故障诊断处理。

实时事件监控子功能包括两个方面的概念：机载系统参数超限监控、异常事件监控。

(1) 参数超限监控。参数超限监控主要是指对飞机系统参数超限的监控，例如，发动机及 APU 的参数超限情况，系统根据报文解码和数据分拣自动采集需要监控的参数，并将这些参数与设定的参考值进行对比，如果超出预设标准则系统通过多种方式(系统消息、手机短信或 E-mail 等)将此信息发送给相关监控人员。此功能中，要求系统能够修改门限值。

(2) 异常事件监控。异常事件监控主要包括重着陆/超重着陆、严重湍流及起落架收放异常等事件。应该允许用户自定义事件，并对自定义事件进行监控。

(3) 异常事件的超限监控。主要包括：当飞机机载系统下发由机载系统配置好的异常事件类报文时，异常事件的超限监控模块可以识别这类报文，并触发后续的分析应用；当同一航段某一个(类)报文的几个参数的数值关联组合满足系统超限监控设定的逻辑时，则触发超限监控的页面，并触发后续的系统分析；当同一航段的某几个(类)报文的几个参数的数值关联组合满足系统超限监控设定的逻辑时,则触发超限监控的页面,并触发后续的系统分析。而针对实时超限状态的监控,有下述功能:① 危害度评定,超限事件危害度评定对超限发生后对飞机的影响程度进行评定,主要根据事件类型(如性能异常事件、服务异常事件、超限事件等)、严重程度等进行排序,并根据事件的严重程度先后列出事件内容;② 综合分析,综合分析将事件历史发生次数、发生情况,以及发生后对飞机的综合影响进行综合分析,并根据事件情况实时入库;③ 综合显示,综合显示根据事件类型、事件危害度等条件,将超限事件、异常事件及其历史发生次数等情况以不同颜色标识和不同形式输出,并提供维修建议,输出维修手册链接。

系统监控飞机的飞行事件,并进行相关分析显示。

事件主要来源以下两个方面。

飞机实时下传事件信息:在机载系统中设置了事件监测逻辑,按该逻辑监测到事件信息后,下传至地面。地面系统获得这类事件报文后,能直接识别事件信息。

系统探测到的事件信息:由系统根据飞机发送的参数信息,通过可客户化配置的事件探测逻辑分析,探测出飞机的事件信息。这种探测可以针对单个参数,也可以是由多个参数进行组合分析而得出。

实时参数监控子功能:地面系统应具备飞机实时参数快照监控子功能。在飞机飞行过程中满足特定逻辑条件时,飞机自动将相关参数快照发送至地面系统,由地面系统监控飞机的参数快照信息,具体监控的信息内容参见数据信息需求分析章节。参数监控条件主要包括如下三个方面。

(1) 飞行过程中满足固定的飞行阶段结点时,如飞机起飞阶段监控一次发动机参数、飞机爬升阶段监控一次发动机参数等。

(2) 飞行过程中,飞机系统出现异常事件时(相关参数值满足特定的逻辑方程式),发送预定义的参数集信息。

(3) 系统向飞机发送数据请求命令时,飞机向地面系统发送预定义的参数集参数快照。地面系统应预定义多个参数集,并与机载系统协调相关参数集的数据请求信息交互方式。地面系统的用户可以在飞机飞行过程中,请求飞机发送预定义的参数集参数值。地面系统将向指定飞机发送数据请求,机载系统接收到数据请求后,向地面系统发送参数值信息。

勤务信息监控子功能:勤务信息监控主要是通过 ACRAS 报文收集飞机的燃油、滑油的消耗情况,实现对飞机勤务信息的自动远程监控。同时根据监控情况自动提醒机务人员及时添加燃油或滑油,也可以根据大量报文历史数据分析单机燃油、滑油的消耗趋势,辅助工程技术人员对飞机的技术性能进行分析,提高燃油经济性,降低运营成本。具体功能如下。

（1）燃油及滑油数据管理：系统通过对相关报文的解码自动采集飞机的燃油和滑油的消耗情况，具体数据项目应包括机号、航班号、发动机序号（可能是多个）、飞行日期、航段、起飞前燃油量、着陆后燃油量、本次燃油消耗量、起飞前滑油量、着陆后滑油量、本次滑油消耗量。其中，起飞前滑油量和着陆后滑油量是针对具体发动机，所以系统必须能记录本次飞行每台发动机各自的滑油消耗量。应可以按机号、航班号、发动机序号、飞行日期等数据查询。

（2）超限警告：可以设置燃油、滑油消耗的门限值，如果系统监控到超限情况则自动发出警告（如系统消息、E-mail 及手机短信等方式）。燃油及滑油的消耗以航段为计算单位，也就是每个航段计算出一个平均的消耗量，然后用这个平均消耗量与所设定的警戒值进行对比，超限时系统将发出警告。

（3）燃油消耗趋势分析：统计一段时期内整个机队和单架飞机的燃油消耗情况，并以折线图的形式给出单机与整个机队燃油消耗平均值的对比。横坐标：航段；纵坐标：单位飞行小时的燃油消耗量。此外，可以设定以若干个航段为一个计量点来分析燃油消耗量的变化趋势。

（4）滑油消耗趋势分析：可统计一段时期内整个机队和单台发动机的滑油消耗情况，并以折线图的形式给出单台发动机与整个机队平均值的对比。横坐标：航段；纵坐标：单位飞行小时的滑油消耗量。此外，用户可以设定以若干个航段为一个计量点来分析滑油消耗量的变化趋势。

（5）自定义勤务信息分析：根据监控参数配置管理模块中的配置，显示自定义的勤务信息参数，并对以上参数进行数据管理及趋势分析。系统实现对上述基本的勤务类信息进行监控管理的同时，还提供平台配置功能，以实现对更多勤务类信息的监控和分析。

5.2.3　故障诊断

故障诊断子系统是实时监控子系统的延伸，主要通过实时监控子系统收集到飞机实时下传的实时故障信息、FDE 信息、机上记录的故障信息及参数快照等，将其作为数据源，通过故障集成与显示模块显示给工程技术服务工程师、排故工程师。排故工程师根据系统处理逻辑进行处理。一旦判定为故障，系统利用维修手册与历史故障案例对其进行故障诊断，并将故障诊断结果显示给航线维修工程师。航线维修工程师根据处理结果制定排故方案，并对排故结果进行反馈。系统功能逻辑图如图 5－6 所示。

故障诊断系统功能逻辑如下。

（1）首先根据机上下传的故障代码等基本信息，系统自动关联 MEL 手册，并定位到相应的 MEL 的有效页，方便用户做出放行或者拒绝放行的决策。

（2）同时根据故障信息，直接查找故障隔离手册等电子手册资源，如果存在相

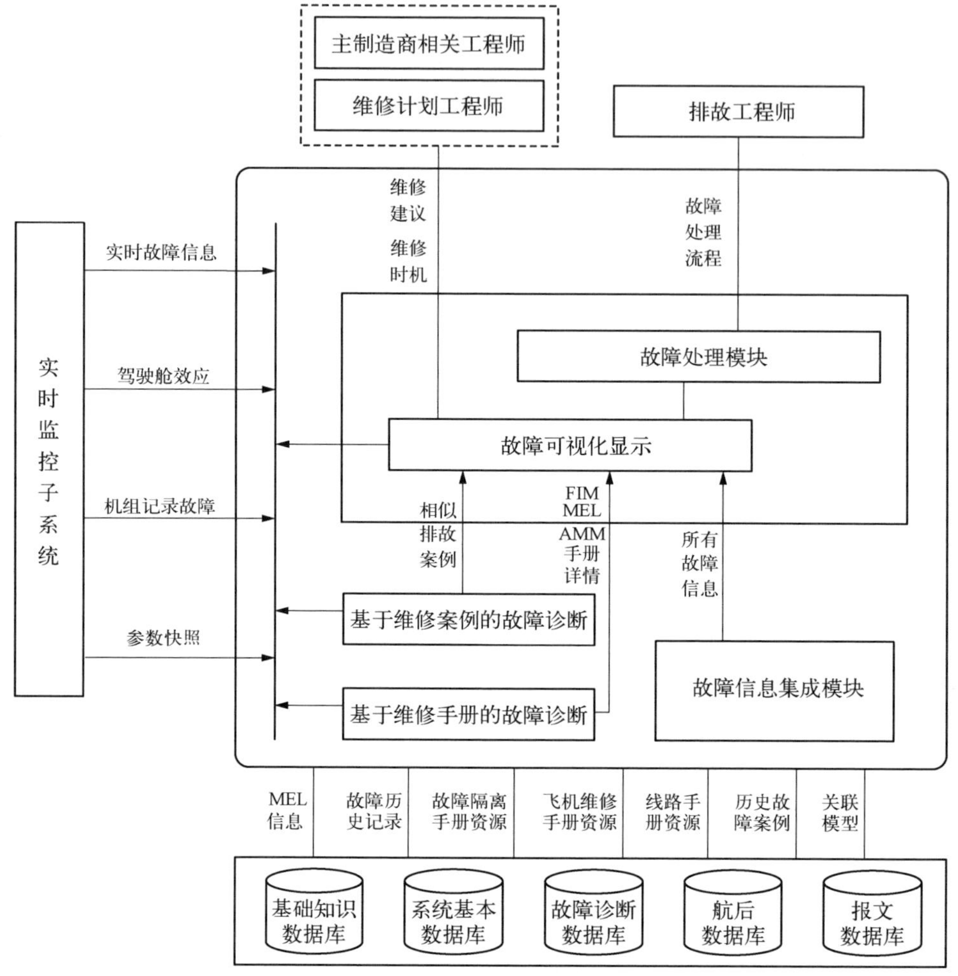

图 5-6 故障诊断子系统功能逻辑

应的故障信息,则直接进入相应的排故流程,确认故障 LRU。

(3) 如果电子手册资源中不存在相应的故障信息,则根据当前的故障信息、异常事件、状态超限等飞行信息,检索历史故障案例信息,加快故障隔离处理过程。

(4) 以上的故障诊断结果均作为维修控制工程师、主制造商相关工程师及排故工程师任务处理的参考依据;排故工程师主要参考这些故障诊断结果并按照故障处理的流程完成故障处理任务。

故障诊断子系统可分为 4 大功能模块,17 个功能点,其功能组成如图 5-7 所示。

1) 故障信息集成与显示

故障信息集成与显示模块是故障诊断子系统的基础模块,它将故障信息来源

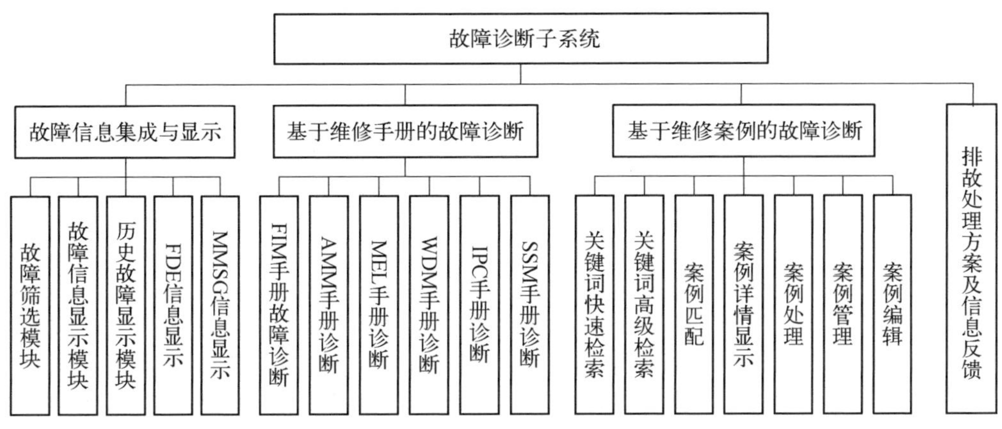

图 5-7 故障诊断子系统功能组成

及故障信息以直观的方式展现给用户，主要包括 FDE 信息、警告类信息，以及其他信息，主要以故障优先级、故障代码和故障简要描述的方式显示。基于 MEL、FMECA 等信息对故障按重要程度、紧急程度进行排序显示，并以不同颜色、不同形状的图标对故障信息进行标识。

2）基于维修手册的故障诊断

基于维修类手册的故障诊断是通过报文中的某些关键词（机型、FDE 代码、ATA 章节等）自动将维修类手册（主要是 FIM 手册、MEL 手册）中的相关内容进行关联显示，并将维修手册的详细内容在用户查看故障详情的时候进行集中显示；另外，通过系统的某些关键词，自动关联到技术出版物系统，并在技术出版物系统中完成自动排故，进而达到支持快速排故的目的。

3）基于维修案例的故障诊断

基于维修案例的诊断方法是故障诊断的另一种重要方式，其应用原理主要是根据故障关键要素的相似度（机型、ATA 章节、故障代码、故障描述的关键词等）检索曾经发生过的类似故障及其排故方案，检索结果可能存在多条类似故障的排故方案，系统将按照故障排除成功率从高到低对结果进行排序显示，集成显示在故障诊断详情页面中。

4）排故处理方案及信息反馈

用户可参考故障关联信息、手册信息、案例信息等制订对当前故障的排故方案。本系统支持用户在系统中编写排故方案，并填写排故结果的反馈信息。

5.2.4 预测与健康管理

预测与健康管理主要利用飞机的海量历史数据、实时飞行数据等信息，加载预测模型，实现对飞机性能衰减规律的趋势预测、飞机典型系统及其关键部件的故障

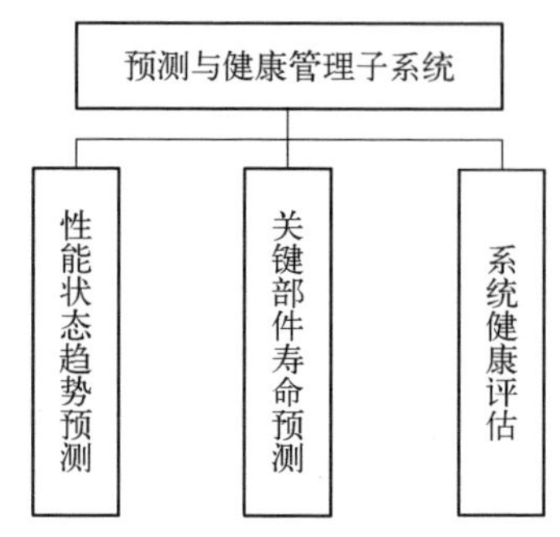

图 5-8 预测与健康管理子系统功能组成

预测和剩余寿命预测，及时了解飞机性能衰减的变化规律，预测典型系统及其关键部件的故障发生时间及剩余寿命，生成预测结论，并对预测结果、勤务类信息、飞机健康状态等进行报警，评估飞机健康状态，以便维修人员提前做好维修准备，其功能组成如图 5-8 所示。

1）性能状态趋势分析

用户根据实际工作需要设定预测参数和预测目标。系统首先对海量数据进行预处理，然后利用自适应的趋势分析算法分析海量历史数据，给出预测参数的变化趋势。由此，协助航空公司与主制造商工程师们更加全面地了解飞机的性能变化趋势。对于满足一定条件的趋势形态，系统将对其进行报警，提示维护管理人员采取相关措施。同时，该模块还利用飞机大量的历史数据、故障信息及相关的预测模型和知识，对飞机部件当前状态、数据与历史状态变化模式的对比分析，从而确定飞机部件和系统的当前状态，对其是否进入故障潜伏期进行评判，实现故障的预测。

2）关键部件寿命预测

系统根据用户设定飞机系统的关键部件，获取失效数据，分析系统的失效规律，得到的关键部件的性能退化规律。基于性能退化规律，结合实时检测的系统参数及状态特征估计关键部件的剩余寿命，为后续的飞机健康评估提供必要的基础。

3）健康评估

该模块主要提供对飞机各系统健康状态的评分。根据实时监控数据、故障诊断与健康预测的结论及故障保留情况等信息，计算得出飞机的健康分值，并按照分值的高低进行排序、筛选与显示，形成综合健康评估报告，为维修建议和维修时机的决策提供支撑。

5.2.5 维修辅助决策

在民用飞机 PHM 系统智能诊断、性能趋势预测与健康评估的基础上，以降低维修难度为目标，实现民用飞机智能维修决策，分析民用飞机维修的影响因素，制定维修策略，为机务维修人员的维修工作提供辅助决策支持。

增强现实协同诊断与维修辅助主要实现面向航线维修支援的远程协同故障诊断能力。采用基于 AR/VR 技术的智能诊断与维修保障终端技术，将增强现实技术（AR）与虚拟现实技术（VR）引入到民用飞机一线的诊断定位与维修保障工作中，优化现场故障判定、维修保障的流程，为民用飞机维护人员提供更加智能化、一体化、交互性更为强大的诊断与保障工具，为维修人员提供技术支持和指导，从而降低维修成本,提高维修工作人员的现场排故工作效率与维修质量。通过增强现实技术可以将计算机产生的图形、图像和文字注释等各种虚拟信息实时地叠加到维修人员的视野中,对维修人员的视觉系统进行景象增强或扩张,帮助维修人员一步一步地完成维修工作。将增强现实技术与虚拟现实技术引入到宽体客机维修工作中,为维修工作人员提供技术培训与指导,加快维修进程。

第 6 章　故障诊断原理及方法

故障诊断的任务是根据传感器数据、状态监测信息的结果，结合已知的结构特性和参数、运行工况、环境条件和运行历史，对可能要发生或已经发生的故障进行判断，确定故障的性质、类别、程度、原因、部位，指出故障发生和发展的趋势。现代民用飞机系统和结构状态复杂，故障类型和故障成因复杂多变，故障诊断分析困难。因此，为维修人员的故障诊断提供技术支持、帮助工程技术人员有效制定维修任务，是飞机保障的一项重要研究内容。

6.1　故障诊断方法概述

故障是指系统至少一个特征或参数出现了较大的偏差，并超出了可接受的范围，导致系统的性能低于正常水平，甚至难以完成预期功能[2]。故障可按故障的发生部位分为传感器故障、执行器故障和元部件故障，按照故障的时间特性可分为突变故障、缓变故障和间隙故障等。故障诊断指通过一定的方法和技术手段，确定系统是否发生了故障及类型，其任务包括如何获取故障特征，并进行故障检测、分离、辨识，进而分析故障对飞机系统的影响，实现故障决策。故障诊断通常可通过基于模型、知识及数据驱动的方法实现。

基于模型的方法通过将飞机系统的可测信息和由模型表达的系统先验信息进行比较，对残差进行分析和处理而实现故障诊断。该方法需要建立被诊断对象的精确数学模型[3-6]，其优点是充分利用了系统内部的深层知识，利于系统的故障诊断；缺点是通常难以获得系统模型、鲁棒性存在问题。基于解析模型的故障诊断包括残差产生和残差评价两个阶段。根据残差产生形式的不同，该类方法分为状态估计方法、等价空间方法和参数估计方法。

基于知识的故障诊断方法是根据长期的实践经验和大量故障信息设计出的一套智能专家系统。在缺少系统数学模型和数据的情况下,可以利用专家系统完成监测与诊断。对于在线监测或诊断系统,数据库内容是定时检测到的工作数据;对于离线诊断,数据库内容可以是故障检测后保存的数据,也可为人为检测的特征数据。

基于数据驱动的故障诊断方法通过某种信息处理和特征提取方法进行故障诊断,可分为基于信号处理的方法和基于机器学习的数据挖掘、数理统计的方法。基于信号处理的方法应用较多的有谱分析方法、时间序列特征提取方法等。基于数据驱动的故障诊断方法则适用于缺少精确模型但有大量数据的情况,利用模式识别方法进行监测与故障诊断。该方法在进行故障诊断时,就是完成测量空间到决策空间的非线性映射。采用模式识别方法对飞机进行故障诊断,依赖大量确定故障原因的数据,进行有效的飞机系统/结构故障模式及效应分析。

6.1.1 基于知识的故障诊断方法概述

基于知识的故障诊断主要包括基于FIM的诊断方法[7]、基于FTA的故障诊断方法[8]、基于案例推理(case-based reasoning,CBR)的诊断方法[9]等。FIM根据飞机的设计特点和用户提供的飞机故障汇总到飞机制造商,然后向航空公司提供部分故障排除方法的程序手册。FIM包括故障报告手册(fault report manual,FRM)中给出的所有故障的字母/拼音列表和数字索引,也为每一故障提供了故障隔离程序,可根据故障代码、故障描述或维修信息查到故障隔离任务号,排故人员根据排故步骤来确定故障原因,直至故障排除。在排故过程中结合AMM、标准线路施工手册(standard wiring practices manual,SWPM)等。将CBR应用于民用飞机故障诊断系统,可以克服规则不易提取、知识获取困难等问题;知识和经验包含在已有的案例中,有利于现场维护人员参考。CBR的思想是利用过去的案例来解决新问题,同时它能够通过获取新知识,将推理后的目标案例作为源案例来进行学习。基于FTA的故障诊断是近年来常用的一种系统故障诊断的方法,其能够直观、系统地表达出系统故障的故障模式及系统故障与故障基本事件之间的逻辑关系。基于FTA的诊断方法存在一些缺点,如过度依赖所建故障树信息的完整性,只能实现已有的故障基本事件的诊断。

6.1.2 基于模型的故障诊断方法概述

基于模型的故障诊断方法通过建立系统精确的数学模型或通过构造输入信号与输出信号之间的残差信号分析系统的期望输出与实际输出之间的差异性,然后基于残差信号来进行故障诊断。然而,民用飞机系统在工作过程中经常遇到各种未知扰动和输出噪声的影响,及对系统进行数学建模经常需要考虑一些简化假设，这些因素会对残差信号产生影响，尽管很多情况下系统是正常的，但残差信号不等于零，而是在零点附近波动。另外，系统故障分离和识别需要对产生的残差信号进行更加深入的分析从而确定故障的位置并进而实现隔离。

基于模型的故障诊断技术包括定性模型、定量模型和解析模型等[10-12]，该方法不依赖于被诊断系统的诊断训练集合诊断经验。NASA 开发的基于定性模型的诊断推理软件先后在深空一号、对地观测卫星 EO－1、X－37 飞船等实际型号中进行了科学验证[13]。比较成熟的一种方法是自回归滑动平均[14]方法，另一种常用的方法是基于状态估计的诊断方法，主要包括 Beard[15]提出的故障诊断检测滤波器方法、Mehra 等[16]提出基于 Kalman 滤波的方法。由于系统复杂度越来越高，目前该方向较为广泛的是在模型状态估计中引入自适应的思想。

(1) 基于状态估计的方法。控制系统的被控过程的状态都直接反映了系统的运行状态，通过系统的输入、输出与系统的数学模型，解析估计出系统的状态，与实际运行状态比较之后，构成残差序列。当系统出现故障时，其残差序列中包含各种故障信息。基于这种残差序列，通过构造适当的模型并采用统计检验方法，即可将故障检测出来，并作进一步的诊断。

(2) 基于参数估计的方法。基于参数估计的方法是根据模型参数及相应的物理参数的变化来检测和分离故障。思想是把理论建模和参数辨识结合起来，即基于系统的输入输出序列，估计出模型参数序列，由模型参数序列计算过程参数序列，再确定过程参数的变化量序列。基于此变化序列的统计特性，检测故障是否发生，当有故障发生时，进行故障分离和决策。

6.1.3 基于数据驱动的故障诊断方法概述

数据驱动的故障诊断就是对积累的运行数据进行分析，挖掘出系统的故障规律或规则，在不需知道系统精确数学模型的情况下完成系统的故障诊断，同时对专家经验知识的依赖性也较小。近年来，基于数据驱动的故障诊断成了目前热点研究方向之一。这类方法又可分为信号处理类方法、机器学习类方法、多元统计分析类方法、信息融合类方法等。

(1) 信号处理类方法。基于信号处理的故障诊断方法，是利用信号模型提取特征值，从而检出故障，不需要精确的解析模型。小波变换[17]属于时频分析的一种，是一种新型信号处理方法，具有多分辨率分析的特点，而且在时域和频域都具有表征信号局部特征的能力。通常利用观测信号频率结构的变化、观测信号的奇异性、脉冲响应函数的小波变换进行故障诊断。

(2) 机器学习类方法。机器学习类故障诊断的基本思路是利用系统在正常和各种故障情况下的历史数据训练神经网络(neural network,NN)[18]或支持向量机(support vector machine,SVM)[19]等方法用于故障诊断。但机器学习算法需要过程故障情况下的样本数据,且精度与样本的完备性和代表性有很大关系,因此难以用于那些无法获得大量故障数据的工业过程。

(3) 多元统计分析类方法。基于多元统计分析的故障诊断方法根据过程变量的历史数据,利用多元投影方法将多变量样本空间分解成由主元变量张成的较低维的投影子空间和一个相应的残差子空间,分别在这两个空间中构造能够反映空间变化的统计量,然后将观测矢量向两个子空间进行投影,并计算相应的统计量指标用于过程监控。常用的多元统计分析方法包括主元分析(principal component analysis,PCA)[20]、偏最小二乘(partial least squares,PLS)[21]、独立主元分析[22](independent component analysis,ICA)等。

(4) 信息融合类方法。多传感器信息融合(multi-sensor information fusion,MSIF)[23]是利用融合算法对多源信息或来自多个传感器的数据加以自动分析和综合来降低单一信息源的不确定性信息处理方法。现代民用飞机系统普遍复杂性较高、运行环境存在许多不确定因素,仅使用单传感器采集的数据进行故障诊断无法完全适应航空器低虚警率,基于信息融合的故障诊断方法为降低复杂系统故障诊断的不确定性问题提供了一种新思路。常用的多源信息融合算法有贝叶斯理论[24]、DS 证据理论[25]、粗糙集理论[26]和人工神经网络融合等。

6.2 基于知识的民用飞机故障诊断方法

6.2.1 基于 CBR 的故障诊断方法

案例推理不需要详细的应用领域模型,其核心思想是借鉴专家丰富的经验来解决目标问题,为新的故障案例提供参考依据,整个推理过程可以分为四个阶段:案例知识表示、案例检索与匹配、案例修改、案例添加。基于 CBR 的故障诊断基本步骤:① 案例知识表示,采用标准的表示方法与存储方式对源故障案例及用户输入的故障进行测试,从而形成符合知识库或案例库的索引案例或者检索案例;② 案例检索与匹配,案例检索的作用是检查出与当前案例在故障征兆上具有较高匹配度,并对当前已发生的故障具有指导意义的案例,形成候选案例集,再对筛选出来的案例集进行聚类与分类,计算对应的成功率指标,最终选择和当前故障相似度最高的故障案例作为指导;③ 案例修改,通过借鉴专家经验知识和人为干预对检索得到的案例进行调整和修改,形成适合当前故障的案例;④ 案例添加,将新的故障诊断案例添加到知识案例库中,新案例的保存过程就是案例学习和扩展的过程。

6.2.1.1 案例知识表示与存储

基于 CBR 的故障诊断以飞机服役过程中的排故和维修记录为基础，通过对故障维修记录进行收集、整理及提取获得典型故障案例，形成案例知识库，案例知识库的丰富程度决定了故障诊断的有效性。案例知识的表示模式选择是 CBR 的数据基础，对案例推理系统的知识获取能力和运用效率有着直接的影响。对于同一个故障案例可以有多个表示方法，但是需要注意不同的表示方法检索和匹配效率会有较大的差异，需要合理选择知识表达方法。

面向对象的知识表示是采用面向对象技术来表达源案例的一种方法，它提供了从一般到特殊的演绎手段，同时也提供了从特殊到一般的归纳形式，是一种比较好的认知模式。采用该方法，民用飞机故障案例可以定义为一个四元组：

$$C = \langle D \quad S \quad M \quad E \rangle \tag{6-1}$$

式中，D 为故障案例的描述信息；S 为故障的特征或关键内容的属性集；M 是故障处理措施及故障的结论；E 是故障的辅助信息及故障处理的效果。

案例的组织方式主要有平面组织、分层组织、网络组织等方式。平面组织类似关系数据库中的二维表，由一组同类记录组成，优点是案例增删易于实现，缺点是对于复杂的案例库配置需要重构。分层组织是按层次结构组织案例库的一种方式，分层组织提供了一种高效的检索方式，缺点是复杂度较高、占用空间大，对于民用飞机的 CBR 故障诊断多采用这一组织方式，故障案例层次结构如图 6－1 所示。网络组织是一种更为复杂的组织结构，案例之间形成案例库网络，优点是有利于案例的检索和推理，缺点是不便于案例的增删。

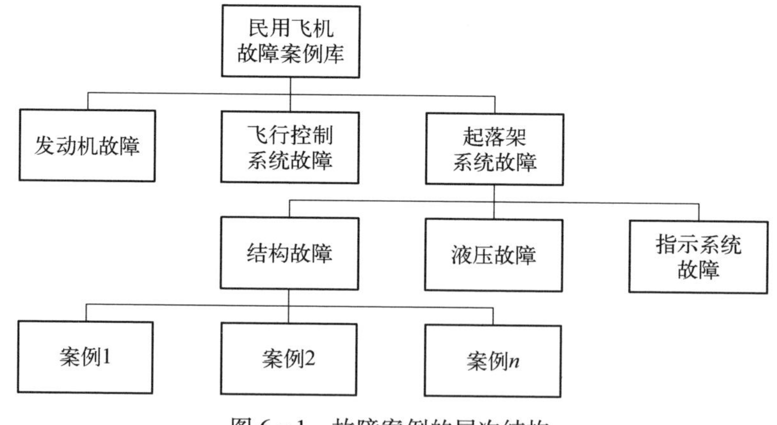

图 6－1 故障案例的层次结构

6.2.1.2 故障案例的检索和匹配

故障案例的匹配是在旧案例或现有的故障案例中，找出一种可以与新案例中比较相似或相近的故障案例,为了能够在数量上进行比较,相似度是新故障案例与历史案例之间相似性的一种度量。目前大多数采用最近邻法(nearest neighbor)计算案例间的相似度,它把输入的案例与案例库中的案例进行比较,求出案例间的相似度,将相似度超过阈值的案例返回给用户,具体的算法有 K 近邻(K nearest neighbor,KNN)检索方法。它的原理是,K 近邻法假定所有案例的特征矢量是 n 维空间的点,在这些点上建立一个特殊的近邻查找结构,使得当给定一个问题描述时,能迅速找到与之取得最佳匹配的点。近邻法检索认为两个案例的特征集是相同的,且同一特征在不同的案例中具有相同的权重,根据相似度在相似算法中的级别不同,相似可以分为局部相似度和全局相似度。

针对民用飞机故障诊断系统的特点,采用基于特征属性及关键字计算案例相似度。案例间相似度量的基本方法大都是基于距离测度的相似评判方法,常用的方法有欧式距离、曼哈顿距离、无限模距离,这里给出基于欧式距离的定义:假设 $\boldsymbol{X}=\{X_1, X_2, \cdots, X_n\}$,其中 $X_i(i=1, 2, \cdots, n)$ 是故障案例第 i 个属性或关键字,W_i 是各个关键字的权重值。X 是 n 维特征空间 $\boldsymbol{D}=\{D_1\times D_2\times\cdots\times D_n\}$ 上的一个点。$X_i\in D_i$,对于 D 上的 X, Y,则在特征空间上的距离为

$$\mathrm{Dist}(X, Y)=\sqrt[r]{\sum_{i=1}^{n}W_i\times D(X_i\times Y_i)^r} \tag{6-2}$$

$$D(X_i, Y_i)=\begin{cases}0, X_i=Y_i \text{ 且离散}\\ 1, X_i\neq Y_i \text{ 且离散}\\ \dfrac{|X_i-Y_i|}{\max_i-\min_i}, X_i、Y_i \text{ 连续}\end{cases} \tag{6-3}$$

式中,$\max_i$ 和 $\min_i$ 为特征属性 D_i 的最大值和最小值,当 $r=2$ 时,则 $\mathrm{Dist}(X, Y)$ 为欧式距离。

计算得到案例之间的欧式距离,则案例相似度被定义为

$$\mathrm{sim}(X, Y)=1-\mathrm{Dist}(X, Y) \tag{6-4}$$

基于最邻近的故障案例检索过程可以用矩阵描述如下。

步骤 1:将新案例的故障特征属性与案例库中 n 个故障特征属性逐个进行比较,将比较结果保存为矩阵的形式,即

$$\boldsymbol{\delta}=\begin{bmatrix}\delta_{11} & \delta_{12} & \cdots & \delta_{1n}\\ \cdots & \delta_{ij} & \cdots & \cdots\\ \cdots & \cdots & \cdots & \cdots\\ \delta_{m1} & \delta_{m2} & \cdots & \delta_{mn}\end{bmatrix} \tag{6-5}$$

式中，i 表示第 i 个案例，j 表示第 j 个特征属性，则 δ_{ij} 为新案例与第 i 个案例在第 j 个特征属性上的局部相似度，按照式(6－3)计算。

步骤 2：将局部相似度矩阵 $\boldsymbol{\delta}$ 与权向量 $[W_1 \quad W_2 \quad \cdots \quad W_n]^{\mathrm{T}}$ 相乘，得到新案例与 m 个源案例的全局相似度，见式(6－6)。

$$\begin{bmatrix} \delta_{11} & \delta_{12} & \cdots & \delta_{1n} \\ \cdots & \delta_{ij} & \cdots & \cdots \\ \cdots & \cdots & \cdots & \cdots \\ \delta_{m1} & \delta_{m2} & \cdots & \delta_{mn} \end{bmatrix} \times \begin{bmatrix} W_1 \\ W_2 \\ \vdots \\ W_n \end{bmatrix} = \begin{bmatrix} \delta_1 \\ \delta_2 \\ \vdots \\ \delta_m \end{bmatrix} \tag{6-6}$$

步骤 3：选择与新案例相似度最高的 k 个案例作为检索结果，选择相似度最大的源案例作为当前新案例的诊断模版。

6.2.1.3 案例修正和添加

通过检索和匹配算法，从案例知识库中找出与新案例相匹配的案例，为维修人员提供排故指导，但是若通过实际操作测试该方案无法排除故障，则需对案例的指导方案及措施进行修正作为新的案例，在得到新案例的解决措施之后，需要对新案例存储。而案例库中的部分案例及措施可能随着飞机的改装而变得无参照性，此类的案例则需要进行更新或删除。

(1) 案例的更新指新案例的添加，其依赖的指标为相似度，当新案例相似度较低时，需要用户确定是否进行新案例的添加，根据案例的匹配情况可以分为几种情况：① 完全匹配 $X = 1$；② 足够匹配 $\alpha \leqslant X \leqslant \beta$；③ 可能匹配 $0 \leqslant X \leqslant \alpha$；④ 不匹配 $X = 1$。α、β 代表系统的匹配可接受的程度，称为相似度阈值，在诊断系统中可以对此参数进行更改，当新案例的匹配程度属于完全匹配及足够匹配时，新案例无须添加，当新案例属于可能匹配及不匹配时，系统需要提出提示，咨询用户是否需要进行新案例的添加。

(2) 案例的删除指针对现有案例的更新，指标为故障案例的成功率以及检索率，当案例的检索率较低时，证明此案例的特征属性较少，需要对案例进行适当的修正及变换。当案例的成功率较低时，证明此案例的解决措施与现行民用飞机的维修措施存在较大的差异性，此案例无法对现行的排故过程进行指导。因此，故障诊断系统可在确定时间内对案例库进行检索，适当删除故障成功率较低的案例，同时对检索率较低的案例的特征属性进行修正。

6.2.2 基于故障隔离手册的故障诊断方法

6.2.2.1 基于 FIM 的故障诊断流程与方法

基于 FIM 的故障诊断要深入分析手册的结构特点及与手册相关的各种文件资料，构建诊断系统模型，最终建成能够实现手册的管理与搜索、相关手册的关联、手册内容的更改及数据库管理的故障智能诊断系统。故障隔离手册的查询方式主要是基于故障代码、EICAS 信息、观察到的故障索引、客舱故障索引和维修信息这五种信息源进行查找。

基于根据 FIM 的结构分析和使用要求，通常有两种方式进入查询，一种是通过树形结构以章节的方式直接进入，在 EICAS 信息索引、可观察故障代码索引和客舱故障代码索引或每一章的故障代码索引和维修信息索引，查到相应的维修任务号，通过维修任务号进入故障隔离程序进行排故；另一种是快速查询，可根据 EICAS 信息、故障代码、故障描述、维修信息快速查询到维修任务号和故障隔离程序。快速查询四种途径：① 故障代码：通过快速检索，输入故障代码，结合相关维修信息，通过检索获得对应的任务号；点击任务号，快速进入章节部分的故障隔离流程；② EICAS 信息：通过驾驶舱 EICAS 面板的信息指示，通过 EICAS 信息索引得到故障代码；③ 故障描述：通过快速检索，输入检索词，通过检索结果获得对应的任务号，点击任务号，快速进入章节部分的故障隔离流程，故障描述包括可观察故障和客舱故障的描述；④ 维修信息：通过快速检索，输入维修信息，通过检索结果获得对应的任务号，点击任务号，快速进入章节部分的故障隔离流程。

6.2.2.2　多故障原因综合分析方法

多故障原因综合分析指当系统有多条故障需要排查时，可以首先借助手册故障原因关系数据库进行分析，确定共有的故障原因，再对其进行排查，达到尽量减少排故次数的目的。危险等级排序是对故障的危险性等级进行分析，一般情况下，排故人员会对高等级故障优先排除，所以，要对选定待排故障的危险等级进行排序。综合分析功能流程如图 6－2 所示。

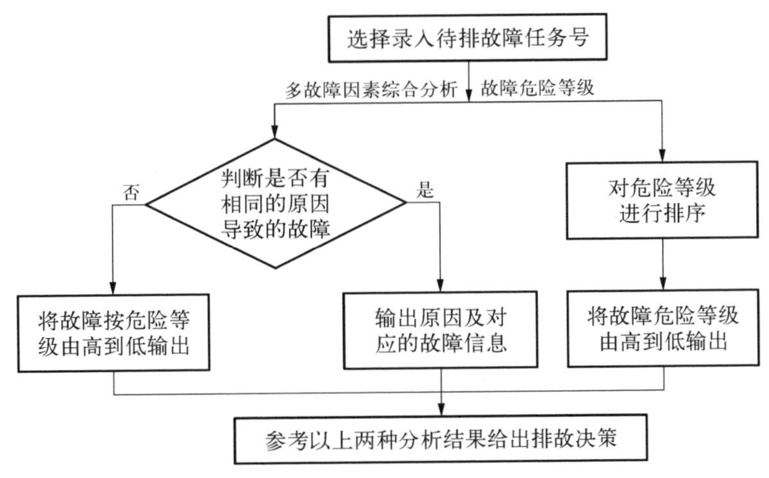

图 6－2　多故障综合分析方法流程图

6.3 基于模型的民用飞机故障诊断方法

6.3.1 基于卡尔曼滤波的故障诊断方法

卡尔曼滤波器融合系统的模型信息和测量信息对系统状态进行估计,并且使得状态估计的均方误差最小。线性离散卡尔曼滤波递推算法简要介绍如下。

考虑如下离散线性时变系统:

$$\boldsymbol{x}_{k+1}=\boldsymbol{A}_k\boldsymbol{x}_k+\boldsymbol{B}_k\boldsymbol{u}_k+\boldsymbol{e}_k \tag{6-7}$$

$$\boldsymbol{y}_k=\boldsymbol{C}_k\boldsymbol{x}_k+\boldsymbol{\varepsilon}_k \tag{6-8}$$

式中,k 为时间步数;$\boldsymbol{x}_k\in\mathbf{R}^n$、$\boldsymbol{u}_k\in\mathbf{R}^n$ 和 $\boldsymbol{y}_k\in\mathbf{R}^n$ 分别为系统状态向量、输入向量和输出向量;$\boldsymbol{A}_k$、$\boldsymbol{B}_k$、$\boldsymbol{C}_k$ 分别为具有相应维数的矩阵;过程噪声 $\boldsymbol{e}_k$ 和测量噪声 $\boldsymbol{\varepsilon}_k$ 是互不相关、服从正态分布的零均值白噪声序列;$\boldsymbol{Q}_k$ 和 $\boldsymbol{R}_k$ 分别为过程噪声 $\boldsymbol{e}_k$ 和测量噪声 $\boldsymbol{\varepsilon}_k$ 的方差。

定义 $\hat{\boldsymbol{x}}_{k+1}^-$($^-$表示先验,$\hat{}$表示估计)是已知第 $k+1$ 步以前测量及状态情况下第 $k+1$ 步状态的先验估计,$\hat{\boldsymbol{x}}_{k+1}$ 是已知测量 $\boldsymbol{y}_{k+1}$ 时第 $k+1$ 步状态的后验估计。先验和后验估计误差:

$$\tilde{\boldsymbol{x}}_{k+1}^-=\hat{\boldsymbol{x}}_{k+1}^--\boldsymbol{x}_{k+1} \tag{6-9}$$

$$\tilde{\boldsymbol{x}}_{k+1}=\hat{\boldsymbol{x}}_{k+1}-\boldsymbol{x}_{k+1} \tag{6-10}$$

假设在测量 k 步之后,已经有了一个 $\hat{\boldsymbol{x}}_k$ 的估计值,预测第 $k+1$ 步的状态值,因 $\boldsymbol{e}_k$ 均值为零,则已知第 $k+1$ 步以前测量及状态情况下第 $k+1$ 步状态的先验估计 $\hat{\boldsymbol{x}}_{k+1}^-$ 如下:

$$\hat{\boldsymbol{x}}_{k+1}^-=\boldsymbol{A}_k\hat{\boldsymbol{x}}_k+\boldsymbol{B}_k\boldsymbol{u}_k \tag{6-11}$$

在获得测量 $\boldsymbol{y}_{k+1}$ 时第 $k+1$ 步状态的后验估计 $\hat{\boldsymbol{x}}_{k+1}$ 为先验估计 $\hat{\boldsymbol{x}}_{k+1}^-$ 和测量 $\boldsymbol{y}_{k+1}$ 线性组合:

$$\hat{\boldsymbol{x}}_{k+1}=\boldsymbol{L}_k\hat{\boldsymbol{x}}_{k+1}^-+\boldsymbol{K}_k\boldsymbol{y}_{k+1} \tag{6-12}$$

式中,$\boldsymbol{L}_k$ 和 $\boldsymbol{K}_k$ 分别为增益矩阵。由式(6-12)确定的后验估计误差:

$$\tilde{\boldsymbol{x}}_{k+1}=\hat{\boldsymbol{x}}_{k+1}-\boldsymbol{x}_{k+1}=\boldsymbol{L}_k\tilde{\boldsymbol{x}}_{k+1}^-+\boldsymbol{K}_k\boldsymbol{y}_{k+1}-\boldsymbol{x}_{k+1}=\boldsymbol{L}_k(\tilde{\boldsymbol{x}}_{k+1}^-+\boldsymbol{x}_{k+1})+\boldsymbol{K}_k\boldsymbol{y}_{k+1}-\boldsymbol{x}_{k+1} \tag{6-13}$$

将式(6-8)代入式(6-13)得

$$\tilde{\boldsymbol{x}}_{k+1}=\boldsymbol{L}_k\tilde{\boldsymbol{x}}_{k+1}^{-}+(\boldsymbol{L}_k+\boldsymbol{K}_k\boldsymbol{C}_{k+1}-\boldsymbol{I})\boldsymbol{x}_{k+1}+\boldsymbol{K}_k\boldsymbol{\varepsilon}_{k+1} \tag{6-14}$$

对上式两边取数学期望,由于 $E[\tilde{\boldsymbol{x}}_{k+1}]=0$, $E[\boldsymbol{\varepsilon}_{k+1}]=0$, 只需求 $E[\boldsymbol{L}_k+\boldsymbol{K}_k\boldsymbol{C}_{k+1}-\boldsymbol{I}]=0$。因此定义先验估计的增益矩阵为

$$\boldsymbol{L}_k=\boldsymbol{I}-\boldsymbol{K}_k\boldsymbol{C}_{k+1} \tag{6-15}$$

将式(6-15)代入式(6-12)得

$$\hat{\boldsymbol{x}}_{k+1}=\hat{\boldsymbol{x}}_{k+1}^{-}+\boldsymbol{K}_k\boldsymbol{\gamma}_{k+1} \tag{6-16}$$

式中, $\boldsymbol{\gamma}_{k+1}$ 为测量过程的残差或者新息,反映了模型预测值与实际测量值之间的不一致程度。将式(6-15)代入式(6-14)得到后验估计方差:

$$\tilde{\boldsymbol{x}}_{k+1}=(\boldsymbol{I}-\boldsymbol{K}_k\boldsymbol{C}_{k+1})\hat{\boldsymbol{x}}_{k+1}^{-}+\boldsymbol{K}_k\boldsymbol{\varepsilon}_{k+1} \tag{6-17}$$

定义先验估计误差协方差和后验估计误差协方差如下:

$$\boldsymbol{P}_{k+1}^{-}=E[\tilde{\boldsymbol{x}}_{k+1}^{-}(\tilde{\boldsymbol{x}}_{k+1}^{-})^{\mathrm{T}}] \tag{6-18}$$

$$\boldsymbol{P}_{k+1}=E[\tilde{\boldsymbol{x}}_{k+1}(\tilde{\boldsymbol{x}}_{k+1})^{\mathrm{T}}] \tag{6-19}$$

将式(6-17)代入式(6-19)得

$$\boldsymbol{P}_{k+1}=E\{[(\boldsymbol{I}-\boldsymbol{K}_k\boldsymbol{C}_{k+1})\tilde{\boldsymbol{x}}_{k+1}^{-}+\boldsymbol{K}_k\boldsymbol{\varepsilon}_{k+1}][(\boldsymbol{I}-\boldsymbol{K}_k\boldsymbol{C}_{k+1})\tilde{\boldsymbol{x}}_{k+1}^{-}+\boldsymbol{K}_k\boldsymbol{\varepsilon}_{k+1}]^{\mathrm{T}}\} \tag{6-20}$$

将式(6-20)展开,考虑到先验估计误差与测量噪声不相关,并将先验估计误差协方差定义式(6-18)及测量噪声方差定义式 $\boldsymbol{R}_{k+1}=E[\boldsymbol{\varepsilon}_{k+1}\boldsymbol{\varepsilon}_{k+1}^{\mathrm{T}}]$ 代入得到

$$\boldsymbol{P}_{k+1}=(\boldsymbol{I}-\boldsymbol{K}_k\boldsymbol{C}_{k+1})(\boldsymbol{I}-\boldsymbol{K}_k\boldsymbol{C}_{k+1})^{\mathrm{T}}+\boldsymbol{K}_k\boldsymbol{R}_{k+1}\boldsymbol{K}_k^{\mathrm{T}} \tag{6-21}$$

式(6-21)取迹并对 $\boldsymbol{K}_k$ 求偏导得

$$\frac{\partial}{\partial\boldsymbol{K}_k}[\mathrm{tr}(\boldsymbol{P}_{k+1})]=-2(\boldsymbol{I}-\boldsymbol{K}_k\boldsymbol{C}_{k+1})\boldsymbol{P}_{k+1}^{-}\boldsymbol{C}_{k+1}^{\mathrm{T}}+2\boldsymbol{K}_k\boldsymbol{R}_{k+1} \tag{6-22}$$

令式(6-22)等于零,求得卡尔曼增益矩阵:

$$\boldsymbol{K}_k=\frac{\boldsymbol{P}_{k+1}^{-}\boldsymbol{C}_{k+1}^{\mathrm{T}}}{\boldsymbol{C}_{k+1}\boldsymbol{P}_{k+1}^{-}\boldsymbol{C}_{k+1}^{\mathrm{T}}+\boldsymbol{R}_{k+1}} \tag{6-23}$$

特别地, $\boldsymbol{R}_{k+1}$ 趋向于零时,有

$$\lim_{\boldsymbol{R}_{k+1}\to 0}\boldsymbol{K}_k=\boldsymbol{C}_{k+1}^{-1} \tag{6-24}$$

另一方面,先验估计协方差 $\boldsymbol{P}_{k+1}^{-}$ 越小,残差的增益越小。特别地, $\boldsymbol{P}_{k+1}^{-}$ 趋向于零

时,有

$$\lim_{P_{k+1}^{-}\to 0} \boldsymbol{K}_k = 0 \tag{6-25}$$

卡尔曼增益矩阵 $\boldsymbol{K}_k$ 根据先验估计协方差 $\boldsymbol{P}_{k+1}^{-}$ 和测量噪声方差 $\boldsymbol{R}_{k+1}$ 相对大小决定了状态后验估计中先验估计和测量信息的权重大小,先验估计协方差越大则后验估计中测量信息权重越大,先验估计协方差越小或测量相对不准确则后验估计中先验估计信息权重越大。

将式(6-23)代入式(6-21)得到后验估计协方差如下:

$$\boldsymbol{P}_{k+1} = (\boldsymbol{I} - \boldsymbol{K}_k\boldsymbol{C}_{k+1})\boldsymbol{P}_{k+1}^{-} \tag{6-26}$$

将式(6-11)和式(6-7)代入式(6-9)得到状态先验估计误差如下:

$$\tilde{\boldsymbol{x}}_{k+1}^{-} = \boldsymbol{A}_k\tilde{\boldsymbol{x}}_k - \boldsymbol{e}_k \tag{6-27}$$

将式(6-27)代入式(6-18)得到状态先验估计协方差如下:

$$\boldsymbol{P}_{k+1}^{-} = \boldsymbol{A}_k\boldsymbol{P}_k\boldsymbol{A}_k^{\mathrm{T}} + \boldsymbol{Q}_k \tag{6-28}$$

6.3.2 基于扩展卡尔曼滤波的故障诊断方法

卡尔曼滤波器给出了线性模型,测量噪声为正态分布的零均值白噪声序列时状态最优估计算法,扩展得到扩展卡尔曼滤波器可用于非线性系统。考虑如下离散非线性时变系统:

$$\boldsymbol{x}_{k+1} = f(k, \boldsymbol{u}_k, \boldsymbol{x}_k) + \boldsymbol{e}_k \tag{6-29}$$

$$\boldsymbol{y}_k = h(k, \boldsymbol{x}_k) + \boldsymbol{\varepsilon}_k \tag{6-30}$$

式中,由于 $f(k, \boldsymbol{u}_k, \boldsymbol{x}_k)$ 和 $h(k, \boldsymbol{x}_k)$ 为非线性函数。扩展卡尔曼滤波器算法[27]基本思想是在每一时刻,对式(6-29)和式(6-30)描述的状态空间模型在最近一次状态估计处用一阶泰勒展开方法进行线性化,利用得到的线性化模型进行状态估计。线性化过程数学描述如下。

第一步,构造如下雅可比矩阵:

$$\boldsymbol{A}_k = \left.\frac{\partial f(k, \boldsymbol{u}, \boldsymbol{x})}{\partial \boldsymbol{x}}\right|_{\boldsymbol{x}=\hat{\boldsymbol{x}}_k} \tag{6-31}$$

$$\boldsymbol{B}_k = \left.\frac{\partial f(k, \boldsymbol{u}, \boldsymbol{x})}{\partial \boldsymbol{u}}\right|_{\boldsymbol{u}=\boldsymbol{u}_k} \tag{6-32}$$

$$\boldsymbol{C}_k = \left.\frac{\partial h(k, \boldsymbol{x})}{\partial \boldsymbol{x}}\right|_{\boldsymbol{x}=\hat{\boldsymbol{x}}_{k+1}^{-}} \tag{6-33}$$

第二步，进行泰勒展开并略去一阶以上无穷小量得

$$f(k,\ \boldsymbol{u},\ \boldsymbol{x}) \approx f(k,\ \boldsymbol{u}_k,\ \hat{\boldsymbol{x}}_k) + \boldsymbol{A}_k(\boldsymbol{x} - \hat{\boldsymbol{x}}_k) + \boldsymbol{B}_k(\boldsymbol{u} - \boldsymbol{u}_k) \tag{6-34}$$

$$h(k,\ \boldsymbol{x}) \approx h(k,\ \hat{\boldsymbol{x}}_{k+1}^{-}) + \boldsymbol{C}_k(\boldsymbol{x} - \hat{\boldsymbol{x}}_{k+1}^{-}) \tag{6-35}$$

将式(6－34)和式(6－35)代入非线性状态空间方程式(6－29)和式(6－30)得

$$\boldsymbol{x}_{k+1} = \boldsymbol{A}_k\boldsymbol{x}_k + \boldsymbol{B}_k\boldsymbol{u}_k + \boldsymbol{e}_k + \boldsymbol{d}_k \tag{6-36}$$

$$\boldsymbol{y}_k = \boldsymbol{C}_k\boldsymbol{x}_k + \boldsymbol{\varepsilon}_k \tag{6-37}$$

式中，

$$\boldsymbol{d}_k = f(k,\ \boldsymbol{u}_k,\ \hat{\boldsymbol{x}}_k) - \boldsymbol{A}_k\hat{\boldsymbol{x}}_k - \boldsymbol{B}_k\boldsymbol{u}_k \tag{6-38}$$

$$\bar{\boldsymbol{y}}_k = \boldsymbol{y}_k - h(k,\ \hat{\boldsymbol{x}}_{k+1}^{-}) + \boldsymbol{C}_k\hat{\boldsymbol{x}}_{k+1}^{-} \tag{6-39}$$

由于 $\bar{\boldsymbol{y}}_k$ 中的各项在 k 时刻都已知，在 k 时刻可以把 $\bar{\boldsymbol{y}}_k$ 看成一个已知观测向量。

6.3.3　基于强跟踪滤波的故障诊断方法

为了实现对测量噪声有效滤波，卡尔曼滤波器假定扩维性能参数在故障诊断中变化缓慢。航空发动机渐变型气路故障主要由叶片结垢、侵蚀和腐蚀等引起，造成发动机各主要部件特性同时缓慢蜕化，扩展卡尔曼滤波器可以准确跟踪航空发动机使用过程中的性能蜕化过程。快变型气路故障主要由物体打伤和转子叶片疲劳断裂等引起，造成发动机某些部件特性快速下降，快变型气路故障的发生时间、影响部件及故障幅值均未知，因此基于渐变故障设计的扩展卡尔曼滤波器对于快变气路故障诊断存在比较大的延迟，并且可能将快变故障扩大至其他非故障部件，不能准确跟踪快变气路故障。

自适应滤波可以实现扩展卡尔曼滤波器对渐变气路故障和快变气路故障同时准确跟踪。对于渐变气路故障，采用较小的系统噪声协方差，使得滤波器可以对测量噪声进行有效滤波，健康参数估计平滑，准确跟踪使用过程中的各部件性能蜕化过程；当快变气路故障发生时，自适应扩展卡尔曼滤波器根据滤波残差增大系统噪声协方差，使得滤波器在状态后验估计中对当前测量信息权重增大，可以快速准确跟踪快变气路故障。

强跟踪滤波器是一种自适应扩展卡尔曼滤波器，通过在先验协方差估计中引入时变渐消因子，强跟踪滤波器具有特点为：具有较强的鲁棒性；滤波器对突变状态具有很强的跟踪能力；适中的计算复杂性。强跟踪滤波器用于航空发动机气路故障诊断，当快变气路故障发生时，时变渐消因子将会自动增大，使得滤波器在状态后验估计中对当前测量信息权重增大，从而可以快速准确跟踪快变气路故障；当渐变气路故障发生时，时变渐消因子均为 1，此时强跟踪滤波器即

成为通常的扩展卡尔曼滤波器,使得滤波器可以有效对测量噪声进行滤波,准确跟踪航空发动机使用过程中的各部件性能蜕化过程。下面给出强跟踪滤波器的详细介绍。

考虑如下离散非线性时变系统:

$$\boldsymbol{x}_{k+1}=f(k,\ \boldsymbol{u}_k,\ \boldsymbol{x}_k)+\boldsymbol{e}_k \tag{6-40}$$

$$\boldsymbol{y}_k=h(k,\ \boldsymbol{x}_k)+\boldsymbol{\varepsilon}_k \tag{6-41}$$

强跟踪滤波器在扩展卡尔曼滤波器先验协方差估计中引入时变渐消因子,为此先验协方差估计公式为

$$\boldsymbol{P}_{k+1}^{-}=\boldsymbol{A}_k\boldsymbol{P}_k\boldsymbol{A}_k^{\mathrm{T}}+\boldsymbol{Q}_k \tag{6-42}$$

式中,$\lambda_{k+1}\geqslant 1$ 为时变渐消因子,利用式(6-42)代替原有的先验协方差即得到强跟踪滤波器算法。该时变渐消因子可以通过求解如下方程确定:

$$\begin{cases}E[(\boldsymbol{x}_{k+1}-\hat{\boldsymbol{x}}_{k+1})(\boldsymbol{x}_{k+1}-\hat{\boldsymbol{x}}_{k+1})^{\mathrm{T}}]=\min\\E[\boldsymbol{\gamma}_{k+1}\boldsymbol{\gamma}_{k+1+j}^{\mathrm{T}}]=0,\ j=1,\ 2,\ \cdots\end{cases} \tag{6-43}$$

式中,$\boldsymbol{\gamma}_{k+1}$ 为滤波器残差,方程(6-43)的第一个式子为卡尔曼滤波器的基本条件;当过程噪声 $\boldsymbol{e}_k$ 和测量噪声 $\boldsymbol{\varepsilon}_k$ 是互不相关、正态分布的零均值白噪声序列时,卡尔曼滤波残差也是白噪声序列,如方程(6-43)的第二个式子所示,该式子也被称为正交性原理,用作对现时刻系统状态的估计。

经过运算可以推导出:

$$\begin{aligned}E[\boldsymbol{\gamma}_{k+1}\boldsymbol{\gamma}_{k+1+j}^{\mathrm{T}}]\approx{}&\boldsymbol{C}_{k+1+j}\boldsymbol{A}_{k+j}[\boldsymbol{I}-\boldsymbol{K}_{k+j}\boldsymbol{C}_{k+j}]\cdots\\&\boldsymbol{A}_{k+2}[\boldsymbol{I}-\boldsymbol{K}_{k+2}\boldsymbol{C}_{k+2}]\boldsymbol{A}_{k+1}[\boldsymbol{P}_{k+1}^{-}\boldsymbol{C}_{k+1}^{\mathrm{T}}-\boldsymbol{K}_{k+1}\boldsymbol{V}_{k+1}^{0}]\end{aligned} \tag{6-44}$$

式中,$\boldsymbol{V}_{k+1}^{0}$ 为残差协方差矩阵。根据正交性原理每一采样时在线调整滤波器增益矩阵 $\boldsymbol{K}_{k+1}$,强迫使式(6-43)第二个式子成立,由式(6-44)得知,当在线选择时变增益矩阵 $\boldsymbol{K}_{k+1}$,使得

$$\boldsymbol{P}_{k+1}^{-}\boldsymbol{C}_{k+1}^{\mathrm{T}}-\boldsymbol{K}_{k+1}\boldsymbol{V}_{k+1}^{0}=0 \tag{6-45}$$

则正交性原理必然成立。因此,令

$$\boldsymbol{W}_{k+1}=\boldsymbol{P}_{k+1}^{-}\boldsymbol{C}_{k+1}^{\mathrm{T}}-\boldsymbol{K}_{k+1}\boldsymbol{V}_{k+1}^{0} \tag{6-46}$$

并定义:

$$g(\lambda_{k+1})=\sum_{i=1}^{n}\sum_{j=1}^{m}\boldsymbol{W}_{k+1,\ i,j}^{2} \tag{6-47}$$

式中，$\boldsymbol{W}_{k+1} = \{\boldsymbol{W}_{k+1,i,j}\}$。由此式(6－45)的符合程度可以通过求解下面的性能指标来衡量：

$$\min_{\lambda_{k+1}} g(\lambda_{k+1}) \tag{6-48}$$

由性能指标(6－48)求解 λ_{k+1} 可采用任何一元无约束非线性规划方法。这里给出一种梯度方法。该方法需要非线性在线寻优求解渐消因子 λ_{k+1}。然而该算法不能保证在每一采样时刻都能够收敛与最优解，计算量大，难以实时计算。为此参考文献[28]给出一种求解渐消因子的近似算法，即“次优渐消因子”计算方法。次优渐消因子可以由式(6－49)近似得

$$\lambda_{k+1} = \begin{cases} \lambda_0, & \lambda_0 \geqslant 0 \\ 1, & \lambda_0 < 1 \end{cases} \tag{6-49}$$

$$\lambda_0 = \mathrm{tr}\,\boldsymbol{N}_{k+1} / \mathrm{tr}\,\boldsymbol{M}_{k+1} \tag{6-50}$$

$$\boldsymbol{N}_{k+1} = \boldsymbol{V}_{k+1}^0 - \boldsymbol{C}_{k+1}\boldsymbol{Q}_k\boldsymbol{C}_{k+1}^{\mathrm{T}} - \beta\boldsymbol{R}_{k+1} \tag{6-51}$$

$$\boldsymbol{M}_{k+1} = \boldsymbol{C}_{k+1}\boldsymbol{A}_k\boldsymbol{P}_k\boldsymbol{A}_k^{\mathrm{T}}\boldsymbol{C}_{k+1}^{\mathrm{T}} \tag{6-52}$$

$$\boldsymbol{V}_{k+1}^0 \approx \begin{cases} \boldsymbol{\gamma}_1\boldsymbol{\gamma}_1^{\mathrm{T}}, & k = 0 \\ \dfrac{\rho\boldsymbol{V}_k^0 + \boldsymbol{\gamma}_{k+1}\boldsymbol{\gamma}_{k+1}^{\mathrm{T}}}{1+\rho}, & k \neq 0 \end{cases} \tag{6-53}$$

式中，ρ 为遗忘因子，一般取 $\rho = 0.95$，β 为弱化因子，通过弱化因子的引入将使状态估计值更加平滑。弱化因子可以根据经验选择，也可利用计算机仿真，由如下准则确定：

$$\min_{\beta} \sum_{k=0}^{L} \sum_{i=1}^{n} |\boldsymbol{x}_k^i - \hat{\boldsymbol{x}}_k^i| \tag{6-54}$$

式中，L 为仿真步数。此准则反映了滤波器的累积误差。

6.4　基于数据驱动的民用飞机故障诊断方法

6.4.1　信号处理方法

对民用飞机的电子设备、机械部件进行状态监测和故障诊断多依赖于监测的一维时间信号，这些信号包含了丰富的系统运行状态信息，通过对信号进行分析可以获取系统故障的演化规律，为后续的系统故障诊断打下坚实基础。以信号处理技术为基础的故障特征提取是实现民用飞机典型系统及部件故障信息表征的主要

途径,故障特征量的选择和提取很大程度上决定了故障诊断结果的准确性。传统的信号处理方法主要有信号的时域分析、信号的频域分析及信号的时频域分析。这些方法极大地增强了强噪声干扰、多工况影响下识别机械故障的可能性,提取的故障特征具有较好的鲁棒性。

6.4.1.1　时域分析

时域分析的最重要特点是信号的时间顺序,通过旋转机械诊断信号的时间波形来提取旋转机械的故障特征。在时域分析中主要有时基波形分析、自相关分析和互相关分析等方法。时域特征是旋转机械振动信号比较直观的特征信息,常见的一些指标是均值、最大值、最小值、均方根值等。常用的方法和参数公式如下所述。

1）RMS(均方根值)

$$X_{\mathrm{RMS}} = \sqrt{\sum_{i=1}^{n} x_i^2 / N} \tag{6-55}$$

式中,x_i为振动幅值;N为采样点数;X_{RMS}反映了信号的振动能量。

2）峰值因子

$$C_f = x_{\max} / X_{\mathrm{RMS}} \tag{6-56}$$

式中,$x_{\max}$表示信号的峰值;C_f反映了振动中冲击成分的大小。

3）峭度因子

$$K_v = \sum_{i=1}^{N} x_i^4 / (N X_{\mathrm{RMS}}^4) \tag{6-57}$$

4）时基波形分析

设备的振动信号在时域一般是以时间波形的形式表示。时间波形有直观、易于理解等特点,由于是最原始的信号,所以包含的信息量大。缺点是不容易看出所含信息与故障的联系。对于某些信号,由于其波形具有明显的特征,这时可以利用时间波形作出初步判断。如对于旋转机械而言,其不平衡故障较严重时,信号中有明显的以旋转频率为特征的周期成分。

5）自相关分析

信号或数据$x(t)$的自相关函数$R_x(\tau)$是描述一个时刻与另一个时刻的测量值之间的依赖关系。若信号x_k为采样获取一组离散数据,则自相关函数的离散化数据计算公式见式(6-58):

$$R_x(n) = \frac{1}{N-n}\sum_{i=1}^{N-n} x(i)x(i+n),\ n=0,\ 1,\ \cdots,\ K \tag{6-58}$$

式中，i 为时间序列；n 为时延序列。

自相关函数是有量纲的，不同波形的自相关程度很难比较；工程中常使用自相关系数来描述相关性，其量纲是唯一的参数，更具有对比性和方便性。

自相关系数定义见式(6－59)：

$$\rho_x(\tau) = \frac{R_x(\tau) - \mu_x^2}{\sigma_x^2} \tag{6-59}$$

式中，μ_x 是均值；σ_x 是方差。当 $\tau = 0$ 时，自相关系数总为 1。

自相关分析的应用如下所述：① 判断信号的性质。周期信号的自相关函数仍为同周期的周期函数。对于随机信号，当时间延迟趋于无穷大时，系数趋于信号均值的平方，当时间延迟为零时，自相关系数为 1。② 用于检测随机信号中周期成分，尤其是噪声中的确定性信号。因为周期信号在所有时间延迟上，自相关系数不等于零，而当时间延迟趋于无穷大时，噪声信号自相关系数趋于零。③ 对自相关函数进行傅里叶变换，可以得到自功率谱密度函数：

$$G_x(f) = 2\int_{-\infty}^{+\infty} R_x(\tau) \mathrm{e}^{-\mathrm{i}2f\tau} \mathrm{d}\tau,\ f \geqslant 0 \tag{6-60}$$

自相关函数是区别信号类型的一个非常有效的手段。只要信号中含有周期成分，自相关函数在 τ 很大时都不衰减，并具有明显的周期性。不包含周期成分的随机信号，当 τ 稍大时自相关函数就将趋于零。宽带随机噪声的自相关函数很快衰减到零，窄带随机信号的自相关函数具有较慢的随机特性。

6）互相关分析

互相关函数如 $R_{xy}(\tau)$ 是表示两组数据之间依赖关系的相关统计量，互相关函数表示为

$$R_{xy}(\tau) = \lim \frac{1}{T}\int_0^{\tau} x(t) y(t + \tau) \mathrm{d}t \tag{6-61}$$

若信号 $x_k(k = 1,\ 2,\ \cdots,\ N)$ 为采样所获得的一组离散数据，则互相关函数的离散化数据为

$$R_{xy}(n) = \frac{1}{N - n}\sum_{i=1}^{N-n} x(i) y(n + i) \tag{6-62}$$

式中，i 为时间序列；N 为采样点数；n 为时延序列。

互相关系数：工程中通常使用互相关系数以来描述相关性。互相关系数定义见式(6－63)：

$$\rho_{xy}(\tau) = [R_{xy}(\tau) - \mu_x\mu_y] / \sigma_x\sigma_y \tag{6-63}$$

互相关分析的应用：① 研究系统的时间滞后性质，系统输入信号和输出信号的互相关函数，在时间延迟等于系统滞后时间的位置上出现峰值；② 利用互相延时和能量信息可以对传输通道进行分析识别；③ 检测噪声中的确定性信号；④ 确定设备振动噪声主要来源于哪一个部件；⑤ 对互相关函数进行傅里叶变换，可以得到互功率谱密度函数：

$$G_{xy}(f) = 2\int_{-\infty}^{+\infty} R_{xy}(\tau)\,\mathrm{e}^{-\mathrm{i}2\pi f\tau}\,\mathrm{d}\tau \tag{6-64}$$

6.4.1.2　频域分析

工程中所测的信号一般用时域来描述，称为时域信号。然而由于故障的发生、发展往往引起信号频率结构的变化，为了通过所测信号了解、观测对象的动态行为，往往需要频域信息。将时域信号通过数学处理变换为频域分析的方法称为频谱分析。频谱分析是民用飞机系统故障诊断中使用最广泛的特征提取方法之一。首先介绍一下数字信号处理的一些基本概念。

1）傅里叶级数

法国数学家傅里叶(Fourier)发现，任何周期函数都可以用正弦函数和余弦函数构成的无穷级数来表示，称为傅里叶级数。任意一个周期函数能表示如式(6－65)所示：

$$f(t) = a_0 + \sum_{n=0}^{+\infty}\left[a_n\cos(nw_1t) + b_n\sin(nw_1t)\right] \tag{6-65}$$

2）傅里叶变换

傅里叶变换是进行频率结构分析的重要工具，它可以辨别或区分组成任意波形的一些不同频率的正弦波和它们各自的振幅。对于一个时域信号 $x(t)$ 其傅里叶正变换为

$$X(f) = \int_{-\infty}^{\infty} x(t)\,\mathrm{e}^{-\mathrm{i}2\pi ft}\,\mathrm{d}t \tag{6-66}$$

傅里叶逆变换为

$$x(t) = \int_{-\infty}^{\infty} X(f)\,\mathrm{e}^{\mathrm{i}2\pi ft}\,\mathrm{d}f \tag{6-67}$$

3）离散傅里叶变换

在对信号 $x(t)$ 进行傅里叶变换运算，必要的步骤是把模拟信号 $x(t)$ 和 $X(w)$ 改造为离散数据，并把计算范围限定在一个有限区间，进而实现正、逆傅里叶运算。DFT 和 IDFT 公式为

$$\text{DFT: } X(k) = \sum_{n=0}^{N-1} x(n)\,W_N^{nk},\ k = 0,\ 1,\ \cdots,\ N-1 \tag{6-68}$$

$$\text{IDFT}: x(n) = \frac{1}{N}\sum_{n=0}^{N-1} X(k) W_N^{nk},\ n = 0,\ 1,\ \cdots,\ N-1 \tag{6-69}$$

式中，$W_N^{nk} = \mathrm{e}^{-\mathrm{i}2\pi nk/N}$，$N$ 为采样点数。

这就是所要求的离散傅里叶交换式，它将 N 个时域采样点与 N 个频域采样点联系起来。实际信号只要在所关心的处理区间（$0 \leqslant n \leqslant N-1$，$0 \leqslant k \leqslant N-1$）是确定的，则无论其在非处理区间如何，都可以用上述两式构成 DFT 和 IDFT 的关系。

4）快速傅里叶变换

快速傅里叶变换（Fast Fourier Transform，FFT）方法是 1965 年由 J. W. Cooley 和 T. W. Turkey 提出来的。FFT 是一种计算离散傅里叶变换的新方法，大大减少了 DFT 的运算次数，缩短了运算时间。使 N 点的时间复杂度由 $O(N^2)$ 降低为 $O(N\log N)$。

由上知 N 点序列 $x(n)$ 的 DFT 为

$$X(k) = \sum_{i=0}^{N-1} x(n) W_N^{nk},\ k = 0,\ 1,\ \cdots,\ N-1 \tag{6-70}$$

由于系数 $W_N^{nk} = \mathrm{e}^{-\mathrm{i}2\pi nk/N}$ 是一个周期函数且是对称的：

$$W_N^{nk+N/2} = -W_N^{nk} \tag{6-71}$$

5）功率谱分析

功率谱分析是故障诊断中常用的谱分析方法。在频谱分析中，幅值谱通过信号的傅里叶变换直接求得，而功率谱可通过幅值谱的平方求得，另外也可以通过相关函数的傅里叶变换求得。功率谱在对各种动力学过程的分析中，具有更加明显的效果，功率谱图中突出了主频率。许多动力学过程的破坏是与功率紧密相关的，而且随机信号往往只做功率谱分析。

（1）自功率谱分析。用 FFT 方法直接从原始数据计算功率谱密度估计，从原理上讲，可以用任意采样长度 N。但是，为了减少运算次数，实践中往往采用的长度是 $N = 2^m$（m 为正整数）的记录数据。因此，数据序列必须被截取或加上零点，以得到所要求的数据点个数。对于一个测量数据记录样本来说，当采样长度为 T_0时，其连续功率谱密度为

$$G_x(f) = \frac{2}{T_0} | X(f) |^2 \tag{6-72}$$

假设采样时间间隔为 T，采样点数为 N，则 $T_0 = NT$。则

$$X(f) = TX(n) \tag{6-73}$$

$$G(n) = \frac{2}{NT} T^2 \mid X(n) \mid^2 \tag{6-74}$$

式(6－73)是离散功率谱密度表达式。自功率谱分析能够将实测的复杂工程型号分解成简单的谐波分量，描述了信号的频率结构。因此对系统做功率谱分析相当于给系统"透视"，从而了解民用飞机系统的工作状况。功率谱分析在解决工程实际问题中得到了广泛的应用。

(2) 互功率谱分析。频谱分析中需对各个信号本身和相互之间的关系进行探讨。为此，需做各种谱的形状和谱之间的相互分析。求互功率谱也有两种方法，直接方法和通过快速傅里叶变换的方法。它们实际上是功率谱密度函数计算方法的推广，下面给出互功率谱计算的直接方法。

设测量数据记录的两个样本 x_k 和 y_k。与自功率谱密度推导类似，互功率谱密度表达为

$$G_{xy} = \frac{2T}{N} X^*(n) Y(n) \tag{6-75}$$

6）倒频谱分析

倒频谱(cepstrum)分析处理复杂频谱图上的周期结构。倒频谱分析包括功率倒频谱和复倒频谱分析。它分析具有同族谐谱或异族谐谱等复杂信号，找出功率谱上不易发现的问题。倒频谱的数学描述分为两类：一类是实倒频谱；另一类是复倒频谱。

(1) 实倒频谱。如果时间序列 $x(t)$ 的傅里叶正变换为 $X(f)$，那么功率倒频谱：

$$G_{XP}(q) = \mid F \mid \lg G_x(f) \mid\mid^2 \tag{6-76}$$

式中，F 为傅里叶变换符号。实际应用较多的是式(6－76)的算术平方根，称为幅值倒频谱。

(2) 复倒频谱。实倒频谱分析丢失了信号的相位信息，复倒频谱是从复频得来的，因此不损失相位信息。与实倒频谱不同，复倒频谱是可逆的，这在很多情况下符合工程需求。

设时间信号 $x(t)$ 的傅里叶变换为 $X(f)$，则复倒频谱 $C_e(q)$ 为

$$C_e(q) = F^{-1} \mid \ln X(f) \mid \tag{6-77}$$

6.4.1.3 时频域分析

基于傅里叶变换的信号频域及其能量的频域分布揭示了型号在频域的特征，在传统的信号分析与处理的发展史上发挥了重要的作用。时频分析法将时域和频

域分析结合起来，通过时间轴和频率轴两个坐标组成的相平面，得到整体信号在局部时域内频率组成。时频分析在语音处理、地震资料分析等多个领域得到了广泛应用。对于旋转机械而言，当其发生故障时的振动信号是大量非平稳、非线性的信号，因此，时频分析方法是进行旋转机械故障诊断特征提取的一个重要方法。信号的时频分析分为线性和二次型。典型的线性时频表示有：短时傅里叶变换、小波变换和 Gabor 变换等。基于经验模态分解的方法是一种时频分析方法，尤其适合于非线性、非平稳信号的处理。这里我们主要介绍小波变换和经验模态分解方法。

1）小波变换

小波变换将信号与一个在时域和频域均有良好局部化性质的展缩小波函数进行卷积，它把信号分解为位于不同频带和时段内的各个成分。基于小波理论的时频表示的思想是：认为自然界各种信号中频率高低不同的分量具有不同的时变特性，通常是较低频率成分的频谱特征随时间的变化比较缓慢。因此，按这样的规律非均匀地划分时间和频率轴，在不同的时频区域能获得比较合适的时间分辨率和频率分辨率。在小波变换中，变换核是既能提供频域投影又能提供窗口作用的函数。根据要求，生成小波基的函数满足的条件：① 本身是紧支撑的，即只有小的局部非零定义域，在窗口之外函数为零；② 本身是振荡的，具有波的性质，并且完全不含直流趋势成分，即 $w=0$，$\hat{\psi}(0)=0$，$\hat{\psi}(w)$ 是函数 $\psi(t)$ 的傅里叶变换，该条件对于逆变换成立是必要的，所以称为容许条件；③ 包含尺度参数 $a(>0)$ 及平移参数 b。

$$\psi_{a,b}(t)=\frac{1}{\sqrt{a}}\psi\left(\frac{t-b}{a}\right),\ a>0,\ b\in\mathbf{R} \tag{6-78}$$

式(6－78)为小波函数的时间窗形式，其傅里叶变换 $\hat{\psi}(w)=\int_{-\infty}^{\infty}\psi(t)\mathrm{d}t$，$\hat{\psi}(w)$ 为频率窗。小波变换和逆变换见式(6－79)～式(6－81)。

$$W_f(a,b)=\frac{1}{\sqrt{a}}\int_{-\infty}^{\infty}f(t)\psi\left(\frac{t-b}{a}\right)\mathrm{d}t \tag{6-79}$$

$$f(t)=\frac{1}{C_\psi}\int_{-\infty}^{\infty}\int_{-\infty}^{\infty}\frac{1}{a^2}W_f(a,b)\psi_{a,b}(t)\,\mathrm{d}a\mathrm{d}b \tag{6-80}$$

$$C_\psi=\int_{-\infty}^{\infty}\frac{|\psi(w)|^2}{|w|}\mathrm{d}w \tag{6-81}$$

式中，平移因子 b 决定了该变换的时空域信息；尺度因子 a 表示对小波函数 $\psi(t)$ 的压缩和伸展去观察信号 $f(t)$；$\psi(t)$ 为基本小波函数。因此，通过小波变换在分析

信号的高频成分时,使用较高的频率分辨率。小波函数的离散形式见式(6-82):

$$\psi_{m,n}(t) = a_0^{-m/2}\psi(a_0^{-m}t - nb_0) \tag{6-82}$$

式中,$a_0 > 0$, $b_0 > 0$, m, $n \in \mathbf{Z}$,常取 $a_0 = 2$, $b_0 = 1$,称为二进制小波函数。离散小波变换见式(6-83):

$$W_f(m, n) = a_0^{-m/2}\int_{-\infty}^{\infty} f_{m,n}(t)\psi(a_0^{-m}t - nb)\mathrm{d}t \tag{6-83}$$

2) EMD 信号分析方法

经验模态分解(empirical mode decomposition,EMD)方法包括两个过程:经验模态分解和 Hilbert 变换,其中最关键的部分是 EMD 方法。EMD 方法基于信号的局部特征时间尺度,能把复杂信号函数分解为有限的内禀模态函数(intrinsic mode function,IMF)之和,每一个 IMF 所包含的频率成分与分析频率有关,而且最重要的是随信号本身变化而变化。

EMD 方法假设任一信号都是由若干内禀模态函数组成的,如果内禀模态函数之间相互重叠,便形成复合信号。对于内禀模态函数,可以用 Hilbert 变换构造解析信号,然后求出瞬时频率。而对于一般的不满足内禀模态函数条件的复杂信号,先要采用 EMD 方法将其分解。在此假设基础上,可以采用 EMD 方法通过相关的步骤对任何信号进行分解。

(1) 确定信号的所有的局部极值点,然后用三次样条曲线将所有的局部极大值点连接起来。

(2) 再用三次样条曲线将所有的局部极小值点连接起来,上下包络线应包络所有的数据点。

(3) 上下包络线的平均值记为 m_1,求出:

$$x(t) - m_1 = h_1 \tag{6-84}$$

(4) 如果 h_1 不满足 IMF 条件,则把 h_1 作为原始数据,重复步骤(1)~步骤(3),再判断 $h_{1(k-1)} - m_{1k} = h_{1k}$ 是否满足 IMF 条件,直到满足 IMF 条件。记 $c_1 = h_{1k}$ 为第一个 IMF 分量。

(5) 将 c_1 从 $x(t)$ 中分离出来,得

$$r_1 = x(t) - c_1 \tag{6-85}$$

将 r_1 作为原始数据重复步骤(1)~步骤(5),得到 $x(t)$ 的第 2, 3, …, n 个 IMF 分量。则有

$$\begin{cases} r_1 - c_2 = r_2 \\ \quad\vdots \\ r_{n-1} - c_n = r_n \end{cases} \tag{6-86}$$

当 r_n 成为一个单调函数不能从中提取满足条件的分量时，循环结束。这样 $x(t)$ 可表示为

$$x(t) = \sum_{i=1}^{n} c_i + r_n \tag{6-87}$$

式中，r_n 为残余函数，代表信号的平均趋势。

6.4.2　基于多元统计分析的故障诊断方法

6.4.2.1　PCA 及 KPCA 数据降维

1）主成分分析（principal components analysis，PCA）

特征提取是基于数据驱动的故障诊断方法的关键步骤之一，如何高效地从海量数据中提取有用的信息是提高故障诊断正确率及降低虚警率的关键。PCA 作为一种经典的数据约减算法，目的是对包含大量相关信息的数据集进行降维处理，尽可能用最少量的特征来表征原始信息，并保证信息损失较小。这些少量的用来重新组建新数据集的信息被称为主成分。PCA 就是这样一种通过降维方法把多个过程变量凝结为少数几个主成分的统计方法。PCA 方法可以看作是一种对原始数据进行坐标变换的方法，经过这种坐标变换后可以使得数据点沿新坐标系的方差最大化，见图 6-3。PCA 方法通过构建原始数据集各个特征维度之间的协方差矩阵并求解协方差矩阵的特征值及特征向量来寻找贡献率较大的主成分，经主成分运算之后的约减数据集保留了原始数据的大部分信息。

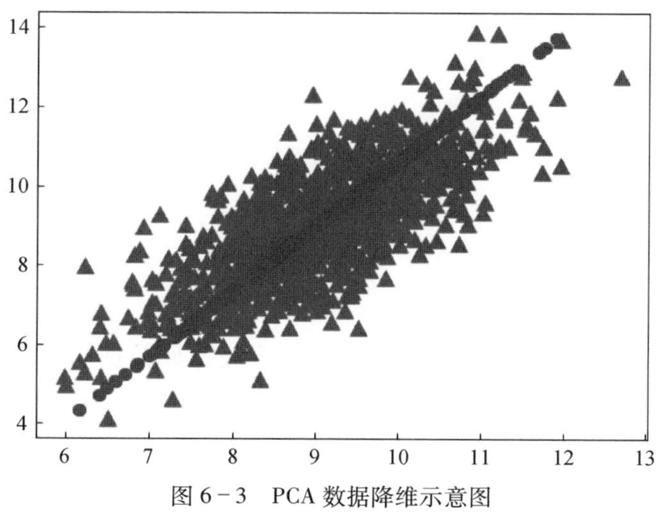

图 6-3　PCA 数据降维示意图

PCA 进行故障检测和诊断的思路是：根据正常情况下的历史数据，利用统计方法去掉重复的线性干扰，找出能够表达正常工况下过程变量之间因果关系的低

维主成分,建立主成分模型,并通过采集实时数据对模型进行检测。一旦发现过程采集的实时数据与建立的主成分模型不符,就可以判断有故障产生,接下来通过采集数据中各变量对主成分模型的方差贡献率进行分析,从而实现故障类型的诊断。下面给出主成分分析的理论模型。

PCA 是把原始多个变量转化为为数不多的若干个线性无关主成分的统计方法。对于一个 n 维向量 $\boldsymbol{x}=(x_1, x_2, \cdots, x_n)$,由于 n 个变量之间存在着相关性,它们的变化能由 m 个主成分来表示,而这 m 个主成分是原始 n 个变量的线性组合,主成分个数可以通过特征值方法求得。接下来在保留绝大部分有用信息的前提下,将对应具有较大特征值的主成分保留,具有较小特征值成分舍弃,从而实现对维数的降维处理,达到了除噪的目的。

(1) 对输入数据进行均值归零中心化,$\bar{x}_j$ 和 s_j 分别为 k 个原始样本矩阵的均值和标准差:

$$x_{ij}=\frac{x_{ij}-\bar{x}_j}{s_j},\ i=1, 2, \cdots, k,\ j=1, 2, \cdots, n \tag{6-88}$$

(2) 计算协方差矩阵 $\boldsymbol{R}=[r_{ij}]$,其中:

$$r_{ij}=\operatorname{cov}(X_i, X_j)=\frac{\sum_{l=1}^{k} x_{li}x_{lj}}{k-1},\ i, j=1, 2, \cdots, n \tag{6-89}$$

(3) 计算 $\boldsymbol{R}$ 的特征值 $\lambda_1, \lambda_2, \cdots, \lambda_n$ 和特征向量 $\boldsymbol{L}_i=[l_{1i}\quad l_{2i}\quad \cdots\quad l_{ni}]^{\mathrm{T}}$。

(4) 将特征值从大到小排列,设排列顺序为 $\lambda_1, \lambda_2, \cdots, \lambda_n$,确定 m 个主成分,令

$$P=[L_1\quad L_2\quad \cdots\quad L_m] \tag{6-90}$$

(5) 计算前 m 主成分的样本值:

$$Z_{ij}=X\cdot P,\ i=1, 2, \cdots, m \tag{6-91}$$

2) 核主成分分析

KPCA[29] 是指基于核函数的 PCA,其本质是将原始数据通过某种非线性映射投影到高维特征空间,使其在高维特征空间中被线性化,然后在该高维特征空间中再使用 PCA,从而达到提取复杂非线性相关性数据的主成分这一目的。该方法在于通过引入核函数把非线性变换后的特征空间内积运算转换为原始空间的核函数运算。下面给出核主成分分析算法。

给定包含故障特征信息的民用飞机历史运行数据集 $\boldsymbol{Y}$,记为 $m\times n$ 的矩阵。定义映射 $\boldsymbol{\phi}$: $Y^n\rightarrow F^N$,其中 Y^n 为原始特征空间,F^N 为高维特征空间,且 $N>n$。将原始

样本矩阵映射到高维特征空间后变为$\boldsymbol{\phi}(\boldsymbol{Y})=[\boldsymbol{\phi}(y_1)\quad\boldsymbol{\phi}(y_2)\quad\cdots\quad\boldsymbol{\phi}(y_m)]^{\mathrm{T}}$。再将每一个向量中心化记为$\boldsymbol{\phi}_c(y_i)$。这样，在变换后的高维空间中，协方差矩阵可表示为

$$\boldsymbol{\Sigma}=\frac{1}{m}\sum_{i=1}^{m}[\boldsymbol{\phi}_c(y_i)]^{\mathrm{T}}\boldsymbol{\phi}_c(y_i) \tag{6-92}$$

记λ_k为矩阵$\boldsymbol{\Sigma}$的第k个特征值且$\lambda_1\geqslant\lambda_2\geqslant\cdots\geqslant\lambda_N$；$\boldsymbol{l}_k$为$N\times1$维与$\lambda_k$对应的特征列向量，且$[l_1\quad l_2\quad\cdots\quad l_N]$为相互正交的单位向量。将原始数据投影到该核主成分空间中得到新数据就是所求的核主成分：

$$\boldsymbol{Z}_k=\boldsymbol{Y}_c*\boldsymbol{l}_k \tag{6-93}$$

然而原始空间到高维特征空间的映射并非显式关系，而是需要通过核函数得到，所以需要通过以下推导将核函数引入上述过程从而求得核主成分，具体推导过程如下。

已知协方差矩阵是一个$N\times N$的方阵，且$\lambda_k\boldsymbol{l}_k=\boldsymbol{\Sigma}\boldsymbol{l}_k$，$k=1,2,\cdots,N$，同时对于每一个特征向量$\boldsymbol{l}_k$又可以表示为$[\boldsymbol{\phi}_c(y_i)]^{\mathrm{T}}$的线性组合，$\alpha_{ki}$为对应的系数：

$$\boldsymbol{l}_k=\sum_{i=1}^{m}\alpha_{ki}[\boldsymbol{\phi}_c(y_i)]^{\mathrm{T}} \tag{6-94}$$

将式(6-92)与式(6-94)代入$\lambda_k\boldsymbol{l}_k=\boldsymbol{\Sigma}\boldsymbol{l}_k$中得

$$\lambda_k\sum_{i=1}^{m}\alpha_{ki}[\boldsymbol{\phi}_c(y_i)]^{\mathrm{T}}=\frac{1}{m}\sum_{i=1}^{m}[\boldsymbol{\phi}_c(y_i)]^{\mathrm{T}}\boldsymbol{\phi}_c(y_i)\cdot\sum_{i=1}^{m}\alpha_{ki}[\boldsymbol{\phi}_c(y_i)]^{\mathrm{T}} \tag{6-95}$$

式(6-95)可以写为

$$m\lambda_k\sum_{i=1}^{m}\alpha_{ki}[\boldsymbol{\phi}_c(y_i)]^{\mathrm{T}}=\sum_{i=1}^{m}\sum_{j=1}^{m}\alpha_{kj}[\boldsymbol{\phi}_c(y_i)]^{\mathrm{T}}\boldsymbol{\phi}_c(y_i)[\boldsymbol{\phi}_c(y_i)]^{\mathrm{T}} \tag{6-96}$$

式(6-95)中，$\boldsymbol{\phi}_c(y_i)[\boldsymbol{\phi}_c(y_j)]^{\mathrm{T}}$可以看作是$\boldsymbol{\phi}_c(y_i)$与$\boldsymbol{\phi}_c(y_j)$的内积，可以用核函数$K(y_i,y_j)=\boldsymbol{\phi}_c(y_i)\cdot\boldsymbol{\phi}_c(y_j)$来表示。因此，式(6-96)又可以写为如下核函数表达的形式：

$$m\lambda_k\sum_{i=1}^{m}\alpha_{ki}[\boldsymbol{\phi}_c(y_i)]^{\mathrm{T}}=\sum_{i=1}^{m}\sum_{j=1}^{m}[\boldsymbol{\phi}_c(y_i)]^{\mathrm{T}}K(y_i,y_j) \tag{6-97}$$

定义一个$m\times m$维的新矩阵$\boldsymbol{K}$，称为核矩阵，核矩阵中的每一个元素可用核函数的形式表达为$K_{ij}=\boldsymbol{\phi}(y_i)\cdot\boldsymbol{\phi}(y_j)$，则式(6-97)等价于式(6-98)：

$$m\lambda_k\boldsymbol{\alpha}_k=\boldsymbol{K}\boldsymbol{\alpha}_k \tag{6-98}$$

式中，$\boldsymbol{\alpha}_k = [\alpha_{k1} \quad \alpha_{k2} \quad \cdots \quad \alpha_{km}]^{\mathrm{T}}$ 为 $m\times1$ 维列向量。通过求解式(6－96)可以得出特征值 $\boldsymbol{\lambda}_k$ 和对应的特征向量 $\boldsymbol{\alpha}_k$，再结合式(6－94)求出特征向量 $\boldsymbol{l}_k = \sum_{i=1}^{m}\alpha_{ki}[\boldsymbol{\phi}_c(y_i)]^{\mathrm{T}}$。由此可知，对于高维特征空间中的数据 $\boldsymbol{\phi}(\boldsymbol{Y}) = [\boldsymbol{\phi}(y_1) \quad \boldsymbol{\phi}(y_2) \quad \cdots \quad \boldsymbol{\phi}(y_m)]^{\mathrm{T}}$，最终核主成分的计算公式如下：

$$\boldsymbol{Z}_k = \boldsymbol{\phi}(\boldsymbol{Y})\boldsymbol{l}_k = \begin{bmatrix} \boldsymbol{\phi}(y_1)\boldsymbol{l}_k \\ \boldsymbol{\phi}(y_2)\boldsymbol{l}_k \\ \vdots \\ \boldsymbol{\phi}(y_m)\boldsymbol{l}_k \end{bmatrix} = \begin{bmatrix} \sum_{j=1}^{m}\alpha_{kj}[\boldsymbol{\phi}(y_j)\cdot\boldsymbol{\phi}(y_1)] \\ \sum_{j=1}^{m}\alpha_{kj}[\boldsymbol{\phi}(y_j)\cdot\boldsymbol{\phi}(y_2)] \\ \vdots \\ \sum_{j=1}^{m}\alpha_{kj}[\boldsymbol{\phi}(y_j)\cdot\boldsymbol{\phi}(y_m)] \end{bmatrix} = \begin{bmatrix} \sum_{j=1}^{m}\alpha_{kj}K_{j1} \\ \sum_{j=1}^{m}\alpha_{kj}K_{j2} \\ \vdots \\ \sum_{j=1}^{m}\alpha_{kj}K_{jm} \end{bmatrix} \tag{6－99}$$

上述推导过程均是基于将 $\boldsymbol{\phi}(y_i)$ 进行中心化处理后而得到的，但实际应用中并不知道 $\boldsymbol{\phi}(y_i)$ 的显式表达，此时要使用 $\boldsymbol{K}_c$ 来代替 $\boldsymbol{K}$ 进行上述求解过程，$\boldsymbol{K}_c$ 的表达式如下：

$$\boldsymbol{K}_c = \boldsymbol{K} - \boldsymbol{I}_m\boldsymbol{K} - \boldsymbol{K}\boldsymbol{I}_m + \boldsymbol{I}_m\boldsymbol{K}\boldsymbol{I}_m \tag{6－100}$$

式中，$\boldsymbol{I}_m$ 为 $m\times m$ 的矩阵，每一个元素都是 $1/m$。

通过以上 KPCA 以后，就可以得到核主成分，保留累积贡献率达到要求值的核主成分之后进行分析求解。KPCA 将原始变量通过非线性映射转化为高维特征空间内的线性问题。

6.4.2.2 基于流形学习的数据降维

如果原始数据可以表示为特征的简单线性组合，那么可以用目前常用的线性降维技术，实际上就是把高维的数据映射到相应的低维空间，而该子空间是线性的，主要包括：PCA、线性判别分析（linear discriminant analysis，LDA）、多维尺度变换（multidimensional scale transformation，MDST）。但是传统的线性降维方法存在以下不足：① 原始飞行数据无法表示为特征的简单线性组合；② 真实数据中的有用信息不能由线性特征表示。在这样的背景下，基于流形学习的非线性降维方法应运而生[30]。流形一般是指几何对象的总称，是线性子空间的一种非线性推广。流形学习的思想是把一个高维的数据非线性映射到低维。但是，在流形学习中有这样一个假设，就是所降维的高维数据是基于一个流形结构的，其优点是非线性、无参数、求解过程简单。下面介绍一些常见的基于流形学习的算法。

1. LLE 算法

LLE 的主要思想：假设一组样本数据具有嵌套流形，那么局部邻域的点的关系在嵌套空间与内在低维空间应该是保持一致的。可以这样理解，如果把一个流形划分成很多细小的部分，那么每一小部分在局部上可以近似看成欧式就是局部线性的。

LLE 算法流程包括 3 步。

步骤 1：利用距离函数求出该点与其他点的距离，然后采用 K 近邻或 ε 领域找到距离该点最近的 k 个样本。

步骤 2：通过最小化 $\| X_i - W_{ij}X_j \|$ 来计算 W_{ij}，如果某个数据点用附近的其他点线性表示的话，会产生一定的误差，需要保证该误差尽可能小。

$$\min \varepsilon(W) = \sum_i \left\| x_i - \sum_j w_{ij}x_{ij} \right\|^2 \tag{6-101}$$

步骤 3：使权值 W_{ij} 保持不变，计算 X_i 在低维空间对应的像 Y_i，保证低维重构误差最小。

$$\min \phi(Y) = \sum_i \left\| y_i - \sum_j w_{ij}y_{ij} \right\|^2 \tag{6-102}$$

LLE 算法有以下几个优点：① LLE 算法对数据的维数没有固定要求；② LLE 算法不需要迭代就能得到整体最优解；③ LLE 算法中的参数只有邻近半径和低维空间维数，参数比较少；④ 每个点在平移、旋转、伸缩变换时，近邻权值在 LLE 算法中是保持不变的；⑤ LLE 算法的计算复杂度相对较小。LLE 算法的缺点：① 只有该流行不是闭合的且在局部范围内是线性的，才适合使用 LLE 进行学习；② 样本中的噪声信号如果很大的话使用 LLE 算法效果较差；③ LLE 算法要求数据点是密集均匀地分布在流形上；④ 参数 K 的选择对 LLE 算法影响很大。

2. Isomap 算法

Isomap 算法是由 MDS 发展而来，数据点经过变换后空间特性不会改变，即在 Isomap 算法中两点间的 Geometric distance 会保持不变。

Isomap 算法流程包括：① 采用 K 近邻或者 ε 邻域计算每一个点 X_i 的近邻点；② 定义一个赋权无向图，设 $d_X(i, j)$ 为邻近点 X_i 和 X_j 的边的权值；③ 利用测地距离函数求出两个数据点之间的距离，然后找到最短的路径，假设距离矩阵为 $\boldsymbol{D}_G = \{d_G(i, j)\}$；④ 用多维尺度变换计算出相应的低维特征向量，其中代价函数：$E = \| \tau(D_G) - \tau(D_Y) \|_{L^2} D_Y = \{d_Y(i, j) = \| y_i - y_j \| \}$，令 $S = (S_{ij}) = (D_{ij}^2)$，$H = (H_{ij}) = (\delta_{ij} - 1/N)$，$\tau(\boldsymbol{D}) = -HSH/2$，低维嵌入是 $\tau(\boldsymbol{D})$ 的第 2 小到第 $d+1$ 小的特征值所对应的特征向量。

Isomap 算法的特点：① Isomap 是非线性的，因此内部平坦的低维流形适合使用 LLE 算法,有较大内在曲率的流形则不适合使用;② Isomap 算法中有两个待定参数 K、d;③ Isomap 算法计算图上两点间的最短距离,执行起来比较慢。

3. LE 算法

LE 算法基本思想:流形是用一个无向有权图来描述的,低维表示是通过用图的嵌入得到的。如果在高维空间中两个点是邻近点,那么映射到低维空间中对应的象也应该是邻近点。降维结果可以通过损失函数计算,损失函数主要是考虑两点间的加权距离。

LE 算法流程包括:① 以图的顶点为样本点,从样本点出发构建一个近邻图,离得很近两点用边相连,采用 K 近邻或 ε 领域计算出邻近点;② 赋予一个权值每条边,如果两个点不相连,则权值为 0,否则 $W_{ij}=1$,$W_{ij}=\mathrm{e}^{-\frac{\|x_i-x_j\|^2}{t}}$,$t$ 为热核参数;③ 计算图拉普拉斯算子的广义特征向量,求得低维嵌入。

LE 算法的特点:① 算法的特点是局部的和非线性的;② 算法中只有参数邻近半径和低维空间的维数;③ 整体最优解是通过求解稀疏矩阵的特征值而求出;④ 使用 LE 算法进行学习,若在高维空间中两个点是邻近点,那么映射到低维空间中的像也应该是邻近点。

虽然流形学习有很多优势,但是该算法的特点也决定了流形学习有一定的局限性:① 流形学习算法中有两个很重要的参数,一个是邻近半径 k;一个是低维空间的维数 d。在非线性降维过程中,一般都是根据经验来设定数据本征维数。如果 d 值过大,则映射结果中会包含大量噪声;如果 d 值过小,在高维空间中不同的点映射到低维空间会彼此重叠。② 计算复杂度高是现有流形学习的一大瓶颈,虽然对非线性数据结构降维效果很好,但是计算量很大,阻碍了其在实际中的应用。③ 目前的流形学习算法只能得到给定数据集在低维空间中的表示,而无法得到高维空间与低维空间之间的非线性映射关系。④ 大部分的流形学习算法的假设前提都是单一流形,所以这就要求数据集是基于单一流形的,如果存在多个流形时,流形学习算法将很难处理。

6.4.3 基于机器学习与数据挖掘的故障诊断方法

6.4.3.1 神经网络

基于 NN 的故障诊断系统属于"黑箱"系统,不需要对故障机制有明确的认识,基于故障数据就可以完成诊断,而且 NN 的容量很大,可以解决大量故障模式的分类问题。NN 故障诊断属于模式识别的范畴,模式识别的任务是把对象模式从特征空间映射到模式空间,将特征空间依据类别信息进行划分。目前已经有多种 NN 应用于民用飞机发动机故障诊断,其中包括采用 BP 算法的多层感知机、径向基函数(radial basis function,RBF)、自组织映射(self-organizing map,SOM)神经网络、

Hopfield 网络等。下面介绍基于 BP 算法的多层感知机、径向基函数网络，以及自组织神经网络的工作原理。

1）多层感知机

神经网络的构建通常基于神经元模型，每一个节点的前方有很多节点与其相连，并且每个连接都对应特定的权值，前方节点信号的加权和作为神经元的输入；神经元对于刺激信号的处理机制，可以用数学函数进行表示；对于不同的输入，神经元会按其自身的信号处理机制，给出对应的输出。

神经元数学表达式：

$$y_i = f\left(\sum_{j=1}^{n} w_{ij}x_j + b\right) \tag{6-103}$$

式中，w_{ij} 为连接权值；n 为输入维数；x_j 为前端样本点输入；y_i 为神经元输出；$f(x)$ 为神经元激励函数。

使用 BP 算法训练多层感知机是神经网络最为经典的应用模式。MLP 是一种前馈网络，由输入层、隐含层及输出层三部分构成，相邻层神经元之间全连接，网络一般采用有监督方式进行训练。多层感知机结构如图 6－4 所示。

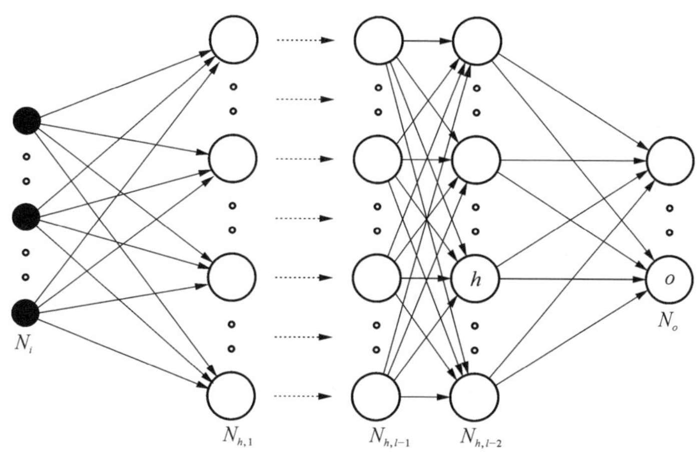

图 6－4　多层感知机结构

BP 算法当学习模式提供给网络后，则开始逐层计算每个节点的输出值，各层神经元的输出只作用于其后一层神经元，最终获得对应当前的网络权值的实际输出。依据实际输出与期望输出的偏差计算系统性指标函数值，如果没有满足设定要求，则进行权值修改，网络在输出层获得的误差值会逐层反传，隐层各节点都会获得一个误差值，这样依据各层的误差大小对当前层的权值进行调整，完成后则开始新一轮的学习。学习过程会不断重复进行，当网络输出的全局误差值达到设定指标之后,则停止此过程,训练完成后就可将所得网络用于诊断,训练方法数学运算过程如下。

对于 BP 算法,定义:

$$\delta_i(t) = -\frac{\partial E(t)}{\partial v_i(t)} = -\frac{\partial E(t)}{\partial y_i(t)}\frac{\partial y_i(t)}{\partial v_i(t)} = -\frac{\partial E(t)}{\partial y_i(t)}\frac{\partial[\phi(v_i(t))]}{\partial v_i(t)} \quad (6-104)$$

式中,$v_i(t)$ 为隐含层或输出层的节点输入;$y_i(t)$ 为前一层网络各节点的输出;$E(t)$ 为误差平方和函数,因此权值修正如下:

$$w_{ij}(t+1) = w_{ij}(t) + \eta\delta_i(t)y_i(t) \quad (6-105)$$

式中,η 是学习率参数。

2)径向基函数网络

RBF 网络也是前馈网络的一种,其网络的结构与多层感知机类似,但只包含输入层、隐含层和输出层三个层。输入层直接获取输入值;隐含层是 RBF 网络的关键所在,其与输入层之间的连接不对应权值,且节点个数由具体的应用环境确定,激发函数是中心点径向对称函数;输出层给出网络的输出,隐含层与输出层之间的连接对应权值,对输入模式的作用做出响应。隐含层实现非线性映射,而输出层则实现线性映射。RBF 神经网络结构如图6-5所示。

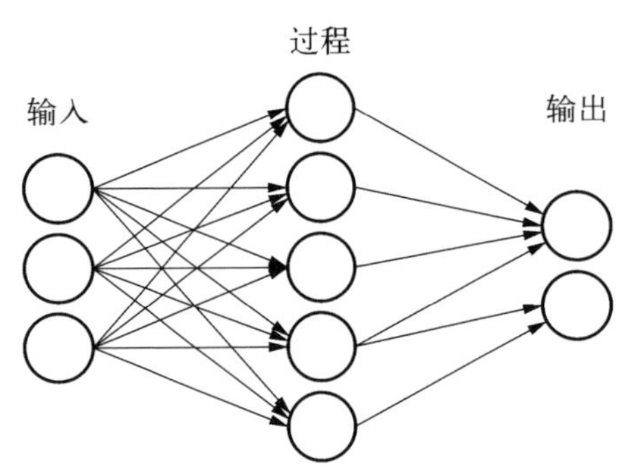

图 6-5　RBF 神经网络结构

RBF 隐含层节点的输入是输入样本与各数据中心的距离,而激发函数则为径向基函数,主要有 Gauss 函数、Cauchy 函数等。激发函数关于高维空间某一数据中心呈径向对称,节点的输出值与输入的距离值呈反比,体现了 RBF 网络所具有的“局部特性”;这种“局部特性”是对部分生物神经系统“内兴奋外抑制”特征的模仿,是 RBF 网络的生物学基础。

RBF 诊断方法需要确定的参数包括:基函数样本中心 c_i、扩展常数 δ_i,以及连接权值 w_{ij}。一般先要确定隐含层节点个数,之后再依据各类算法确定数据中心和扩展常数,最后确定权值。采用 K-means 算法对样本数据聚类确定 c_i,并基于各数据中心间的距离确定 δ_i。定义聚类中心为 $c_i(k)$,k 为训练步长,相应的聚类域为 $w_i(k)$,具体运算流程如下。

步骤 1:从故障数据库中随机抽取 h 个量作为 $c_i(l)$;此处也有其他的处理方法,可以直接根据样本各维数据的均值,生成多组随机值作为初始数据中心。

步骤 2：计算每个输入样本与各个数据中心的欧式距离。对 x_j 进行分类，当 $i(x_j)=\min_i\|x_j-c_i(k)\|$ 时，$x_j\in w_i(k)$。

步骤 3：重新设定数据中心，计算公式如下：

$$c_i(k+1)=\frac{1}{N_i}\sum_{x\in w_i(k)}x \tag{6-106}$$

式中，N_i 为聚类域 $w_i(k)$ 的样本量。比较 $c_i(k+1)$ 和 $c_i(k)$，不相等则重复步骤 2。

步骤 4：计算隐节点扩展常数：

$$\delta_i=\lambda d_i \tag{6-107}$$

式中，d_i 为第 i 个数据与其他数据的最短距离，即 $d_i=\min_{i\neq j}\|c_j-c_i(k)\|$，$\lambda$ 为重叠系数。

上述步骤完成后，开始调节输出层权值。对于权值的确定可以采用梯度下降算法或最小二乘方法；其中梯度训练方法与 BP 算法处理步骤基本相同，由于 RBF 为单隐层结构可以将其看作单隐层 MLP 进行权值更新。

3）自组织神经网络

SOM 是一种通过自组织竞争实现特征学习的人工 NN[31]。该网络是一个全连接的节点阵列，通过对输入模式的反复学习，捕捉各类输入模式的特征；从而引导网络权值的调整，实现相近权值神经元在空间分布上的聚集。SOM 网络典型功能就是可以在单元阵列上对输入模式形成特征的拓扑排布。网络一般为一维或二维阵列，但也可以扩展到多维单元阵列；处于空间中不同区域的神经元对应了特定的模式类别。图 6－6 所示是自组织神经网络的结构，每个输入节点都与所有的输出节点相连，网络的输出层按照一定的拓扑排列规则进行侧向连接。

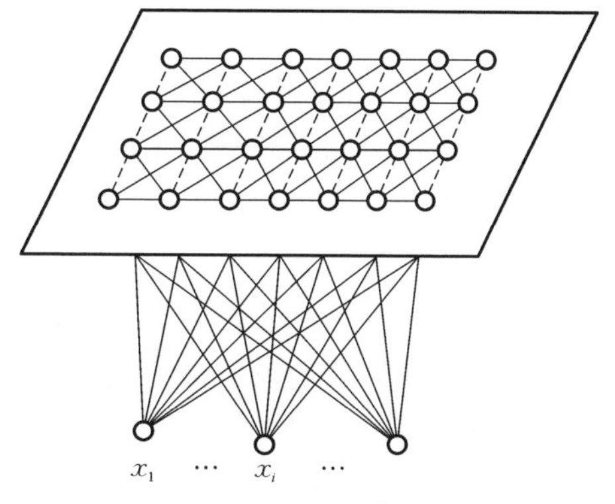

图 6－6 自组织神经网络结构

SOM 网络作为一种竞争网络，其可以通过不断的学习使网络权重向量空间的特征分布与样本模式空间的统计特性逐渐趋于一致。学习过程可以使网络的输出反映输入数据的特征信息；训练结束后，可以形成特定的神经组，分别代表了不同类别模式分布。

对于 SOM 网络有两种学习算法。第一种称作胜者为王（winners takes all，WTA）；而第二种称作唯我独兴（winner takes most，WTM）。其中，权值更新函数与可变参数的选取，直接影响着训练的效果。WTA 算法只是对获胜节点起作用，而

WTM 则对所有节点产生作用,训练过程也更为复杂;和 WTA 算法一样,要确定获胜节点,但是之后要调节邻域中所有节点权值,其权值更新公式有多种形式。

$$\boldsymbol{w}_M(t+1) = \boldsymbol{w}_M(t) + G[\boldsymbol{w}(t), \boldsymbol{x}, \boldsymbol{N}, \boldsymbol{M}, t][\boldsymbol{x} - \boldsymbol{w}_M(t)] \quad (6-108)$$

式中,$\boldsymbol{w}_M(t)$ 为训练进行 t 轮之后当前被训节点的权值向量;$\boldsymbol{w}_M(t+1)$ 为当前被训节点更新后的权值向量;$\boldsymbol{x}$ 为输入样本向量;$G[\boldsymbol{w}(t), \boldsymbol{x}, \boldsymbol{N}, \boldsymbol{M}, t]$ 为训练函数;$\boldsymbol{N}$ 为当前的获胜节点位置向量;$\boldsymbol{M}$ 为被训练的节点位置向量。

系统中,训练函数 G 的典型形式:

$$G[\boldsymbol{w}(t), \boldsymbol{x}, \boldsymbol{N}, \boldsymbol{M}, t] = f_{\mathrm{n}}[f_{\mathrm{top}}(\boldsymbol{N}, \boldsymbol{M})] f_{\mathrm{s}}[f_{\mathrm{dis}}(\boldsymbol{w}(t), \boldsymbol{x})] \quad (6-109)$$

式中,$f_{\mathrm{n}}(x)$ 为 net 函数;$f_{\mathrm{top}}(\boldsymbol{N}, \boldsymbol{M})$ 为节点间的拓扑距离函数;$f_{\mathrm{dis}}(\boldsymbol{w}(t), x)$ 为节点权值与当前输入的欧式距离函数;$f_{\mathrm{s}}(x)$ 为 space 函数。net 函数和 space 函数有多种选择,包括 Gauss 函数、Cauchy 函数等。

在每一个训练步长内,所有节点的权值都将更新;根据网络训练拓扑结构及训练参数的选择,确定权值更新的大小。同时,考虑到 SOM 网络的初始权值对训练结果有一定的影响。在系统中,初始权值以样本数据均值和方差为基准,依据一定的随机化算法生成。

4) 基于 NN 的故障诊断在航空发动机上的应用

航发动机故障模式库包含了发动机各个部件可能发生的故障,以及故障发生时各部件状态参量的变化特征。主要对故障发生时,发动机系统所有内部传感器及外部观测设备的输出数据进行记录和整合,对相关数据的统计特性进行多方位的分析,从而可以对故障特征进行初步提取。由于 NN 的训练需要大量的样本数据,因此必须有状态参量数据库来对 NN 诊断系统进行支持。故障模式库的建立,可以大量地构造各类故障样本,从而进行 NN 的训练和测试。从故障分布范围来看,气路是各类故障的高发部位,也是故障诊断研究的重点,主要包括了气路部件故障和发动机转子故障两类。

(1) 压气机或风扇故障会降低其增压能力,并且系统绝热效率也会受到影响;燃烧室故障则会导致燃油燃烧率降低,严重时会造成发动机熄火,发生空中停车。涡轮故障表现为涡轮导向器有效工作面积改变,进而导致涡轮膨胀效率的降低。尾喷管的故障多数是由于喷口收敛片无法正常调节引起的。发动机附件包括控制电路、点火装置、气泵等,附件发生的故障也会造成运行问题。

(2) 转子部件的故障类型主要包括质心偏移故障、弯曲故障和不对中故障。质心偏移故障是由于转子材质不均引起的。弯曲故障则由于轮轴长期运行中所发生的形变不断累积所造成,而不对中故障则是由于装配误差造成的,包括轴承不对中和轮轴不对中。除此之外,制造和装配误差及使用过程中的磨损等因素也会造成转子故障。转子部件贯穿整个发动机,某一部分的故障,就会引起整个转子部件的问题。其中,轴承是一个需要重点关注的对象。

基于 NN 的航空发动机故障诊断关键环节:① 在构建诊断网络之前,要明确诊断系统针对的故障类型;前一节所提到的故障模式库包含系统故障与状态数据的对应关系;基于此库,可以按照应用需求,训练相应的诊断网络。② 诊断网络获取的难点在于网络的构建和网络的训练。NN 有多种类型,典型结构包括多层感知机、RBF 网络、SOM 网络、波尔兹曼机等,不同网络的故障分类能力与网络规模及相关内部参数的设定有各自相应的标准,需要对各种网络进行针对性的处理。③ 故障类型通过数字代码进行表示,根据故障模式库中所包含的内容,可以将故障类型进行统一编码;而网络模型的输出形式也应该与故障编码相对应;不同诊断网络输出层结构不同,对于编码具体制式及取值规范都要进行针对性的设计。

6.4.3.2　支持向量机

支持向量机(support vector machine,SVM)是在统计学理论基础上发展起来的一种模式识别方法,具有理论完备、适应性强、全局优化、训练时间短、分类精度高、泛化和容错性能好等优点,解决了小样本、非线性和高维模式识别等实际问题。对于航空发动机转子的故障诊断问题,基于 SVM 的故障诊断方法首先利用信号处理提取各种原始振动信号的故障信息特征,并建立特征向量集;然后,对各状态的特征向量集进行训练,建立基于 SVM 分类器的故障诊断模型;最后,将该方法应用到转子振动故障诊断中。

假设给定的训练样本集为 $(x_i,\ y_i)$,$i=1,\ 2,\ \cdots,\ L$,其中 $\boldsymbol{x}\in\mathbf{R}^n$,$y\in[-1,\ +1]$,又若 n 维空间的线性判别函数一般形式为 $g(\boldsymbol{x})=\boldsymbol{w}\cdot\boldsymbol{x}+b$,且集合中的数据都可被最优超平面 $\boldsymbol{w}\cdot\boldsymbol{x}+b=0$ 正确划分。要使所有训练样本点正确分类,若 $y_i=+1$,应满足 $\boldsymbol{w}\cdot\boldsymbol{x}+b\geqslant+1$;若 $y_i=-1$,应满足 $\boldsymbol{w}\cdot\boldsymbol{x}+b\leqslant-1$,两式可合并为 $y_i(\boldsymbol{w}\cdot\boldsymbol{x}+b)\geqslant+1$。

这样,可将线性支持向量机的问题转化为求解二次凸规划问题:

$$\begin{aligned}&\min:\ \frac{1}{2}(\boldsymbol{w}^{\mathrm{T}}\cdot\boldsymbol{w})+C\sum_{i=1}^{n}\xi_i\\&\text{s.t.}\ y_i[\boldsymbol{w}\cdot x_i+b]+\xi_i\geqslant 1\end{aligned}\tag{6-110}$$

式中,$\boldsymbol{w}$、b 为待定系数;ξ_i 为松弛因子;C 为惩罚因子,表示分类间隔与错误率之间折中。

对于线性问题,应用 Lagrange 算子和满足 $y_i[\boldsymbol{w}\cdot\boldsymbol{x}+b]=1$ 条件,求得最优超平面决策函数:

$$f(\boldsymbol{x})=\operatorname{sgn}(\boldsymbol{w}\cdot\boldsymbol{x}+b^*)=\operatorname{sgn}\Big(\sum_i a_i y_i x_i\cdot\boldsymbol{x}+b^*\Big)\tag{6-111}$$

对于非线性问题,利用核函数求出特征向量中的最优分类面。此时相应的决策函数为

$$f(\boldsymbol{x}) = \mathrm{sgn}\left[\sum_i a_i^* y_i K(x_i,\ \boldsymbol{x}) + b^*\right] \tag{6-112}$$

SVM 的分类函数输出是输入向量与中间核函数节点乘积的线性组合。目前,高斯径向基函数为较常用的核函数。核宽度 σ 可表示为

$$K(x_i,\ \boldsymbol{x}) = \exp(-\|x - x_i\|^2/\sigma^2) \tag{6-113}$$

由于故障诊断大多是多类分类问题,需构造 SVM 多类分类器。常用的多类分类算法有一对一算法、一对多算法和有向无环图支持向量算法。一对多算法针对训练样本数据可以构造 k 个两类分类器。在构造 k 个分类器中第 m 个分类器时,将第 m 类的训练样本作为一类,决策函数输出为正数;其他所有样本作为一类,决策函数输出为-1。假设已知故障训练样本集为 $T = \{(x_i,\ y_i),\ \cdots,\ (x_l,\ y_l)\} \in (\boldsymbol{X}\times\boldsymbol{Y})^l$,其中 $x_i \in \boldsymbol{x} = \mathbf{R}^n$, $y_i \in \boldsymbol{Y} = (1,\ 2,\ \cdots,\ M)$, $i = 1,\ \cdots,\ l$。多类分类计算时:首先,用支持向量分类机理论求出决策函数:

$$f^j(\boldsymbol{x}) = \mathrm{sgn}[g^j(\boldsymbol{x})] \tag{6-114}$$

式中, $g^j(\boldsymbol{x}) = \sum_{i=1}^{l} y_i a_i^j K(\boldsymbol{x},\ x_i) + b^j$;其次,判定输入 $\boldsymbol{x}$ 属于第 J 类,其中 J 表示 $g^1(\boldsymbol{x}),\ \cdots,\ g^M(\boldsymbol{x})$ 中的最大者。依照上述步骤,最终构造出多类分类器。

第 7 章　民用飞机故障寿命预测技术

飞机 PHM 系统与传统设备诊断方法不同点是它具有故障预测功能,可预测系统剩余使用寿命(remaining useful life,RUL)。飞机 PHM 系统利用已掌握的飞机系统故障知识,对运行期间的状态数据进行实时监测,根据设备的实际运行状态,利用预测方法预计一定时间之后的参数和性能变化趋势。通过对飞机系统的故障预测,可以有效指导故障发生前的维修决策。对设备 RUL 进行估计,可指导设备故障发生前的任务规划,制定设备的维修策略。

故障预测方法可以大致分为三类[32]: ① 以失效机制为基础的预测模型;② 以可靠性寿命模型为基础的预测模型;③ 以历史监控数据为驱动的预测模型。本章从故障寿命预测理论为切入点,分别阐述这三类不同的故障寿命预测方法及其在工程上的适用范围。

7.1　故障预测方法概述

状态趋势预测、故障预测及剩余寿命预测,是实现飞机视情维修的核心功能之一,如果能够在实时监测的基础上,把握飞机状态的趋势、对故障进行及时的预测,以及准确地进行剩余寿命评估,从而能够保证在飞机发生故障前预测到潜在的故障。故障预测方法主要有基于可靠性理论的预测方法、基于数据驱动的预测方法和基于失效物理的预测方法,下面对三类预测方法进行简单概述。

(1) 基于可靠性理论的预测方法。基于可靠性的预测方法着眼于预测总体的故障分布规律,用于预测的可靠性指标有可靠度、故障密度函数和故障率等,是基于寿命分布模型可靠性理论中一种重要的预测技术。基于寿命分布模型的预测方法核心是构造可靠性模型,主要包括两个方面: 选择合适的寿命分布模型和确定合适的分布参数[33-36]。建模过程中需要根据不同的研究对象和外界因素选择相应的模型和参数。

(2) 基于数据驱动的预测方法。基于数据驱动的故障预测方法通过分析输入、输出和状态参数之间的关系建立自回归滑动平均模型[37]、人工 NN 模型[38-41]、粒子滤波模型[42]等,并从大量历史数据中学习输入与输出之间的关系,再在内部建立非线性非透明的模型,用以进行故障预测。时间序列是按照时间顺序排列的随机变量序列。时间序列预测是根据数据序列所反映的发展过程、方向和趋势,进行类推或延伸,进而预测下一时间段或若干时间段可能达到的水平。常用的时间序列模型有自回归(auto-regressive,AR)模型、滑动平均(moving average,MA)模型和 ARMA 模型等线性平稳模型。自 20 世纪 80 年代末开始,基于 NN 的预测技术就得到了广泛的关注。NN 通过两种方式实现预测功能。第一种是以 NN 作为逼近器,对参数进行拟合预测;第二种是考虑输入输出间的动态关系,用带反馈的动态 NN 进行预测。基于 NN 的预测方法可以克服由于随机性等因素而难以用公式进行表达,但是存在网络结构和规模难以确定的问题,需要足够的历史数据进行模型训练。

(3) 基于失效物理模型的预测方法。基于失效物理模型的可靠性设计方法在电子系统领域成为趋势,美国马里兰大学研究了基于失效机制的故障预测和 RUL 预计方法。通过故障模式、机制和效应分析提取预报参数,进行连续的状态监控和环境载荷监控,在此基础上进行异类检测,最后结合失效机制模型预计系统的 RUL。同时,他们还将该方法应用于系统可靠性现场实时评估和可靠性预测[43],此外还有美国佐治亚理工学院、密歇根大学、NASA[44]等机构开展相关研究。在预测过程中失效模型具备以下特征:提供可复验的结果,能预测产品在整个应用过程中的可靠性,考虑应力、材料、几何结构与产品寿命的关系。然而,对于复杂装备系统而言,基于时效物理模型的预测方法通常不是最合理的解决方案,因为实际系统的物理特性具有较强的复杂性和随机性,难以完全建立其物理模型。

本章基于可靠性寿命预测理论,将 LS-SVM 方法引入到性能退化预测模型及威布尔寿命分布参数预测模型中,探索解决民用飞机中部分高可靠性子系统极少失效甚至零失效情况下的寿命预测问题,以航空发动机为案例进行验证研究,为民用飞机及其相关的子系统的寿命预测提供参考,为健康管理决策提供技术支撑。本章也将介绍一些常见的基于失效物理的预测方法及基于数据驱动的预测方法。

7.2 基于可靠性理论的民用飞机故障寿命预测方法

7.2.1 基于 LS-SVM 的飞机性能可靠性寿命预测方法

7.2.1.1 最小二乘支持向量机

LS-SVM 由 Suykens 等[45]于 1999 年提出的。这种算法从损失函数的角度出发,在标准 SVM 的基础上,采用误差平方项作为目标函数,并采用等式形式作为约束条件,将二次规划问题用解线性等式来代替,提高了其回归建模速度。LS－SVM 算法中,其线性系统被称作扩张系统或卡罗需-库恩-塔克(Karush－Kuhn－Tucker,KKT)系统。LS－SVM 算法是标准 SVM 的改进,主要是约束条件的变化,回归问题描述如下。

对给定的样本集 (x_i, y_i),$i = 1, 2, \cdots, n$,其中 x_i 表示飞机的实测性能参数值,y_i 为飞机的预测性能值,它的线性回归函数为 $f(x) = w\phi(x) + b$,其中 $\phi(x)$ 为核函数。则

$$\min: J(w, b, \varepsilon) = \frac{1}{2}\|w\|^2 + \frac{\gamma}{2}\sum_{i=1}^{n}\varepsilon_i^2$$

$$\text{s.t. } y_i = w\phi(x_i) + b + \varepsilon_i \tag{7-1}$$

式中,γ 为正则化参数;ε_i 为第 i 个预测值与实际值之间的误差。

相应的 Lagrange 函数为

$$L(w, b, \varepsilon; \alpha) = J(w, b, \varepsilon) - \sum_{i=1}^{n}\alpha_i \times [w\phi(x_i) + b + \varepsilon_i - y_i] \tag{7-2}$$

根据 KKT 条件,求 L 对 w, b, ε_i, α_i 偏导数并使其等于 0,可以得到最优化条件为

$$\frac{\partial L}{\partial w} = 0 \rightarrow w = \sum_{i=1}^{n}\alpha_i\phi(x_i) \tag{7-3}$$

$$\frac{\partial L}{\partial b} = 0 \rightarrow \sum_{i=1}^{n}\alpha_i = 0 \tag{7-4}$$

$$\frac{\partial L}{\partial \varepsilon_i} = 0 \rightarrow C\varepsilon_i - \alpha_i = 0 \tag{7-5}$$

$$\frac{\partial L}{\partial \alpha_i} = 0 \rightarrow w\phi(x_i) + b + \varepsilon_i - y_i = 0 \tag{7-6}$$

通过消除变量 w, ε 可以得到简化方程如下:

$$\begin{bmatrix} 0 & \boldsymbol{I}^{\mathrm{T}} \\ \boldsymbol{I} & \boldsymbol{\Phi} + \dfrac{\boldsymbol{I}}{\gamma} \end{bmatrix} \begin{bmatrix} b \\ \boldsymbol{\alpha} \end{bmatrix} = \begin{bmatrix} 0 \\ y \end{bmatrix} \tag{7-7}$$

式中,$\boldsymbol{I}$ 为单位矩阵;$\boldsymbol{\alpha} = [\alpha_1 \quad \alpha_2 \quad \cdots \quad \alpha_n]$;$\boldsymbol{\Phi}_{ij} = K(x_i, x_j) = \phi(x_i)^{\mathrm{T}}\phi(x_j)$ 为核函数,$i, j = 1, 2, \cdots, n$。从而得到 LS－SVM 回归模型表达式为

$$f(x) = \sum_{i=1}^{n} \alpha_i K(x_i, x_j) + b \tag{7-8}$$

LS－SVM 建模过程中 $K(x_i, x_j)$ 为满足 Mercer 条件的核函数，常用的有：多项式核函数、RBF 核函数和双曲正切核函数。

7.2.1.2　基于 LS－SVM 时间序列预测方法的性能退化预测模型

基于 LS－SVM 时间序列预测方法的性能退化预测步骤如下：① 构造输入向量。由于原始的飞机性能实测数据是一组一维的时间序列观测值，对该时间序列建立 LS－SVM 模型时，要进行相空间重构。针对性能样本数据的特性和实际需求，需要确定训练样本的容量，选择合适的方法确定相空间重构的延迟时间 τ 和嵌入维数 D，构造输入、输出向量对。重构的相空间为 $X(k) = [x(k), x(k-\tau), \cdots, x(k-(D-1)\tau)]$。② 模型参数的确定。需要确定的 LS－SVM 模型参数包括正则化参数 γ 及核函数的参数。③ 训练回归模型。构造核函数矩阵方程，并进行求解，计算得到 α 和偏移值 b，最终获得决策函数 $f(x)$。④ 预测新的序列值。LS－SVM 预测模型确定后，输入预测向量即可得到单步预测的输出值。⑤ 评价模型的预测性能。对预测结果的精度进行评价，分析预测结果的误差情况，同时评价预测的计算效率。

7.2.2　基于改进威布尔分布的可靠性寿命预测方法

7.2.2.1　可靠性数据的收集与分析

为了正确评价飞机及其子系统的可靠性，分析其寿命分布特性，需要通过对失常或故障现象的统计获得现场可靠性数据，然后对可靠性数据进行初步分析，其结果可以作为故障分析的最后结果，也可以为建立故障分布模型提供必要的数据。

现场可靠性数据具有其自身的特点：真实性、不确定性、非连续性、不全面性，因此在收集可靠性数据时，一定要做到准确、完整、及时、有效、经济。基于所取得的数据，初步统计分析的方法是根据经验或直方图直观地判断数据的分布规律，得出假设的经验分布函数。

7.2.2.2　寿命分布模型的检验

在通过初步分析后，需要通过图估计法或统计推断方法以确定其准确的寿命分布模型和具体参数值，即需要进行模型检验和参数估计。

模型检验的目的就是确保所拟合的模型对于失效数据列的恰当性，拟合优度检验的解析法主要有图形检验法、皮尔逊 χ^2 检验、柯尔莫哥洛夫-斯米尔诺夫检验（K－S 检验）。

图形检验法是在特别的坐标系下对于观察的数据与由拟合模型得出的期望数据进行对比，寻找两者之间的差异。若两者之间的差异小，则接受所拟合的模型是恰当的，否则拒绝。对于小样本，图形方法是检验模型恰当性的唯一方法。

皮尔逊 χ^2 检验法主要用于验证统计经验分布函数 $F_n(t)$ 和假设的理论分布

$F(t)$ 的一致性,将可靠性数据进行分组,选用统计量χ_q^2 作为经验分布和假设的理论分布之间的差异度,即

$$\chi_q^2 = \sum_{i=1}^{m} \frac{(m_i - nX_i)^2}{nX_i} \tag{7-9}$$

式中, m 为数据所分组数; m_i 为落入第 i 组的频数; n 为样本容量; X_i 为按假设的理论分布计算得到的落入第 i 组的概率; nX_i 为第 i 组的理论频数。

当 n 足够大时,假设的经验分布与理论分布差异的统计量χ_q^2 的渐进分布服从自由度为 $k = m - 1$ 的χ_q^2 分布。当所假设的理论分布的参数是用统计得到的样本估计出来时,自由度为

$$k = m - r - 1 \tag{7-10}$$

式中,r 为所估计的总体分布的参数个数。

本书采用 K-S 检验方法,将数据划分在 k 个连续的区间内,在第 i 个区间的右端点处,观察的累积分布函数为 F_i,用拟合模型计算的期望累积分布函数为 F_i,并令 $D_i = | F_i - F'_i |$,则 K-S 的检验统计量 D 为

$$D = \max\{D_1, D_2, \cdots, D_k\} \tag{7-11}$$

对于给定的置信水平,如果 D 值小于某一临界值 D_c, 则接受拟合模型为恰当的模型。D_c 的值可以在标准中查到。对于含 n 个失效数据的样本而言,不同的 n 对应于不同的临界值。

7.2.2.3　基于改进的威布尔分布的寿命分布模型的实现

威布尔分布被广泛地应用于可靠性工程领域描述设备的寿命分布域,由于飞机是一类非常复杂的系统工程,包含了很多高可靠性及长寿命的系统和部件,即使获得了部分系统及部件的失效数据样本,其样本容量也是很小的。因此,其寿命预测面临着小样本的问题,利用 LS-SVM 建立了寿命分布参数预测模型,最终得到飞机寿命分布函数及可靠性寿命。本文采用基于改进的威布尔分布的寿命分布模型。

(1) 经验分布函数的确定,采用中位秩估计公式来计算累积失效概率密度:

$$f(t_i) = \frac{i - 0.3}{n + 0.4} \tag{7-12}$$

式中,i 为顺序号,由此可得到频数直方图,由直方图可初步得到寿命的经验分布函数类型。

(2) 数据预处理。假设得到的是威布尔(Weibull)分布,其累积分布函数:

$$F(t) = 1 - \exp\left[-\left(\frac{t}{\eta}\right)^{\beta}\right],\ t \geqslant 0 \tag{7-13}$$

取两次对数运算后，变为简单的线性回归模型：

$$\ln\left\{\ln\left[\frac{1}{1-F(t)}\right]\right\}=\ln\{-\ln[1-F(t)]\}=\beta\ln t-\beta\ln\eta \tag{7-14}$$

记 $y_j=\ln\{-\ln[1-F(t)]\}$，$\tau_j=\ln t_j$，其中，t_j 为失效时间；$F(t_j)$ 为累积失效概率；通过中位秩估计获得数组 (τ_1,y_1)，(τ_2,y_2)，…，(τ_n,y_n)，其中，$\tau=(\tau_1,\tau_2,\cdots,\tau_n)$ 为 LS－SVM 的输入，$y=(y_1,y_2,\cdots,y_n)$ 为 LS－SVM 的输出。

(3) LS－SVM 回归模型核函数及其参数的选择。SVM 建模的关键是根据训练样本选择合适的核函数，并确定最优的模型参数，得出最优的回归直线。

(4) 确定寿命分布参数。根据得到的 LS－SVM 最优参数及回归直线，求出该直线的斜率便可得到形状参数 β 的值，特征寿命 η 的值；η 所对应的寿命是指失效率为 63.2%时的可靠性寿命，可进一步通过转换得到给定失效率下的可靠性寿命。

7.2.3 工程应用

为验证本章提出的基于状态预测的民用飞机使用寿命控制技术，以航空发动机为例，证明状态预测及寿命控制方法的有效性，特采用东方航空公司的 CFM－56 发动机机队在翼寿命数据，并选取其中某 6 台从 2002～2007 年共六年的 EGTM 使用数据，进行实例分析验证，在翼寿命数据如表 7－1 所示。

表 7－1 某型发动机在翼寿命数据

序号	飞行循环数/cycle	序号	飞行循环数/cycle
1	1 422	17	3 754
2	1 477	18	4 055
3	1 484	19	4 515
4	1 540	20	4 687
5	1 707	21	4 740
6	1 954	22	5 293
7	2 640	23	5 907
8	2 739	24	6 076
9	2 751	25	6 376
10	2 876	26	6 688
11	2 893	27	6 752
12	3 111	28	6 921
13	3 154	29	7 160
14	3 282	30	7 820
15	3 331	31	8 490
16	3 397	32	8 498

由于采集到的飞行循环数不是等间隔的，需要进行原始数据的等间隔处理。等间隔处理方法主要有四种：均值插补、利用同类均值插补、极大似然估计和多重插补(multiple imputation，MI)，本文选用 MI 方法。等间隔处理后的数据如表 7-2 所示，令时刻 t 表示发动机的使用循环次数。求解发动机机群的平均寿命和风险控制在 0.90 以内的发动机机群寿命。

表 7-2　发动机机群 EGTM 数据表

循环数 序号	100	200	300	400	500	…	3 500	3 600	3 700	3 800	3 900	4 000
1	65.0	63.0	61.0	59.0	57.0	…	57.4	51.8	34.4	34.4	34.4	29.1
2	59.0	57.0	55.0	53.0	51.0	…	23.1	23.1	20.1	16.8	13.5	10.2
3	67.3	65.7	64.1	62.5	60.9	…	29.9	28.2	26.5	24.8	25.0	25.0
4	43.5	36.1	54.2	59.8	59.8	…	20.5	19.2	17.9	16.6	15.3	14.0
5	56.0	56.0	56.0	56.0	56.0	…	47.8	47.8	27.8	27.8	27.8	27.8
6	49.0	47.8	49.8	51.8	53.8	…	27.0	27.0	27.0	27.0	27.0	27.0

7.2.3.1　改进威布尔分布的寿命分布模型案例验证

以航空发动机为例，建立基于威布尔分布的民用航空发动机寿命分布模型。Weibull 分布可以看作是指数分布的扩展，故障密度函数 $f(t)$、可靠度函数 $R(t)$ 和失效率函数 $\lambda(t)$ 如下：

$$f(t)=\frac{\beta}{\eta}\left(\frac{t}{\eta}\right)^{\beta-1}\exp\left[-\left(\frac{t}{\eta}\right)^{\beta}\right],\ t\geqslant 0 \tag{7-15}$$

$$R(t)=\exp\left[-\left(\frac{t}{\eta}\right)^{\beta}\right],\ t\geqslant 0 \tag{7-16}$$

$$\lambda(t)=\frac{\beta}{\eta}\left(\frac{t}{\eta}\right)^{\beta-1},\ t\geqslant 0 \tag{7-17}$$

$$E(t)=\eta\Gamma\left(1+\frac{1}{\beta}\right) \tag{7-18}$$

式中，β 是形状参数；η 是尺度参数。当 $\beta>1$ 时，失效率严格递增；当 $0<\beta<1$ 时，失效率严格递减；当 $\beta=1$ 时，就退化为指数分布。具体的建模步骤如下：首先通过中位秩估计公式得到各时刻 $t_j(j=1,2,\cdots,n)$ 的累积失效概率密度 $f(t_i)$，由

此可得到服从威布尔分布频数直方图;然后通过中位秩估计获得数组 (τ_1, y_1), (τ_2, y_2), …, (τ_n, y_n), 其中 $\tau = (\tau_1, \tau_2, \cdots, \tau_n)$ 为 LS-SVM 的输入, $y = (y_1, y_2, \cdots, y_n)$ 为 LS-SVM 的输出,即可求得发动机失效分布中未知参数 β、γ 的估值 $\hat{\beta}$、$\hat{\gamma}$, 进一步可求得 $\hat{\eta} = \exp\left(\frac{\hat{\gamma}}{\hat{\beta}}\right)$, 最终求得发动机的可靠度函数为 $R(t) = \exp\left[-\left(\frac{t}{\hat{\eta}}\right)^{\hat{\beta}}\right]$, $t \geqslant 0$; 寿命分布函数为 $F(t) = 1 - R(t)$; 得到发动机的可靠度函数及平均寿命如式(7-19):

$$R(t) = \exp\left[-\left(\frac{t}{6\,105.06}\right)^{10.279}\right],$$

$$E(t) = 6\,105.06\Gamma(1 + 10.279) = 647\text{cycle} \tag{7-19}$$

7.2.3.2 基于 LS-SVM 时间序列预测的性能可靠度评估及寿命预测案例验证

假设 t 时刻航空发动机性能参数 EGTM 的监测值为 y_t, 根据时间序列模型获得的各个测点值 y_{t+1} 作为 $t+1$ 时刻的均值, $\hat{\sigma}(t+1)$ 作为方差, l 作为其失效阈值。按照式(7-20)评估其性能可靠性,假设给定预测可靠度水平 α, 如果 $R(t) \geqslant \alpha$, 可以认为该点处发动机处于安全状态。如果在预测点中第一次出现 $R(t) < \alpha$, 则该点为发动机的失效时刻即在翼寿命。经过时间 $t_f - t_c = n \cdot \Delta t$ 的条件性能可靠性为

$$R(t_f \mid t_c) = \prod_{i=1}^{n} P_r\{\text{生存间隔 } i \mid \text{存活到间隔的开始}\} \tag{7-20}$$

采用区间预测方法,置信区间宽度为95%,根据基于 SVM 的时间序列模型获得的各个测点值 x_{t+l} 作为 t 时刻的均值, t_j 时刻参数向量的估计值为 $[\hat{\mu}(t_j), \hat{\sigma}(t_j)]$, 提取 $\hat{\sigma}(t_j)$ 作为第 L 步的预测点 x_{t+l} 的方差。对于某些新型发动机机群,如果在测点 t_j 数据量较小或基本没有数据的情况下,可以使用发动机机群的平均统计方差来替代 $\hat{\sigma}(t_j)$。然后根据式(7-19)和式(7-20)分别计算发动机的可靠度和条件可靠度,其可靠度函数曲线如图7-1所示。

在风险控制在0.90以内时,通过 EGTM 趋势分析,预测飞机的性能状态寿命值;然后修正寿命分布模型的结果,基于 LS-SVM 的时间序列模型修正的寿命预测结果比较如表7-3所示。

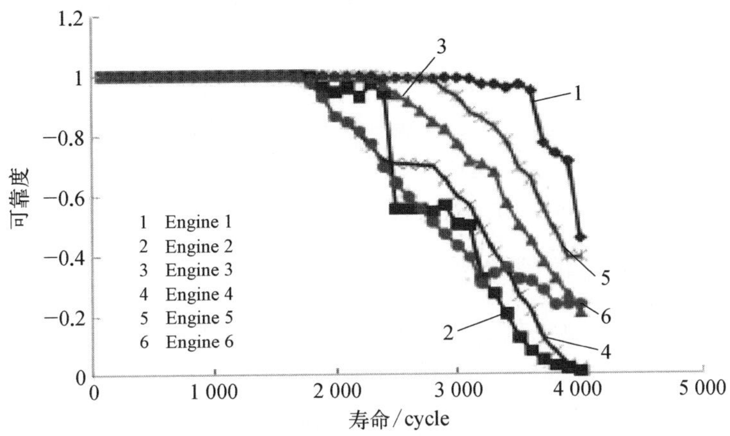

图 7－1　六台发动机可靠度函数曲线

表 7－3　LS－SVM 时间序列模型修正的寿命预测结果比较

发动机序号	真实值/cycle	LS－SVM 修正寿命预测值/cycle	相对误差/%
1	6 921	6 534	5.591 7
2	7 160	6 726	6.061 5
3	7 820	7 378	5.652 2
4	8 490	7 940	6.478 2
5	8 498	9 103	7.119
6	6 921	6 534	5.591 7

通过表 7－3 可以看到，基于 LS－SVM 时间序列模型修正的寿命预测值平均误差为 6.082 4%，可以很好地满足工程实际需要。

7.3　基于失效物理的民用飞机故障预测方法

由于民用飞机机电产品通常具有长寿命、高可靠性特点，要对这一类机电产品进行故障寿命预测需要大量的可靠性试验数据支持，寿命数据缺乏给性能退化评估和剩余寿命预测工作带来了巨大的挑战。即使有少量的寿命数据也无法建立具有高置信度的可靠性模型，那么自然也无法利用该模型给出令人信服的故障寿命预测结果。基于失效物理的民用飞机故障寿命预测方法为解决这一难题提供了新的方向和思路。失效物理方法是利用产品的全寿命周期载荷谱和失效机制知识来评估产品的剩余寿命分布和可靠性。

失效物理模型通过对民用飞机结构件进行故障机制分析，找出能够引发故障的设计、制造、使用和维护等有关的故障原因,并针对故障原因来进行失效物理建模。故障机制可以分为过应力机制和耗损机制,对过应力机制而言,失效物理模型通过应力分析来评估结构件在给定工作环境下是否会发生故障;对于耗损机制而言,失效物理模型利用损伤累积分析来对产品运行中积累的损伤进行量化。本节将介绍几种描述零部件失效的经典失效物理模型,包括疲劳裂纹扩展模型、性能退化预测模型和基于 Wiener 退化过程的寿命预测模型。

7.3.1 疲劳裂纹扩展模型

民用飞机结构件的疲劳特性通常与材料性质、裂纹起始处的几何条件、应力-应变历程、环境条件等因素有关。结构件中的裂纹,一般可分为由拉应力造成的张开型(Ⅰ型)、剪应力造成的滑开型(Ⅱ型)和撕开型(Ⅲ型)。张开型(Ⅰ型)裂纹是工程中最常见、最易于引起断裂破坏发生的裂纹。

目前国内外在工程中应用最为广泛的疲劳裂纹扩展寿命预测方法依然是 1963 年由 Paris 和 Erdogan[46] 在实验基础上提出的 Paris 公式,它建立了应力强度因子和裂纹扩展速率之间的关系,是当今工程应用中预测结构疲劳裂纹扩展寿命理论的基础,其形式为

$$\mathrm{d}a/\mathrm{d}N = C(\Delta K)^m \tag{7-21}$$

式中,a 为裂纹长度;N 为应力循环次数;$\mathrm{d}a/\mathrm{d}N$ 为裂纹扩展速率;C、m 为材料常数;ΔK 为应力强度因子幅值:

$$\Delta K = K_{\max} - K_{\min} = f\Delta\sigma\sqrt{\pi a} \tag{7-22}$$

式中,f 为结构件几何尺寸和裂纹尺寸的函数;$K_{\max}$、$K_{\min}$ 为裂纹处应力强度因子的最大值和最小值;$\Delta\sigma$ 为裂纹处应力幅值。

传统的疲劳寿命预测是用由试验获得的应力寿命 $S-N$ 曲线来描述,通过分析可以建立 $S-N$ 曲线与 Paris 公式的关系。在恒幅应力 $\Delta\sigma$ 作用下,由 Paris 公式有

$$\mathrm{d}a/\mathrm{d}N = C(\Delta K)^m = C[f(a,\ W,\ \cdots)\Delta\sigma\sqrt{\pi a}\,]^m \tag{7-23}$$

可变换为

$$\Delta\sigma^m N = \int_{a_0}^{a_c} \frac{\mathrm{d}a}{C[f(a,\ W,\ \cdots)\sqrt{\pi a}\,]^m} \tag{7-24}$$

式中,a_0 为初始裂纹尺寸;a_c 为临界裂纹尺寸;W 为裂纹板的板宽。

由式(7-24)可知,右端的积分是一个常数,将应力 $\Delta\sigma$ 改为 ΔS,可得

$$\Delta S^m N = C_1 \text{ 或 } S_a^m N = C_2 \tag{7-25}$$

式中，S_a 为应力幅；C_1、C_2 为材料常数。

由推导可知，若疲劳寿命完全由裂纹扩展所贡献，则 $S-N$ 曲线可由 $\mathrm{d}a/\mathrm{d}N-\Delta K$ 关系获得，且指数与 Paris 公式相同。

断裂力学用应力强度因子 K 来度量裂尖附近弹性应力场的强弱程度。根据疲劳裂纹扩展速率 $\mathrm{d}a/\mathrm{d}N$ 与 ΔK 之间的关系，疲劳损伤在结构件内逐渐积累，达到某一临界值时，形成初始疲劳裂纹。然后，初始疲劳裂纹在循环应力及环境的共同作用下扩展。当裂纹长度达到临界长度时，裂纹发生快速扩展至断裂。疲劳裂纹扩展分为三个阶段。

(1) 第Ⅰ区：存在一个门槛应力强度因子 ΔK_{th}，当应力强度因子低于门槛值时，疲劳裂纹基本不扩展。这个阶段为疲劳裂纹的萌生阶段，由于疲劳裂纹萌生后的初始扩展阶段和裂纹的萌生阶段没有明显的界限，因此把裂纹扩展初始阶段也归入疲劳裂纹扩展的第Ⅰ阶段。

(2) 第Ⅱ区：裂纹的稳定扩展阶段，其应力强度因子范围大于 ΔK_{th}，在该区域内，裂纹扩展速率 $\mathrm{d}a/\mathrm{d}N$ 与应力强度因子幅服从 Paris 公式，也称为 Paris 区。

(3) 第Ⅲ区：裂纹快速扩展阶段，$\mathrm{d}a/\mathrm{d}N$ 很大，疲劳裂纹扩展剩余寿命很短，其对裂纹扩展寿命的贡献通常不予考虑。在工程实际应用中，一般主要以第Ⅱ阶段作为疲劳裂纹扩展寿命的研究区域。

计算临界裂纹扩展尺寸。从初始裂纹长度 a_0 扩展到临界裂纹长度 a_c，所经历的载荷循环次数 N_c 称为疲劳裂纹扩展寿命。估算 N_c 必须确定构件发生断裂时的临界裂纹尺寸。根据线弹性断裂判据有

$$K_{\max}=f\sigma_{\max}\sqrt{\pi a_c}\leqslant K_c \tag{7-26}$$

式中，$\sigma_{\max}$ 为最大循环应力。

确定材料常数。由标准件疲劳裂纹扩展试验，得到 (a_i,N_i) 数据，然后估计扩展速率 $(\mathrm{d}a/\mathrm{d}N)_i$：

$$(\mathrm{d}a/\mathrm{d}N)_i=(a_{i+1}-a_i)/(N_{i+1}-N_i) \tag{7-27}$$

对 Paris 公式两边取对数：

$$\lg(\mathrm{d}a/\mathrm{d}N)=\lg C+m\lg(\Delta K) \tag{7-28}$$

在双对数坐标中，取 $y=\lg(\mathrm{d}a/\mathrm{d}N)$ 和 $x=\lg(\Delta K)$，求出一组 $\lg(\Delta K)_i$，再利用线性回归绘制一条曲线，此曲线的斜率即为 m，代入式(7-28)即可求得 C。

裂纹若为半椭圆形状，对于裂纹扩展过程中半椭圆裂纹的深度和表面半长度之比 a/c 的变化规律，可对裂纹深处 A 和表面处 B 分别应用 Paris 公式：

$$\begin{cases}\mathrm{d}a/\mathrm{d}N=C_A(\Delta K_A)^m\\ \mathrm{d}a/\mathrm{d}N=C_B(\Delta K_B)^m\end{cases} \tag{7-29}$$

式中，ΔK_A、ΔK_B 为裂纹深处和应力强度因子幅；C_A、C_B 为引入的材料常数，$C_B = 0.9^m C_A$。

疲劳裂纹扩展寿命基本方程。对于含裂纹无限大板，f= 常数，在恒幅载荷作用下，由 Paris 公式有

$$\int_{a_0}^{a_c} \frac{\mathrm{d}a}{C(f\Delta\sigma\sqrt{\pi a})^m} = \int_0^{N_c} \mathrm{d}N \tag{7-30}$$

$$N_c = \begin{cases} \dfrac{1}{C(f\Delta\sigma\sqrt{\pi})^m(0.5m-1)}\left(\dfrac{1}{a_0^{0.5m-1} - a_c^{0.5m-1}}\right), & m \neq 2 \\ \dfrac{1}{C(f\Delta\sigma\sqrt{\pi})^m}\ln\left(\dfrac{a_0}{a_c}\right), & m = 2 \end{cases} \tag{7-31}$$

若 $m = 4$ 时，式(7-31)可变为

$$N_c = \frac{a_c - a_0}{C(\Delta K)^4} \cdot \frac{a_0}{a_c} \tag{7-32}$$

一般地，对于 $m \neq 4$ 的情况，也可以用与式(7-32)类似的形式来近似计算：

$$N = \frac{a_N - a_0}{C(\Delta K)^m} \cdot \frac{a_0}{a_N} \tag{7-33}$$

在预测裂纹扩展寿命过程中，初始裂纹尺寸 a_0 的测定非常重要，利用 Paris 公式对裂纹扩展剩余寿命进行预测的优点是能够应用最小二乘法使得模型的参数能相对于部件状态的改变而进行调整，但不足的是部件的材料常数需借助经验来确定。

7.3.2 性能退化预测模型

传统的可靠性寿命评估方法往往通过寿命试验来估计一批产品的可靠性特征，然而对于高可靠长寿命产品而言，通过试验获得失效时间数据所需要的时间长、费用高。因此，无法采用仅仅记录失效时间数据的传统寿命试验评估该类产品的可靠性。虽然加速寿命试验能够通过提高试验应力的方式来缩短试验时间，然而高可靠长寿命产品往往具有失效模式和失效机制复杂的特点，使得很难通过加速试验来再现其真实的失效过程。

由于高可靠长寿命产品的失效往往可以追溯到其潜在的性能退化过程，通过监测关键性能参数获得退化数据，进而利用退化数据对其进行可靠性建模是一种行之有效的方法，其避免了该类产品失效时间数据难以获取的难题，目前已引起可

靠性领域内研究者的广泛关注。

导致产品失效的原因主要有产品本身的缺陷、产品设计使用不当及其他因素。几乎绝大部分的失效原因和产品的性能退化相关，性能退化失效是一种典型的失效机制，该机制描述了产品性能的特征参数和失效之间的内在联系，使得传统的基于寿命数据的可靠性建模过渡到基于性能参数退化的可靠性建模。然而，在实际应用这些失效物理模型进行建模时仍然存在许多问题。虽然通过性能参数的退化模型可以建立产品的可靠性模型，然而在实际中获得的特征参数测量值伴随着随机测量误差，这种误差不可避免，且误差往往具有异方差性。

退化模型的合理性和有效性直接决定了统计推断的可信度。获取寿命数据是通过常规寿命试验来获取的，这种试验方式具有宏观性。从民用飞机高可靠性、长寿命机电产品的常规寿命试验中得不到大量的寿命数据，因此传统可靠性方法不适用。在失效物理试验中，试验关注的是产品的失效机制，这种试验方式更注重微观层面。在失效过程的观测中可以发现产品的失效往往是由某种物理或化学上的原因导致，而这种原因通常对应为可测量特征变量的逐步退化。失效物理试验中测量得到的可以表征产品性能的数据称为失效物理退化数据，其退化过程和产品性能直接相关，并间接反映了产品的剩余寿命。

能够反映产品性能特征的失效物理退化数据是失效物理/可靠性试验中观测到的重要数据类型。通过合理的失效机制分析来确定何种数据为失效物理退化数据，基于该类型数据则可研究产品性能随时间变化的关系，建立相关的可靠性模型和对相应的故障寿命进行估计。随机抽取样品进行失效物理试验，在试验中，按时间顺序在若干个时间点对产品的性能特征进行测量并记录，获得产品失效物理退化数据。根据产品类型不同，失效物理试验分为渐变型非破坏性观测和突变型破坏性观测，两种情况下取得的性能退化数据存在差异，且在其失效建模过程中数据模型和统计分析方法存在不同。

在渐变型非破坏性顺序依次测量的情况下，对第 i 个样品分别在 $t_0 < t_1 < \cdots < t_n$ 时刻进行 n 次测量，若每个样品的测量时间点相同，则称该性能退化数据为规则型依次测量失效物理退化数据。在许多实际问题中，每个样品的测量次数和测量时间点往往会因各种原因而不尽相同，此时的性能退化数据称为非规则型失效物理退化数据。

在突变型破坏性测量情况下，一个产品只能测量一次，测量之后即退出试验。假设在 $t_1 < t_2 < \cdots < t_n$ 时刻进行测量，将 m 个样品分成 n 组，每组的样品数分别为 $m_1, m_2, \cdots, m_n$，$n = \sum_{i=1}^{n} m_i$，在 t_1 时刻对第一组 m_1 个样本进行破坏性测量，在 t_2 时刻对第一组 m_2 个样本进行破坏性测量，依次记录失效退化数据。

对于民用飞机高可靠性、长寿命机电产品，基于失效物理的性能退化建模依赖渐变型非破坏性测量数据，采用相关统计方法估计模型参数和进行剩余寿命预测。产品的退化模型由系统退化模型和测量误差模型两部分组成。系统退化模型描述了产品退化本质，测量误差模型描述了测量过程中带入的随机性误差。系统退化模型又可分为随机性部分和确定性部分，随机性部分描述了产品的个体性差异，确定性部分则描述了产品的共同属性。图 7－2 给出了产品退化模型的结构示意图。

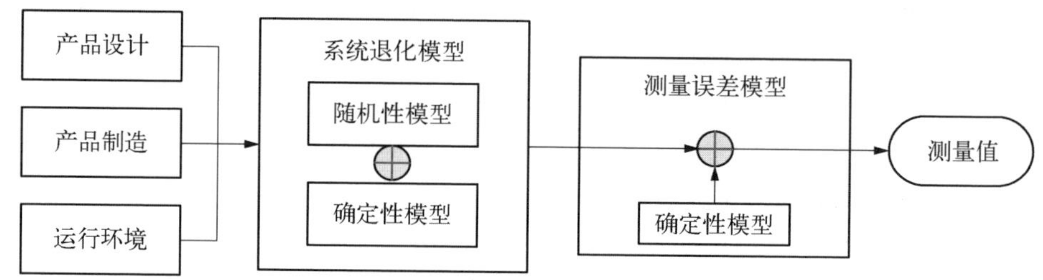

图 7－2　产品退化模型的结构示意图

假设通过失效物理试验确定某特征变量和产品性能直接相关，记 x_{ij} 为第 i 个样本在时刻 t_i 的特征测量值。设第 i 个样本在时刻 t_j 的特征变量真值为 $\eta(t_{ij};\ \theta,\ \xi_i)$，其对应的系统退化模型由随机和确定性模型耦合而成，其中 θ 为退化过程中的确定性参数；ξ_i 为退化过程中的随机性参数。记由测量所引入的误差为 e_{ij}。一般地，假设 e_{ij} 独立同分布于均值为 0、方差为 $\delta_\varepsilon^2 \cdot l(t_{ij})$ 的正态分布，其中 $l(t_{ij},\ \varphi)$ 是一个和时间相关的函数，φ 为函数的参数。则基于失效物理的性能退化模型为

$$x_{ij} = \eta(t_{ij};\ \theta,\ \xi_i) + e_{ij} \tag{7-34}$$

式中，系统性能退化模型 $\eta(t_{ij};\ \theta,\ \xi_i)$ 和测量误差 e_{ij} 是相互独立的。

系统退化模型 $\eta(t_{ij};\ \theta,\ \xi_i)$ 可表示为随机性模型和确定性模型的多项式耦合形式：

$$\eta(t_{ij};\ \theta,\ \xi_i) = \sum_{i=1}^{k_f} \xi_i^{\delta_i^1} \cdot g_i^{\delta_i^2}(t;\ \theta_i) \tag{7-35}$$

$$\delta_i^1 = \begin{cases} 1 & \text{有随机性} \\ 0 & \text{无随机性} \end{cases},\ \delta_i^2 = \begin{cases} 1 & \text{有时间相关性} \\ 0 & \text{无时间相关性} \end{cases}$$

式中，$g(\cdot)$ 为确定性模型；θ_i 为确定性参数；ξ_i 为随机性模型；δ_i 为随机性的指示函数；k_f 为影响产品性能退化的各类因素的总和。

利用式(7－34)和式(7－35)的模型建立性能退化模型前，首先需要确定系统退化模型和测量误差的形式，然后利用失效物理性能退化数据对模型中的参数进行估计。对于失效机制明确的产品，通过分析机制表达出系统性能退化模型；对于某些失效机制研究不够透彻时，需要基于失效物理数据与经验模型来构造。在实

际应用中,系统退化模型的确定需要多次反复验证,手段是失效物理分析、失效物理试验、基于退化数据的模型辨识等。有了较为准确的系统退化模型后,则可基于退化数据和系统退化模型来对误差模型进行辨识。

7.3.3　基于 Wiener 退化过程的寿命预测模型

不同于累积损伤模型,Wiener 过程可用于描述连续的性能退化过程,其本质是由布朗运动驱动的一类扩散过程。事实上,很多产品会由于内部状态、使用条件、载荷及外部环境的变化而使得监测获得的退化数据呈现非单调的特性。Wiener 过程[47]因其具有直观的物理解释及良好的分析性质,已被成功地应用于刻画多种产品的性能退化过程。

Wiener 过程最初用于对具有线性退化过程的产品进行建模,记为 $B(t)$, 其性质如下:

(1) $B(0) = 0$ 以概率 1 成立;

(2) $B(t)$ 为平稳独立增量过程;

(3) 增量 $\Delta B(t) = B(t + \Delta t) - B(t)$, $\Delta t > 0$ 服从均值为 0、方差为 Δt 的正态分布。

令退化量 $Y(t)$ 的初值为 0,则带线性漂移的 Wiener 过程可以表示为

$$Y(t) = \beta t + \sigma B(t) \tag{7-36}$$

式中,参数 β 为漂移参数; σ 为扩散参数;$B(t)$为一个用于表征退化过程随机性的标准布朗运动过程;$Y(t)$有时也称为带线性漂移的布朗运动。

由定义可知,$Y(t)$为齐次马尔可夫过程,其对应的均值为 βt, 方差为 $\sigma^2 t$。显然 $Y(t)$从时刻 t 到时刻 $t + \Delta t$ 的增量 $\Delta Y(t)$ 服从正态分布, $\Delta Y(t)$ 既可以大于 0,也可以小于等于 0,说明 $Y(t)$不是单调的,适用于对具有非单调退化过程的产品进行建模。然而,在 β 远大于 σ 的情况下, $\Delta Y(t)$ 取负值的可能性很小,可将产品的性能退化过程近似为单调,因此也可以用于对具有单调退化过程的产品进行建模。显然,式(7-36)仅适用于对具有线性退化过程的产品进行建模。不过对于产品的性能退化过程表现为非线性的情况,若存在关于时间的非负单调增函数 $\Lambda(t)$, 则该类产品的性能退化过程可以用如下模型来刻画:

$$Y(t) = \Lambda(t) + \sigma B[\Lambda(t)] \tag{7-37}$$

同一批产品通常会由于加工工艺、设计误差、功能差异等因素导致不同个体间存在差异,而且产品在不同的运行环境下性能也会有所差别,从而造成了其性能的不确定性。上述因素的影响通常会在退化数据上有所体现,因而有必要对其进行描述。在本节中假设漂移参数 β 为服从均值为 μ_β 且方差为 σ_β^2 的正态分布,以表征

随机因素的影响。

在基于退化数据的可靠性分析中，为了进行可靠性评估，需要建立退化模型与寿命分布之间的联系。在给定失效阈值的前提下，在时刻 t 对应的失效比例等价于退化轨迹超过失效阈值 n_f 的比例。在现有的文献中，主要有两种不同的方法来描述退化轨迹 $Y(t)$ 与寿命 T 之间的关系。假设退化轨迹随时间逐渐增加。第一种方法是直接定义寿命为 $T=\{t \mid Y(t) \geqslant n_f\}$，此时对应的累积概率函数为 $F_T(t)=P(T \leqslant t) \approx P[Y(t) \geqslant n_f]$。根据条件分布的概念，可以直接得到该定义下对应的寿命分布的概率密度和可靠度函数 $R_T(t \mid \beta)$ 分别为

$$f_T(t \mid \beta)=\frac{n_f}{\sqrt{2\pi\sigma^2 t}}\exp\left[-\frac{(n_f-\beta t)^2}{2\sigma^2 t}\right] \tag{7-38}$$

$$R_T(t \mid \beta)=1-F_t(t \mid \beta)=\Phi\left(\frac{n_f-\beta t}{\sigma\sqrt{t}}\right) \tag{7-39}$$

式中，$\Phi(\cdot)$ 表示标准正态分布的累积概率函数。

然而，在实际工程应用中当退化轨迹 $Y(t)$ 首次达到预先定义的阈值 n_f 时，产品便被视为不可运行，其寿命终止。正因为如此，很自然地将寿命视为退化轨迹第一次超过阈值 n_f 时对应的时间，通常称为首达时。因此，此时对应的寿命 T 可以定义为 $T=\inf\{t \mid Y(t) \geqslant n_f\}$。对于 Wiener 过程来说，首达时服从逆高斯分布。当逆高斯分布的形状表现为仅有轻微的倾斜时，其对应的失效率几乎是增加的，使得逆高斯分布可以用于描述不受早期失效影响的寿命分布。因此，根据条件分布的定义和 Wiener 过程的性质，此时寿命 T 对应的概率密度和可靠度函数分别为

$$f_T(t \mid \beta)=\frac{n_f}{\sqrt{2\pi\sigma^2 t^3}}\exp\left[-\frac{(n_f-\beta t)^2}{2\sigma^2 t}\right] \tag{7-40}$$

$$R_T(t \mid \beta)=\Phi\left(\frac{n_f-\beta t}{\sigma\sqrt{t}}\right)-\exp\left(-\frac{2\beta n_f}{\sigma^2}\right)\Phi\left(\frac{n_f-\beta t}{\sigma\sqrt{t}}\right) \tag{7-41}$$

显然，前文对寿命 T 的两个定义有很大的差别，导致不同的寿命估计结果。$T=\{t \mid Y(t) \geqslant n_f\}$ 是 $T=\inf\{t \mid Y(t) \geqslant n_f\}$ 的一个粗略的近似，由于前者完全忽略了可能的首达时事件，而且基于首达时的可靠度函数明显小于没有考虑首达时的可靠度函数。由于采用式(7－39)获得的结果具有较低的失效风险，因此对于可靠性和安全性要求较高的产品，可能导致维护不足的问题。综上所述，将首达时视为寿命显然是合理的，漂移参数被视为服从正态分布的随机变量，此时对应的 PDF 和

可靠度函数已不再是式(7-40)和式(7-41)。因此针对漂移参数β服从正态分布的情况,给出此时寿命T对应的PDF和可靠度函数:

$$f_T(t)=\frac{n_f}{\sqrt{2\pi(\sigma_\beta^2 t+\sigma^2)t^3}}\exp\left[-\frac{(n_f-\mu_\beta t)^2}{2(\sigma_\beta^2 t+\sigma^2)t}\right] \tag{7-42}$$

$$R_T(t\mid\beta)=\Phi\left[\frac{n_f-\mu_\beta t}{\sqrt{(\sigma_\beta^2+\sigma^2)t}}\right]-\exp\left(-\frac{2\mu_\beta n_f}{\sigma^2}+\frac{2\sigma_\beta^2 n_f}{\sigma^4}\right)\times\Phi\left[-\frac{2\sigma_\beta^2 n_f t+\sigma^2(\mu_\beta t+n_f)}{\sigma^2\sqrt{\sigma_\beta^2 t^2}}\right] \tag{7-43}$$

可知剩余寿命的均值为

$$E(T)=\int_0^{+\infty}tf(t)\,\mathrm{d}t \tag{7-44}$$

给定置信度γ,剩余寿命的置信下限为

$$1-\gamma=\int_0^{T_L}f_T(t)\,\mathrm{d}t \tag{7-45}$$

下面给出基于EM算法的参数估计。

假设有n个样本参与退化试验,对每个单体i在一些离散的时间点t_{ij}进行监测获得退化数据,即$y_{ij}=Y(t_{ij})$, $i=1,2,\cdots,n$, $j=0,1,\cdots,m_i$。最简单的一种情况:观测时间是固定的并且对于所有的试验样本都是相同的,即$t_1, t_2, \cdots, t_m$。记Y为对所有n个样本进行监测获得的退化数据集,Y_i为对应于第i个单体的退化数据集,即$Y_i=(y_{i0}, y_{i1}, \cdots, y_{im})'$和$Y=(Y_1, Y_2, \cdots, Y_n)$。设$\Delta y_{ij}=y_{ij}-y_{i,j-1}$对应于第$i$个单体从时刻$t_{j-1}$到时刻$t_j$的退化增量。我们的主要目标是根据测量获得的退化数据Y来估计模型中的未知参数$\Gamma=(\mu_\beta, \sigma_\beta^2, \sigma^2)$。设$\beta_i$表示对应于单体$i$的漂移参数,令$\Omega=(\beta_1, \beta_2, \cdots, \beta_n)$。根据Wiener过程的性质,对于给定的$\beta_i$,对应于$Y_i$的抽样分布为服从如下形式的多变量高斯分布,即

$$p(Y_i\mid\beta_i,\Gamma)=\frac{1}{\prod_{j=1}^{m}\sqrt{2\pi\sigma^2\Delta t_j}}\exp\left[-\sum_{j=1}^{m}\frac{(\Delta y_{ij}-\beta_i\Delta t_j)}{2\sigma^2\Delta t_j}\right] \tag{7-46}$$

式中,$\Delta t_j=t_j-t_{j-1}$表示时间间隔。当Y和Ω均视为可通过观测获得时,便构成了所谓的完全数据。此时,对应的完全对数似然函数为

$$L(\Gamma \mid Y, \Omega) = -\frac{1}{2}\sum_{i=1}^{n}(m+1)\ln 2\pi + \sum_{j=1}^{m}\ln \Delta t_j + m\ln\sigma^2 + \sum_{j=1}^{m}\frac{(\Delta y_{ij} - \beta_i \Delta t_j^2)}{\sigma^2 \Delta t_j} + \ln\sigma_\beta^2 + \frac{(\beta_i - \mu_\beta)^2}{\sigma_\beta^2} \tag{7-47}$$

要想获得模型参数的最大似然估计,EM 算法给出了一种解决这个问题的方法。在数据不完全或有缺失值时,EM 算法能够通过给定的数据集找到潜在分布参数的极大似然估计。思想是利用可观测数据的条件期望来代替隐变量 Ω,在算法迭代的每一步,以封闭的形式或直接的方式获得更新的参数估计。EM 算法通常由两个基本的步骤通过反复迭代完成。首先,该算法关于隐变量计算对数似然函数的期望,通常称为 E - step;然后,对求过期望后的对数似然函数进行最大化,通常称为 M - step。上述两个步骤反复迭代进行,直到达到指定的收敛准则。

通过对算法的介绍可知,该算法隐含的一个假设是必须保证隐变量能够通过监测的退化数据来估计。假设 $\Gamma^{(k)} = [\mu_\beta^{(k)}, (\sigma_\beta^{(k)})^2, (\sigma^{(k)})^2]$ 表示在第 i 步基于退化数据 Y 对模型未知参数的估计值。如前所述,假设漂移参数 β_i 服从均值为 μ_β,方差为 σ_β^2 的正态分布。因此在已知 Y_i 和 $\Gamma^{(k)}$ 的条件下,β_i 的后验分布仍服从正态分布,令其均值为 $\mu_i^{(k)}$,标准差为 $\sigma_i^{(k)}$。从而 β_i 的后验分布可以很容易通过公式进行更新。

在已知 Y_i 和 $\Gamma^{(k)}$ 的条件下,根据 β_i 服从正态分布的性质,得

$$p(\beta_i \mid Y_i, \Gamma^{(k)}) = \frac{1}{\sqrt{2\pi(\sigma_i^{(k)})^2}}\exp\left[-\frac{(\beta_i - \mu_i^{(k)})^2}{2(\sigma_i^{(k)})^2}\right] \tag{7-48}$$

式中,

$$\mu_i^{(k)} = \frac{y_{im}(\sigma_\beta^{(k)})^2 + \mu_\beta^{(k)}(\sigma^{(k)})^2}{t_m(\sigma_\beta^{(k)})^2 + (\sigma^{(k)})^2} \tag{7-49}$$

$$\sigma_i^{(k)} = \left[\frac{(\sigma^{(k)})^2(\sigma_\beta^{(k)})^2}{t_m(\sigma_\beta^{(k)})^2 + (\sigma^{(k)})^2}\right]^{1/2} \tag{7-50}$$

因此,可以自适应的调整参数 $[\mu_i^{(k)}, (\sigma_i^{(k)})^2]$,通过迭代更新使得在降低不确定性的同时更接近新的漂移参数。下面给出利用 EM 算法来迭代求解模型未知参数的最大似然估计。已知退化数据 Y 和当前的参数估计值 $\Gamma^{(k)}$ 的情况下,EM 算法首先求得关于隐变量 Ω 的完全对数似然函数的期望,然后在 M - step 对 E - step 获得的期望进行最大化。

$$Q(\Gamma \mid Y, \Gamma^{(k)}) = -\frac{1}{2}\sum_{i=1}^{n}\left[(m+1)\ln 2\pi\right] + \sum_{j=1}^{m}\ln \Delta t_j + m\ln \sigma^2 + \ln \sigma_\beta^2 + \sum_{j=1}^{m}\frac{(\Delta y_{ij})^2 - 2\mu_i^{(k)}\Delta y_{ij}\Delta t_j + (\Delta t_j)^2\left[(\mu_i^{(k)})^2 + (\sigma_i^{(k)})^2\right]}{\sigma^2 \Delta t_j} + \frac{(\mu_i^{(k)})^2 + (\sigma_i^{(k)})^2 - 2\mu_i^{(k)}\mu_\beta + \mu_\beta^2}{\sigma_\beta^2} \tag{7-51}$$

令 $\dfrac{\partial Q(\Gamma \mid Y, \Gamma^{(k)})}{\partial \Gamma} = 0$，则可求得最新的参数估计值：

$$(\sigma_\beta^{(k+1)})^2 = \frac{1}{n}\sum\left[(\mu_i^{(k)})^2 + (\sigma_i^{(k)})^2 - 2\mu_i^{(k)}\mu_\beta^{(k+1)} + (\mu_\beta^{(k+1)})^2\right] \tag{7-52}$$

$$(\sigma^{(k+1)})^2 = \frac{1}{mn}\sum_{i=1}^{n}\sum_{j=1}^{m}\frac{(\Delta y_{ij})^2 - 2\mu_i^{(k)}\Delta y_{ij}\Delta t_j + (\Delta t_j)^2\left[(\mu_i^{(k)})^2 + (\sigma_i^{(k)})^2\right]}{\Delta t_j} \tag{7-53}$$

在上述 E－step 的计算过程中，能够求得模型参数值的解析解，且获得的是唯一最大点，也就是说，在 EM 算法的每一次迭代中，模型参数的更新都有解析表达式。上述步骤经过多次迭代后会产生一系列的估计值，获得真实参数值的一个好的近似。

7.4　基于数据驱动的民用飞机故障预测方法

在大多数的工业系统 PHM 应用中，特别是针对航空航天等复杂系统，建立复杂部件（或系统）的数学（或物理）模型十分困难。因此，部件或系统设计、仿真、运行和维护等各个阶段的测试、传感器历史数据就成为掌握系统性能下降的主要手段。基于数据驱动的故障预测方法是指通过分析输入、输出和状态参数之间的关系，并从大量的历史数据中学习输入与输出之间的映射关系，从而建立非线性、非针对特定对象的模型来预测故障演化趋势。数据驱动的故障预测技术基于先进的传感器技术采集和获取与系统属性有关的特征参数，并将这些特征参数和有用信息关联，借助智能算法和模型进行检测、分析和预测，给出目标系统的 RUL 分布、性能退化程度或任务失效的概率，从而为系统维护和保障提供决策信息。

7.4.1　基于时间序列的故障预测方法

时间序列是按时间次序排列的随机变量序列，根据时间序列所反映出来的发展过程、方向和趋势进行类推或外延,借以预测下一段时间的数值。时间序列预测法包括回归分析法、分解分析法、移动平均法、指数平滑法、自适应过滤法、ARMA模型等,比较如表7-4所示。

表7-4　各种时间序列分析方法比较

方　法	适 用 性	优 缺 点
回归分析法	要求积累了一定的数据,且序列与时间存在某种函数关系,序列没有跳跃式变化	计算简单,有统计软件工具支持,只是难以找到适用的预测模型
分解分析法	要求积累了较多的数据	可消除某些变动因素的影响,计算简单,有统计软件工具,只是对于信息量要求略高
移动平均法	要求积累了一定的数据,且序列没有周期性变化	能反映实践序列的趋势及其变化,且计算简单,当序列存在随机性,存在预测值滞后于实际值的问题
指数平滑法	要求积累了一定的数据	操作简单,适应性强,建立模型耗时长,有统计软件工具支持建模,但计算过程尚无软件支持
自适应过滤法	要求积累了一定的数据	简单易行,适用于数据点较少的情况,具有自适应性,能自动调整回归系数,但建立模型耗时长
ARMA模型	要求积累了一定的数据,要求序列本身必须是平稳的	模型较灵活,预测精度较高,计算过程复杂,但有统计软件工具支持

7.4.1.1　AR(p)模型

p阶自回归AR(p)结构为

$$x_t = \varphi_1 x_{t-1} + \varphi_2 x_{t-2} + \cdots + \varphi_p x_{t-p} + \varepsilon_t \tag{7-54}$$

式中, $E(\varepsilon_t)=0$; $\mathrm{var}(\varepsilon_t)=\sigma_\varepsilon^2$; $E(\varepsilon_t\varepsilon_s)=0$, 对任意 $s<t$, 存在 $E(\varepsilon_t\varepsilon_s)=0$。

模型满足两个条件: ① $\varphi_p=0$保证了模型最高阶为p;② $E(\varepsilon_t)=0$; $\mathrm{var}(\varepsilon_t)=\sigma_\varepsilon^2$; $E(\varepsilon_t\varepsilon_s)=0$, $s\neq t$, 要求随机干扰序列 ε_t 为零均值白噪声序列。

引入延迟算子B,使得

$$\begin{aligned} Bx_t &= x_{t-1} \\ B^m x_t &= x_{t-m} \end{aligned} \tag{7-55}$$

则AR(p)模型又可简记为

$$\Phi(B) = 1 - \phi_1 B - \phi_2 B^2 - \cdots - \phi_p B^p \tag{7-56}$$

称$\Phi(B)=0$为AR(p)模型的特征方程。特征方程的p个根$\lambda_i(i=1, 2, \cdots, p)$被称为AR($p$)的特征根。如果$p$个特征根全在单位圆以外,即$|\lambda_i|>1$, 则称该AR($p$)模型为平稳的AR模型,满足该模型的序列被称为平稳AR序列,为AR模型的平稳条件。

由于$\Phi(B)=0$是关于延迟算子B的多项式,因此,AR模型是否平稳取决于参

数 ϕ_1, ϕ_2, …, ϕ_p。

7.4.1.2　MA(q)模型

MA(q)模型记为

$$x_t = \varepsilon_t - \theta_1\varepsilon_{t-1} + \theta_2\varepsilon_{t-2} + \cdots + \theta_q\varepsilon_{t-q} \tag{7-57}$$

引入延迟因子,该模型又可记为

$$x_t = \Theta(B)\varepsilon_t \tag{7-58}$$

式中, $\Theta(B) = 1 - \theta_1 B - \theta_2 B^2 - \cdots - \theta_q B^q$ 称为 q 阶滑动平均系数多项式。

$\Phi(B) = 0$ 为模型 MA(q)的特征方程,特征方程的 q 个根 λ_k 为 MA(q)的特征根。如果 q 个特征根全部在单位圆外,则称满足 MA(q)的序列 x_t为可逆的 MA(q)序列。由于 $\Phi(B)=0$ 是关于延迟算子 B 的多项式,因此,AR 模型是否平稳取决于参数 θ_1, θ_2, …, θ_q。

7.4.1.3　ARMA(p, q)模型

ARMA(p, q)模型记为

$$\begin{aligned} x_t = \phi_1 x_{t-1} + \phi_2 x_{t-2} + \cdots + \phi_p x_{t-p} + \varepsilon_t \\ - \theta_1\varepsilon_{t-1} - \theta_2\varepsilon_{t-2} - \cdots - \theta_q\varepsilon_{t-q} \end{aligned} \tag{7-59}$$

引进延迟算子,ARMA(p, q)模型又可记为

$$\Phi(B)x_t = \Theta\varepsilon_t \tag{7-60}$$

式中, $\Phi(B) = 1 - \phi_1 B - \phi_2 B^2 - \cdots - \phi_p B^p$ 为 p 阶自回归系数多项式。$\Theta(B) = 1 - \theta_1 B - \theta_2 B^2 - \cdots - \theta_q B^q$ 称为 q 阶滑动平均系数多项式。

显然当 $q = 0$ 时,ARMA(p, q)模型退化为 AR(p)模型;当 $p = 0$ 时,ARMA(p, q)模型退化为 MA(q)模型,是 ARMA(p, q)模型的特例。ARMA 模型是否平稳,取决于参数 ϕ_1, ϕ_2, …, ϕ_p 和 θ_1, θ_2, …, θ_q。 由此可知:当 $\Phi(B)=0$ 特征根的模大于 1 时,称 ARMA(p, q)为平稳的自回归滑动平均模型;当 $\Theta(B)=0$ 特征根的模全大于 1 时,称 ARMA(p, q)为可逆的自回归滑动平均模型;当 $\Phi(B) = 0$ 与 $\Theta(B) = 0$ 特征根的模全大于 1 时,称 ARMA(p, q)为平稳可逆的自回归滑动平均模型。

7.4.1.4　模型定阶

AR(p)模型的自相关函数递推公式为

$$\rho_k = \phi_1\rho_{k-1} + \phi_2\rho_{k-2} + \cdots + \phi_p\rho_{k-p} \tag{7-61}$$

平稳 AR(p)模型的自相关函数有两个性质:一是拖尾性,即 ρ_k 始终有非零取值,不会在 k 大于某个常数之后就恒等于零;二是呈负指数衰减。

AR(p)模型中:

$$\begin{bmatrix}\rho_1\\ \rho_2\\ \vdots\\ \rho_p\end{bmatrix}=\begin{bmatrix}1 & \rho_1 & \cdots & \rho_{p-1}\\ \rho_1 & 1 & \cdots & \rho_{p-2}\\ \vdots & \vdots & \ddots & \vdots\\ \rho_{p-1} & \rho_{p-2} & \cdots & 1\end{bmatrix}\begin{bmatrix}\phi_1\\ \phi_2\\ \vdots\\ \phi_p\end{bmatrix} \tag{7-62}$$

$$\psi_{kj}=\begin{cases}\phi_j,\ j=1,\ 2,\ \cdots,\ p\\ 0,\ j=p+1,\ \cdots,\ k\end{cases} \tag{7-63}$$

可以证明平稳 AR(p)模型的偏自相关函数具有 p 步截尾性。所谓 p 步截尾是指 $\forall k>p$, $\psi_{kk}=0$。若一个序列的偏自相关函数 ψ_{kk} 是 p 步截尾的,则该序列满足 AR(p)模型。

时间序列的 m 步预报,是根据 $\{X_k,\ X_{k-1},\ X_{k-2},\ \cdots\}$ 的取值对未来 $k+m$ 时刻的随机变量 $X_{k+m}(m>0)$ 做出估计。估计量记为 $\hat{X}_k(m)$,它是 $X_1,\ X_2,\ X_3,\cdots$ 的线性组合。

预测基本公式为 $\hat{X}_k(m)=\sum_{i=1}^{p}\varphi_i\hat{X}_k(m-i)$, $m>p$, 且 $\hat{X}_k(m)=\hat{X}_{km}(k\leqslant m)$, 从而给出 AR($p$)序列的预测递推公式为

$$\hat{X}_k(1)=\varphi_1\hat{X}_k+\varphi_2\hat{X}_{k-1}+\cdots+\varphi_p\hat{X}_{k-p+1}$$

$$\vdots$$

$$\hat{X}_k(p)=\varphi_1\hat{X}_k(p-1)+\varphi_2\hat{X}_k(p-2)+\cdots+\varphi_{p-1}\hat{X}_k(1)+\varphi_p\hat{X}_k$$

$$\hat{X}_k(m)=\sum_{i=1}^{p}\varphi_i\hat{X}_k$$

定义预测向量 $\hat{\boldsymbol{X}}_k^{(q)}=[\hat{X}_k(1)\quad \hat{X}_k(2)\quad \cdots\quad \hat{X}_k(q)]^{\mathrm{T}}$, 需要的递推预测是求 $\hat{\boldsymbol{X}}_k^{(q)}$ 与 $\hat{\boldsymbol{X}}_{k-1}^{(q)}$ 的递推关系,对 MA(q)序列有

$$\begin{cases}\hat{X}_{k+1}(1)=\theta_1\hat{X}_k(1)+\theta_2\hat{X}_k(1)-\theta_1X_{k+1}\\ \hat{X}_{k+1}(2)=\theta_2\hat{X}_k(1)+\hat{X}_k(3)+\cdots+\theta_2\hat{X}_{k+1}\\ \qquad\vdots\\ \hat{X}_{k+1}(q-1)=\theta_{q-1}\hat{X}_k(q-1)+\hat{X}_k(q)-\theta_{q-1}X_{k+1}\\ \hat{X}_{k+1}(q)=\theta_{q-1}\hat{X}_k(1)-\theta_qX_{k+1}\end{cases}$$

递推初值可取 $X_{k_0}^{q}=0(k_0$ 较小),因为模型的可逆性保证了递推式的渐近稳定,即当 n 充分大后,初始误差的影响可以逐渐消失。

对于 ARMA($p,\ q$)序列, $\hat{X}_k(m)=\sum_{i=1}^{p}\varphi_i\hat{X}_k(m-i)$, $m>p$。ARMA($p,\ q$)具有

传递形式 $X_t = \sum_{i=0}^{\infty} G_i \varepsilon_{t-i}$。

令 $\varphi_j^{\ *} = \begin{cases} \varphi_j, j = 1, 2, \cdots, p \\ 0, j > p \end{cases}$，可证下列递推预测公式：

$$\hat{\boldsymbol{X}}_{k+1}^{(q)} = \begin{bmatrix} -G_1 & 1 & 0 & \cdots & 0 \\ -G_2 & 0 & 1 & \cdots & 0 \\ \vdots & \vdots & \vdots & \ddots & \vdots \\ -G_{q-1} & 0 & 0 & \cdots & 1 \\ -G_q + \varphi_q^{\ *} & \varphi_{q-1}^{\ *} & \varphi_{q-2}^{\ *} & \cdots & \varphi_1^{\ *} \end{bmatrix} \hat{\boldsymbol{X}}_k^{(q)} + \begin{bmatrix} G_1 \\ G_2 \\ \vdots \\ G_{q-1} \\ G_q \end{bmatrix} \boldsymbol{X}_{k+1} + \begin{bmatrix} 0 \\ 0 \\ \vdots \\ 0 \\ \sum_{i=q+1}^{p} \varphi_j^{\ *} X_{k+q+1-j} \end{bmatrix}$$

7.4.2　基于粒子滤波的故障预测方法

基于非线性随机滤波的寿命预测目前已成为一个研究分支，此类方法通过状态空间方程描述系统退化过程，具有一定的不确定性表达能力，适合于少量历史数据及在线的寿命预测。在统计滤波方法中，对于一个具有高斯噪声的线性/非线性时变系统，状态估计方法可简化为 KF/EKF。而当系统的数学模型非线性较强或噪声的统计特性不准确时，用 KF/EKF 对系统状态变量估计的性能则将大大下降，甚至会造成滤波发散等问题。粒子滤波（particle filter，PF）方法[48]基于蒙特卡罗的贝叶斯估计原理通过带权重的粒子集来逼近真实的后验概率分布，能够有效地解决非线性非高斯问题。PF 核心思想是：通过寻找一组在状态空间传播的随机样本对概率密度函数进行近似，以样本均值代替积分运算，从而获得状态的最小方差分布。这里的样本即指粒子，当样本数量 $N \to \infty$ 时可以逼近任何形式的概率密度分布。

7.4.2.1　粒子滤波基本原理

假设描述非线性动态系统的状态空间模型为

$$x_k = f_k(x_{k-1},\ v_{k-1}) \tag{7-64}$$

$$z_k = h_k(x_k,\ u_k) \tag{7-65}$$

式中，x_k 为系统在 k 时刻所处的状态；z_k 为 k 时刻的观测向量；f_k：$A'^{n_x} \times A'^{n_v} \to A'^{n_x}$ 为系统状态转移函数；h_k：$A'^{n_x} \times A'^{n_u} \to A'^{n_z}$ 为系统测量函数；v_k 和 u_k 为系统的过程噪声及观测噪声。

在 m 阶马尔可夫假设下，后验概率密度函数 $p(x_{0:k} \mid z_{1:k})$ 的递归更新公式推导过程如下：

$$p(x_{0:k} \mid z_{1:k}) = p(z_k \mid x_k)p(x_k \mid x_{k-m:k-1}, z_{1:k-1})p(x_{0:k-1} \mid z_{1:k-1}) \tag{7-66}$$

PF 的思想是构造一个基于样本的后验概率密度函数。使用 N 个粒子构成的集合 $\{x_{0:k}^i, w_k^i\}_{i=1,2,\cdots,n}$ 表示系统后验概率密度函数 $p(x_{0:k} \mid z_{1:k})$，其中 $\{x_{0:k}^i, i=0, 1, \cdots, N\}$，且满足 $\sum_i w_k^i = 1$。根据这一带权粒子集合，时刻 k 的后验概率密度可以近似表示为

$$p(x_{0:k} \mid z_{1:k}) \approx \sum_{i=1}^{N} w_k^i \delta(x_{0:k} - x_{0:k}^i) \tag{7-67}$$

根据这一近似，可以将复杂的积分运算转化为求和运算，例如，$g(x_{0:k})$ 的期望为

$$E[g(x_{0:k})] = \int g(x_{0:k})p(x_{0:k} \mid z_{1:k})\mathrm{d}x_{0:k} \tag{7-68}$$

其基于样本的近似求解公式为

$$E[g(x_{0:k})] = \sum_{i=1}^{N} w_k^i g(x_{0:k}^i) \tag{7-69}$$

在实际应用中，直接从后验概率分布中抽取有效的样本非常困难。因此，如何有效抽取后验分布的样本，是降低统计估计方差、提高 PF 滤波性能的关键。引入重要性采样方法(importance sampling method, ISM)可以提高采样的效率。在该方法中，采用一种重要性采样密度 $q(x_{0:k} \mid z_{1:k})$ 来抽取样本，这样就避免了直接从后验概率密度中抽取样本的困难。引入 $q(x_{0:k} \mid z_{1:k})$ 后，式(7－68)可以写为如下形式：

$$\begin{aligned} E[g(x_{0:k})] &= \int g(x_{0:k})p(x_{0:k} \mid z_{1:k})\mathrm{d}x_{0:k} \\ &= E_{q(\cdot)}[g(x_{0:k})w^*(x_{0:k})] \end{aligned} \tag{7-70}$$

式中，$w^*(x_{0:k}) = \dfrac{p(x_{0:k} \mid z_{1:k})}{q(x_{0:k} \mid z_{1:k})}$。从重要性采样密度独立抽取 N 个样本粒子 $\{x_{0:k}^i, i=0, 1, \cdots, N\}$，可得出如下近似式：

$$E[g(x_{0:k})] = \sum_{i=1}^{N} g(x_{0:k}^i)\bar{w}_k^i \tag{7-71}$$

式中，$\bar{w}_k^i$ 为归一化权值，$\bar{w}_k^{(i)} = w_k^i / \sum_j w_k^i$，$w_k^i$ 计算根据如下公式：

$$w_k^i = w(x_{0:k}^i) \propto \frac{p(x_{0:k}^i \mid z_{1:k})}{q(x_{0:k}^i \mid z_{1:k})} \tag{7-72}$$

在时刻 $k-1$，如果已经得到该时刻后验概率密度 $p(x_{0:k-1} \mid z_{1:k-1})$ 近似表示的粒子集合，下一步就是用一个新的粒子集合来近似表示 k 时刻的后验密度 $p(x_{0:k} \mid z_{1:k})$。

为了得到一种递归的计算方法，可以将重要密度函数分解为以下形式：

$$q(x_{0:k} \mid z_{1:k}) = q(x_k \mid x_{0:k-1}, z_{1:k})q(x_{0:k-1} \mid z_{1:k-1}) \tag{7-73}$$

然后通过将从重要性采样密度中获得的新粒子 $x_k^i \sim q(x_{0:k} \mid x_{0:k-1}, z_{1:k})$ 加入已知的粒子集合 $x_{0:k-1}^i \sim q(x_{0:k-1} \mid x_{0:k-1}, z_{0:k-1})$ 中，得到新的粒子集合 $x_{0:k}^i \sim q(x_{0:k} \mid z_{1:k})$。

根据 m 阶马尔可夫假设，式(7－73)可写为如下形式：

$$q(x_{0:k} \mid z_{1:k}) = q(x_k \mid x_{k-mk-1}, z_k)q(x_{0:k-1} \mid z_{1:k-1}) \tag{7-74}$$

将式(7－66)和式(7－74)代入式(7－72)，得

$$w_k^i = w_{k-1}^i \frac{p(z_k \mid x_k^i)p(x_k^i \mid x_{k-mk-1}^i)}{q(x_k^i \mid x_{k-mk-1}^i, z_k)} \tag{7-75}$$

式中，$p(z_k \mid x_k^i)$ 为似然函数；$p(x_k^i \mid x_{k-mk-1}^i)$ 为概率转移密度函数；$q(x_k^i \mid x_{k-mk-1}, z_k)$ 为重要性采样密度。由此式可知，选择合适的重要性采样密度 $q(\cdot)$，可以递归计算更新粒子的权值。后验滤波密度 $p(x_{k-m+1:k} \mid z_{1:k})$ 可以近似为

$$p(x_{k-m+1:k} \mid z_{1:k}) \approx \sum_{i=1}^{N} w_k^i \delta(x_{k-m+1:k} - x_{k-m+1:k}^i) \tag{7-76}$$

7.4.2.2　重要性采样密度设计

基本 PF 普遍存在的问题是退化现象。由于粒子权值的方差随着时间递增，因此，退化现象是不可避免的。经过若干次迭代以后，除极少数粒子外，其他粒子的权值小到可以忽略不计的程度。退化意味着如果继续迭代下去，不仅造成了资源的浪费，也影响了最终的估计结果。为了减少退化现象的影响，可以采取两种措施：一是引入有效采样数量，二是使用重采样方法。重采样方法就是把那些权值较小的粒子舍弃，而将权值较大的粒子进行繁殖，产生多个等权值的粒子。选择好的重要性采样密度也可以减少退化现象的影响。

研究证明，最优的重要性采样密度函数为 $p(x_k \mid x_{0:k-1}, z_{1:k})$。但是，这种最优的重要性采样密度很难实现。通常有 3 种类型的次优重要性采样密度设计方法。第 1 种是采用一些优化算法来寻找未规范化的最优采样密度的模式并拟合过

度分散的学生 t -分布(student's t-distribution),从而达到模仿最优采样行为的目的;第 2 种方法是采用经典的非线性滤波算法来构造重要性采样密度函数,这种设计方法已经得到广泛的关注和应用;第 3 种设计方法是经典的 Auxiliary PF(APF),算法的本质是构造一种数据驱动的重要性采样密度 $p(x_k,\ l \mid z_{1:k}) \propto p(x_k \mid x_k) f(x_k \mid x_{k-1}^l) w^l$,其中 l 为粒子的索引。APF 算法能够与 EKF、UKF 等算法结合,从而构造出更为高效的粒子滤波算法。

7.4.2.3　重采样方法

重采样方法思想就是淘汰权值小的粒子,保留并克隆大权值的粒子。在粒子滤波算法框架中引入重采样方法可以有效降低退化现象的影响。经过重采样步骤之后,所得到的粒子集合中每个粒子的权值大小相等,均为 $1/N$。传统的常用重采样算法有:多项式重采样、分层重采样、系统重采样、残差重采样等。在计算复杂性方面,多项式、分层、系统重采样算法都是 $O(N)$,而残差重采样算法的计算复杂度比较难确定。如果从重采样的性能和计算复杂度两个方面来考虑,分层与系统重采样算法要优于多项式重采样算法,但基于传统重采样方法的粒子滤波算法不可避免地增加了算法的时间耗费。

由于重采样方法对权值较大的粒子进行复制,而舍弃权值较小的粒子,这就使得某些高权值的粒子可能会被采样多次。在极端情况下,经过若干次迭代,所有的采样操作都围绕一个高权值的粒子进行。解决该问题的方法之一是为每个粒子引入马尔可夫链蒙特卡罗方法(MCMC)移动步骤,其基本思想是:如果粒子服从后验分布,那么使用马尔可夫链的传递函数 $\kappa(g)$ 传递粒子,只要马尔可夫链的稳态分布是后验分布,传递之后得到的粒子仍然服从后验分布。这种解决方法是在重采样完成之后进行 MCMC 移动步骤,很明显增加了算法的计算时间,限制了该方法的推广应用。许多学者针对样本匮乏现象进行了深入的研究,并提出了抑制该现象的方法如灵敏重采样算法、确定性重采样方法等。

7.4.3　基于神经网络的故障预测方法

人工神经网络是由多个神经元连接而成的、用以模拟人脑行为的网络系统,具有自组织、自学习能力,是一种与传统计算方法不同的信息处理工具,它能通过学习获得合适的参数,用来映射任意复杂的非线性关系。因此,可以利用人工神经网络的学习功能,用大量样本进行训练,调整各隐含层的权值和阈值,然后将数据输入即可,利用训练好的神经网络进行预测。神经网络用于预测有以下优点:① 不需要建立反映系统物理规律的数学模型;② 比其他方法更能容忍噪声;③ 具有极强的非线性映射能力,能以任意精度逼近任意一个连续函数。

7.4.3.1　神经网络的预测过程

神经网络实现故障预测的功能有两种方式,第一种是将神经网络看作函数逼近器,对机载传感器监测、飞行状态、航后维修数据进行特征提取融合后用于训练;第二种是考虑输入输出之间的动态关系,用带反馈连接的动态神经网络对参数建立动态模型进行故障预测。

下面给出图 7-3 所示的简单三层前向神经网络的预测过程。为了测试预测性能,将总样本数据分为 3 个部分,分别是训练样本、测试样本和分析样本,三个样本的比例没有固定的值,但训练样本过少可能会导致神经网络欠拟合,因此一般取 50%以上的样本作为训练样本。每个样本均包含了输入值和输出值。对于预测问题,输入样本一般应是按时间序列排序的,即输入样本值是民用飞机循环次数、飞行小时、起落次数的排列。

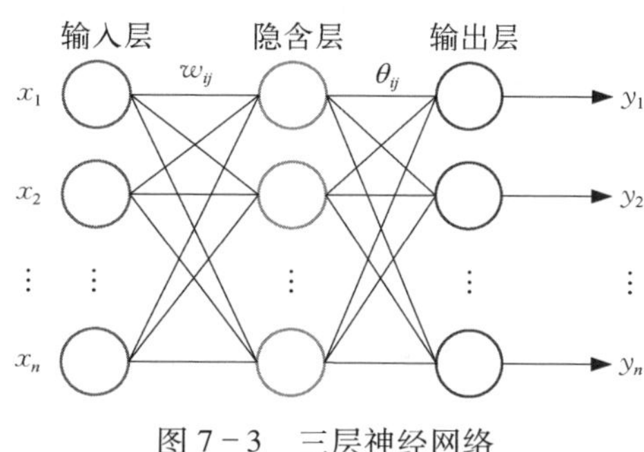

图 7-3　三层神经网络

神经网络的输入层列向量为民用飞机系统的状态监测数据构成的列向量,并经过一定的预处理,如降噪、归一化等。神经网络的中间层也叫隐含层,隐含层可以是一层,也可以根据数据量的大小、参数的多少选择多层。隐含层有若干隐节点,每个节点通过权值与输入层和输出层连接。隐含层的传递函数选取非常重要,通常 Sigmoid 函数等作为传递函数完成输入到输出的非线性映射。神经网络的输出层通过神经元输出与阈值进行比较,确定预测结果。输出层节点数 m 为预测的总参数。

利用神经网络进行故障预测的基本步骤如下: ① 预处理: 以机载传感器监测数据、飞行指示状态数据、航后维修数据作为原始数据集,对原始数据进行预处理,如去噪、归一化等;② 训练: 利用经过预处理后得到的规则化的性能监测数据训练,确定好隐含层的层数、节点数、学习因子、惩罚因子等网络参数,设定误差限直至训练精度在给定的误差范围内;③ 测试: 用测试样本作为网络输入,测试已训练好的 NN,判断误差是否在可接受范围内;④ 预测: 用已经训练好的神经网络对分析样本进行测试,解决故障预测的实际问题。

7.4.3.2　*神经网络模型介绍*

目前,实际应用于民用飞机故障预测的神经网络类型有很多,下面分别简单介绍几种常用的神经网络。

1) BP 神经网络

BP 神经网络是一种比较成熟的网络,它利用误差反向传播算法,实现从输入到输出之间的任何复杂的非线性映射函数关系。BP 神经网络存在容易陷入局部极小点和收敛速度较慢的问题;另外,隐含层的数目、节点数目、学习率等参数选择没有明确的指导规则,人为因素的影响较大,缺乏规则指导。实际应用往往通过对传统的 BP 网络进行改进来解决问题。

（1）网络结构的改进。网络结构的确定，关键是隐含层节点数的确定，常用的方法是根据经验公式来确定隐含层神经元的个数或利用区间探测法等。

（2）梯度下降法的改进。BP 网络的基本算法是利用最速梯度下降法来修改权值，缺点是收敛速度较慢，否则容易陷入局部极值。改进的方法包括加入动量项、改进激活函数等方式。

（3）组合其他算法。把神经网络作为“组合器”，与传统的非线性组合预报相比，神经网络组合预报模型在提高预报精度的同时不需对模型结构作限制，优势突出。

2）RBF 神经网络

径向基网络隐层节点由像高斯函数那样的辐射状作用函数构成，输出层通常是简单的线性函数。隐含层节点的作用函数对输入信号将在局部产生响应，当输入信号靠近基函数的中央范围时，隐含层节点将产生较大的输出，从而实现从非线性输入空间向输出空间映射的目的。在神经网络的学习过程中，可以采用不同的学习算法。

RBF 网络具有唯一最佳逼近的特性。RBF 网络的训练速度较快，且没有局部极小点，是该网络最突出的优点。但如何选择合适的径向基函数、含隐含层的径向基函数的中心难以求解，这些是需要解决的难题。当前，用计算机选择、设计、再检验是一种通用的手段。利用一些算法优化隐含层也是一种改进方法。另外广义的 RBF 网络对隐含层也有一定的改进。

在广义 RBF 网络中，采用 N－M－L 结构，N 个输入节点，M 个隐含层节点，L 个输出层节点。在训练过程中从 0 个神经元开始训练，通过检查输出的误差使神经网络自动增加神经元。每次循环使用，使网络产生的最大误差所对应的输入矢量为权值矢量，产生一个新的隐含层神经元，然后检验网络的误差，重复此过程，直到达到误差要求或最大隐含层神经元数为止。广义的 RBF 网络与正规化 RBF 网络相比：① 径向基函数的个数 M 与样本数 P 不相等，M 远小于 P；② 径向基函数的中心不再限制在数据点上，而是由训练算法确定；③ 各径向基函数的基宽度 σ 也由训练算法确定。

3）小波神经网络（wavelet neural network，WNN）

小波变换自 20 世纪 80 年代提出以来，相关理论和应用都取得了巨大的发展，小波分析的出现更为数值分析取得了突破性进展。小波变换具有时频域局部特性和变焦特性，而神经网络具有自学习、自适应、鲁棒性、容错性和推广能力。WNN 是将小波分析和神经网络进行了有效地结合。WNN 分为：松散型结合和紧密型结合。

（1）松散型结合。小波分析作为神经网络的前置处理手段，为神经网络提供输入本征矢量,信号经小波变换后,再输入常规神经网络以完成分类、函数逼近功能。

(2) 紧密型结合。小波和神经网络直接融合,由小波函数和尺度函数作为神经元,这种方式是目前WNN研究中大量采用的结构形式。它将常规神经网络的隐含层函数用小波函数来替代,相应的输入层到隐含层的权值、隐含层阈值分别由小波函数的尺度和平移参数所代替。根据小波基函数和学习参数的不同,WNN又可以分为以下三种形式:连续型小波网络、框架小波网络、多分辨率小波网络。

总之,WNN很好地结合了两者的优势,使得网络具有更好的收敛性,更稳定的泛化能力。另外,还有其他一些新的改进的神经网络方法及其他一些理论,如粗糙集理论等结合的方法,都在一定程度上改善了单一的神经网络进行预测的缺陷,提高了预测的效率。

第 8 章　民用飞机健康状态评估技术

健康评估是指根据系统的监测信息评估系统的健康退化情况，给出带有置信度水平的系统故障诊断结论，并结合系统的健康历史信息、运行状态和运作负载特性，预报系统未来的健康状态。其中预报是健康评估的功能之一，它不同于预测但是可以驱动预测算法，是预测算法的输入之一。从故障诊断角度建立的民用飞机复杂系统诊断推理模型，侧重于溯源对象系统故障根源，找出诱发故障的原因，而健康评估是故障诊断的进一步发展。

随着对机载系统安全性和可靠性要求的进一步提高，为了解决全寿命周期高任务成功率，根据系统过去和现在故障状态，评估健康状况或性能退化趋势的需求，健康评估作为单纯故障诊断的系统性延伸，以其先进的状态监测手段、可靠的评价方法和完整的运行数据扩展了故障诊断的功能，能够根据故障传播特性，评估系统未来的健康趋势，并驱动预测算法，预报系统未来的健康状态。

8.1　民用飞机健康评估基本概念

8.1.1　健康状态评估定义

随着航空技术的快速发展，飞机各方面功能得到了不断完善和强化，同时也急剧增加了飞机机电系统本身的复杂程度，导致系统的非线性、变量间的关联性及故障的关联性都在不断地增强，这都为系统的健康评估与故障预示的发展带来了巨大挑战。为保证航空发动机安全可靠运行，降低维修保障费用，以美国为首的西方国家提出了 EHM[49-50] 新技术。EHM 通过不断监测影响发动机安全性能的功能故障，并采取措施恢复其运作功能，确保其可靠性。健康评估是其关键技术之一,关系着 EHM 的成败。

民用飞机健康监测及健康管理通过各种先进手段获取监测数据、历史数据,并利用各种先进的故障诊断算法挖掘这些数据所反映的系统健康状态信息及其变化趋势,依据评估算法对飞机各个系统的健康状态进行评估及管理。为了弥补单独对机载系统进行监控的做法无法从整体上对飞机的健康状态进行缺陷地把握,因此有必要对飞机进行一个整机的健康状态评估,给出飞机整机的健康状况,为航空公司安排飞机运营、合理安排计划维修提供决策支持。

目前,各国在健康状态评估方法和应用方面开展了大量的研究。美国自 1970 年以来,对健康状态评估的研究已经取得了较大的进展,在 IVHM 领域应用最成功的是基于模型的诊断推理技术,其研究成果已经成功应用 B777、B787、A350/380、JSF 联合攻击战斗机,由于整机级诊断推理模型算法设计复杂带来巨大的挑战,在工程应用领域目前只有 NASA、Boeing、Honeywell、Airbus、Lockheed Martin、BAE Systems 等少数厂商领先[51-52]。B787 和 B787 CMS 采用的都是霍尼韦尔的基于模型的专利诊断技术,消除了故障耦合和故障级联效应,确保了与驾驶舱效应的正确关联。

一般地,可以从飞机系统结构、功能、行为、故障和运作这五方面要素来建立系统健康评估推理模型,具体如下:① 系统行为指系统外在表征,是从外部可探知的一切系统变化。当系统发生故障,就会从系统行为特征表现出来,系统发生不同故障,则行为变化也不相同。② 系统运作指系统运作外部环境、运转强度及运作时间或周期次数等。系统运作信息属于产品顶层信息,这类信息对系统状态的影响是健康评估所特有的,传统分立部件或子系统 BIT 诊断不具备这一能力。③ 从系统结构角度构建推理模型目的为:复杂系统的结构关联性强,因此依据系统内部关联关系构建模型,可达到融合多方信息以溯源故障来源的目的;由于健康评估不仅评估当前系统状况,而且当系统某部件故障发生后,依据故障传播特性评估由当前故障而引发的二次故障发生部件。④ 系统故障发生后,其直接影响导致系统功能无法实现,但与系统行为表征不同,当系统部件发生故障后,系统外部行为表征马上就会体现出来,而系统功能可能会有一定滞后性,在系统故障发生之后经过长短不同时间才反映出来。⑤ 从系统故障角度建模是构建健康评估推理模型最重要的方面。通过系统故障将系统结构、行为、运作和功能联系起来。故障皆为系统组成单元故障,由于组成单元之间的关联造成故障在系统内传播,以此为基础构建跨部件、子系统和系统的故障传播模型;系统运作情况也将直接影响系统发生故障的概率与可能性,这些信息提高了故障诊断准确性;故障与功能映射关系描述了故障对功能的影响。

8.1.2　健康评估功能架构

2001 年由 Boeing、GE、Honeywell、Rockwell 等联合制定的 CBM 开发系统结构

(open system architecture for CBM, OSA－CBM)[53]，在民用飞机维修领域，波音公司的AHM系统及空客公司的AIRMAN系统都是基于CBM思想研发的。GE航空集团更是推崇以OSA－CBM为标准建立飞行器IVHM，通过此架构为客户提供全面的维修解决方案。我国民用飞机PHM系统将会采用国际上主流的IVHM体系结构参考模型，逻辑层次分为数据获取(data acquisition, DA)层、数据处理(data manipulation, DM)层、状态监测(condition monitoring, CM)层、健康评估(health assessment, HA)层、故障预测(prognostics)层、决策支持(decision support, DS)层和表示层共7个层次。目前在国际上已经形成了标准规范，针对CBM方式网络化维护系统的建设所提出的框架标准。OSA－CBM标准的目的在于提供一种全球厂家共享的技术规范以促进CBM策略在各行业的推广和发展。

PHM系统中HA健康状态评估模块组成结构如图8－1所示，主要用于对监测系统、子系统、组成部件的性能衰退进行评估，确定部件、系统及整机的当前健康状况及诊断存在的故障状态[54]。

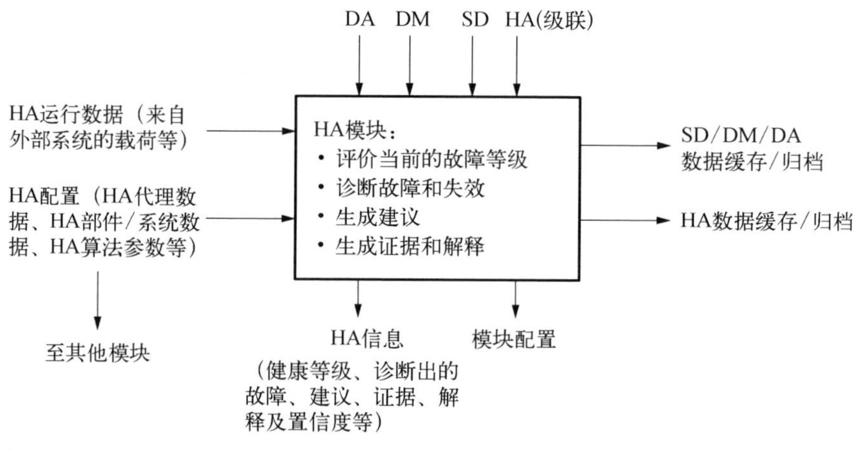

图8－1　HA健康状态评估模块

具体到民用飞机健康状态评估实现层面，健康状态评估的对象是单架飞机，它通过获取飞机的警告信息、故障信息、飞机/发动机状态参数数据等信息，经过健康管理地面分析系统的处理，以判定或预报本架飞机的健康状态。从组成内容上来说，单机健康状态评估的研究对象主要包括机载系统及其部附件、发动机和飞机结构。机载系统及其部附件是飞机整机的主要组成部分，其健康状况也成为影响单架飞机健康状态的重要因素。

8.1.3　健康评估方法

为了在机载系统实施有效的PHM策略，需要集成不同的诊断、健康评估和预

测方法,现有的健康评估模型一般分为基于机制的模型和基于统计的模型:

(1) 基于机制的模型建立在对机载系统损伤机制理解的基础上,通过机制分析确定反映机载系统退化的性能指标,然后建立状态数据与机载系统退化之间的关系,实现对机载系统的健康评估。这种模型在不需要大量失效数据的情况下,实现较好的预测精度。但是,由于实际使用中不同机载系统之间的损伤模式存在的差异,即使是同一机载系统也具有不同的损伤模式,且机载系统退化一般表现出很强的随机性,因此很难建立准确的退化模型。

(2) 基于统计的模型一般直接寻求建立状态监测数据与机载系统退化程度之间的模型。但这种模型需要大量的状态数据,且主要反映的是机载系统总体可靠度的变化趋势。因此,该类模型适合于基地级的维修保障模式,用于实现机载系统全寿命周期的可靠度辅助评估。时间的延长,机载系统的健康状况和使用安全性越来越成为使用与维护者关注的重点。

层次分析法(analytic hierarchy process,AHP)[55]是一种符合人类对复杂问题思维层次化定性与定量相结合的分析方法。民用飞机典型机电系统的健康评估工作,需要运用系统工程理论的综合评估法。AHP是一种灵活、简便的多目标、多准则的决策分析方法。根据问题的性质和总目标,将问题分解为不同的组成因素,并按照因素间的相互影响及隶属关系,将各因素按不同层次组合,建立递阶层次结构模型。最终把系统分析归结为最低层相对于最高层的相对重要性权值的确定或相对优劣的排序问题,从而为决策方案的选择提供依据。

故障树分析(fault tree analysis,FTA)[56]是大型复杂系统可靠性、安全性分析和风险评价的一种经典方法。FTA可以围绕一个或一些特定的状态逐层进行分析,得到每一个层次故障的重要度,而且其故障图清晰地表达了故障事件的内在联系及单元故障和系统故障之间的关系。FTA也存在一些不足:一是对连续变量、动态过程的描述和分析能力较差;二是对工程经验、专家判断等不确定性关系的描述能力较差。

Petri网(Petri net,PN)[57]是一种主要描述和分析离散事件动态系统的图形工具和信息流模型,也是一种图形化的数学建模与分析工具。它具有强有力的模拟能力和描述与分析现象的独特优势。PN模型最大的优点在于其灵活性,但是在健康评估定性分析方面比较困难,而且建立在可达图基础上的各种定性定量分析技术,在解决大型复杂系统健康评估分析问题的计算效率难以保证。此外,系统健康评估模型Petri网模型一般较难验证。

在复杂系统建模中,灰色系统[58]理论占有很重要的地位。它是由我国著名学者邓聚龙先生创立的。灰色系统理论重点研究“小子样”“贫信息”不确定性系统问题。邓聚龙教授通过对部分已知信息的生成、开发寻求系统运行行为和演化规律。其突出特点是“少数据建模”,关键在于通过对原始“小子样”“贫信息”做适当的数据处理，改善其数据的建模条件，并在模型中引入反映不确定性因素的变量，使模型更加接近实际系统的运行行为和演化规律。灰色系统建模为五步建模过程，即思想开发、因素分析、量化、动态化和优化五个过程。

马尔可夫过程[59]是实际工程中最有研究意义及应用价值的一类随机过程，是由俄罗斯科学家马尔可夫研究得到的，是实际应用中最重要的随机过程，在复杂随机过程建模中具有特殊的意义和作用。马尔可夫模型是非参数模型，该模型由试验数据直接得到。因此，其最大特点就是从系统试验中建立随机近似模型。建模中，模型结构和参数的选取与算法研制是至关重要的，它主要决定于先验知识、实验数据和对模型的精度要求。

贝叶斯网络(Bayesian networks)[60]是一种基于概率论和图论的不确定知识表示模型，在不确定知识和图模型表示推理中变现出卓越的性能。一方面，它可以将人类所拥有的因果知识直接用有向图自然直观地表示出来；另一方面，也可以将统计数据以条件概率的形式融入模型中。其已经在二态和多态系统、连续状态系统、具有时序关系的系统及软件和人的可靠性建模与分析中得到应用。

8.2 基于贝叶斯网络的民用飞机健康状态评估模型

8.2.1 民用飞机健康评估建模问题

(1) 多工况过程的健康评估建模问题。在飞机各系统运行过程中，由于部组件的更新、外部环境的变化、操作点漂移等因素引起的工况变化是不可避免的，而建模时的训练数据有时不能覆盖所有的工况，这样基于某一种工况建立的健康评估模型经过一段时间运行后，常常会因为工况的变化而使得估计性能下降，从而使健康评估的可靠度降低。针对工况频繁变化，有必要研究变模型的估计和预测问题。根据不同工况，分别建立多个局部子模型，把输入空间划分成不同的子空间，对于每个子空间建立各自的预估模型。

(2) 非线性系统的健康评估建模问题。民用航空发动机、飞行控制系统、航电系统等在运行过程的数据通常是高度非线性的，用统计回归方法可抽取过程的有用信息，消除冗余信息。但其本质是线性回归，处理非线性系统建模问题时往往精度不够。

(3) 小子样数据的健康评估建模问题。目前关于健康评估的研究绝大多数都是基于大量数据的稳态建模，由于民用航空发动机部组件受实验时间、费用高昂等的限制，不可能做到所有的部组件、元件都失效，监测数据主要是一定工作时间段内得到的，具有人为中止的属性。当不完全数据中失效数据贫乏时，预测模型在评估健康程度和预测使用寿命的精度就会降低，且寿命分散性的估计误差也较大。

8.2.2 基于贝叶斯网络的健康评估建模

根据上述问题的描述,可知民用飞机典型系统的健康评估是故障诊断和故障预测的重要组成部分。影响民用飞机健康评估效果的主要有系统结构、系统功能、运行工况及故障模式,因此有必要构建相关模型,进而全面、精确、有效地评估系统的健康状况。

设某民用飞机系统部组件集合为 $U = \{u_1, u_2, \cdots, u_n\}$;系统功能集为 $G = \{g_1, g_2, \cdots, g_n\}$;故障模式集合为 $F = \{f_1, f_2, \cdots, f_n\}$;系统可观测征兆集合为 $Z = \{z_1, z_2, \cdots, z_n\}$;系统运行信息集合为 $X = \{x_1, x_2, \cdots, x_n\}$,满足 $1 \leqslant i \leqslant n$。

1)系统结构模型

部组件间映射关系集合为 $E_{vv} = \{uu_1, \cdots, uu_i, \cdots, uu_n\}$,其中 $uu_i = \{u_m, u_n\}$ 表示部组件 u_m 和 u_n 的关联关系,u_m、$u_n \in U$;系统部组件与故障模式映射关系集合为 $E_{UF} = \{uf_1, \cdots, uf_i, \cdots, uf_n\}$,其中,$uf_i = (u_m, f_n)$ 表示部组件 u_m 与故障模式 f_n 之间从属关系,$u_m \in U, f_n \in F$。则系统结构模型定义为 $M_A \equiv U \cup E_{vv} \cup E_{UF}$。

2)系统功能模型

系统功能与故障模式映射关系集合 $E_{GF} = \{gf_1, \cdots, gf_i, \cdots, gf_n\}$,$gf_i = (g_m, f_n)$ 代表系统功能 g_m 与故障模式 f_n 之间的影响关系,$g_m \in G, f_n \in F$。则系统功能模型定义为 $M_S \equiv G \cup E_{GF}$。

3)系统征兆模型

系统可观测征兆与故障模式映射关系集合为 $E_{ZF} = \{zf_1, \cdots, zf_i, \cdots, zf_n\}$,其中 $zf_i = (z_m, f_n)$ 表示系统征兆 z_m 与故障 f_n 之间的映射关系,$z_m \in Z, f_n \in F$。则系统征兆模型定义为 $M_Z \equiv Z \cup E_{ZF}$。

4)系统运行模型

系统运行信息与故障模式映射集合 $E_{XF} = \{xf_1, \cdots, xf_i, \cdots, xf_n\}$,其中 $xf_i = (x_m, f_n)$ 表示系统行为表征 x_m 与故障 f_n 之间映射关系。则系统运行模型定义为 $M_M \equiv X \cup E_{XF}$。

5)系统故障模型

故障模式为组件节点属性,系统故障模型可定义为 $M_F \equiv Z \cup F \cup X \cup E_{ZF} \cup E_{XF}$。

6)系统健康评估模型

系统健康评估模型为五元组:$M_{HEM} \equiv (M_A, M_S, M_C, M_M, M_F)$,该模型的确立可有效完成系统的健康评估。

根据建立模型的约束条件,增加了表示“与”“或”的逻辑节点集合 J 和表示模型切换的开关节点集合 M;得到了健康评估模型为 $M_{BHEM} = (U, F, G, Z, X, J, M, E_{UU}, E_{UF}, E_{GF}, E_{ZF}, E_{XF}, P)$,其中,$U$ 为部组件节点集合;F 为故障模式集合;G 为功能集合: Z 为可观测征兆节点集合;X 为运行影响节点集合;J 为逻辑节点集合;M 为开关节点集合;P 为条件概率分布集合;E_{UU}、E_{UF}、E_{ZF}、E_{XF}、E_{GF} 为有向弧集合。将获得的系统测试数据及运行信息注入 M_{BHEM} 模型,通过概率推理获得各部组件各状态的后验概率及系统功能状态的后验概率。

8.3 基于灰色关联度及层次分析法的民用飞机健康评估方法

8.3.1 灰色关联基本原理

灰色关联分析法是灰色系统理论中一个用来定量分析两种因素之间关系的数学方法[61]。它通过对相关因素数据之间曲线形状走向分析,对数据经过指定算法计算出因素之间的灰色关联度。灰色关联度越大表示因素之间的关联程度越大。灰色关联分析的基本步骤如下。

令 X 为因素总集,包括需要考虑因素的所有数据。$X_0 \in X$ 为参考序列, $X_i \in X$ 为比较序列, $X_0(k)$、$X_i(k)$ 分别为 X_0 与 X_i 的第 k 点的数。

步骤 1: 确定参考序列 $X_0 = \{X_0(k)\}$ 参考序列元素 $X_0(k)$ 由系统 X 中各个单元属性中最优值构成,它的取值取决于所要研究的具体问题。

步骤 2: 确定比较序列 $X_i = \{X_i(k)\}$ 比较序列 X_i 是系统 X 中的第 i 个参评单元,计算关联系数:

$$\xi_{0i}(k) = \frac{\min_k \min_i \Delta_{0i}(k) + \max_k \max_i \Delta_{0i}(k)}{\Delta_{0i}(k) + \rho \cdot \max_k \max_i \Delta_{0i}(k)} \tag{8-1}$$

式中, $\Delta_{0i}(k) = |X_0(k) - X_i(k)|$ 是比较序列 X_i 与参考序列 X_0 在第 k 个指标属性上的绝对差值; ρ 为分辨系数, $0 \leqslant \rho \leqslant 1$, 一般采用 $\rho = 0.5$。

步骤 3: 计算关联度 R_{0i} 由步骤 2 得到每个参评单元对比序列的关联系数后,为了表示出比较序列 X_i 与参考序列 X_0 的关联程度,定义灰色关联度 R_{0i} 如下:

$$R_{0i} = \frac{1}{n}\sum_{k=1}^{n} \xi_{0i}(k),\ i = \theta_1 \tag{8-2}$$

步骤 4: 对得到的比较序列的关联度 R_{0i} 大小进行排序。

8.3.2 层次分析法基本原理

AHP 是一种将与决策相关的因素划分为各个层次,具体划分为目标、准则、方案等层次,并对这些层次利用数学方法进行定量数据分析的决策方法[62],其步骤: ① 分析各个因素分属的层次,构造出层次模型,层次可分为: 最高层、中间层和最底层。② 根据系统中各个因素之间的关系,对相同层次各个指标对于上一层次中某一准则的重要性进行两两比较,以此可以构造出两两比较的判断矩阵。③ 由上面得到的判断矩阵可以计算下一层中的各个指标对于上一层的相对权重,对判断矩阵进行一致性检验,不符合一致性检验的需要调整判断矩阵直到达到要求。④ 最后得到最底层中各方案对最高层的合成权重,并进行整体一致性检验[63]。

在工程实际运用中,AHP 在确定权重方面具有简单易行、容易操作的优点,但也存在受主观因素影响较大,求权重结果与实际结果相差较大的问题。传统方法第一步为分析系统中各因素的关系,构造两两比较判断矩阵。其中问题在于,判断矩阵依靠专家打分的方法得出,本身具有主观性。而且求出的发动机各个系统相对于发动机健康状态的权重结果固定下来,并未考虑不同发动机由于使用情况不同,系统的权重也会随之变化的实际情况。

针对 AHP 的缺点,文献[64]提出了一种改进方法,思路为: 将发动机参数与基线值的偏差值作为判断系统重要性的依据,构造出判断矩阵,然后再对判断矩阵求解,进一步求出方案层对目标层的权重。此种方法,根据对实际数据的分析,确定各个层次对上一层的判断矩阵,从而避免了受主观因素的影响,在工程实际运用中也有很好的参考价值。

8.3.3　基于灰色关联分析及层次分析法的航空发动机健康评估模型

选择航空发动机排气尾温 EGT、低压转子转速 N1、高压转子转速 N2、发动机增压比 EPR、燃油流量 WF、低压转子振动值 AVML、高压转子振动值 AVMH、滑油温度 T、滑油压力 p、滑油量 Q 这 10 个参数表征航空发动机的健康状态。下面建立航空发动机状态评估体系从气路系统性能、振动参数和滑油系统进行综合评价。航空发动机健康评价体系具体步骤如下。

步骤 1: 构造评价矩阵 $\boldsymbol{V}$, 矩阵有 m 个参评对象,每个对象由 n 个评价指标组成:

$$\boldsymbol{V}=\begin{bmatrix} v_{11} & v_{12} & \cdots & v_{1n} \\ v_{21} & v_{22} & \cdots & v_{2n} \\ \vdots & \vdots & \ddots & \vdots \\ v_{m1} & v_{m2} & \cdots & v_{mn} \end{bmatrix} \tag{8-3}$$

步骤 2: 确定参考序列 $X_0=\{X_0(k)\}$, 选取各个指标为最优的数据为参考序列。

步骤 3: 为消除由于指标之间量纲不同而导致的误差,对数据进行规范化处理,即

$$X_{ij}=\frac{0.1+(v_{ij}-\min_i v_{ij})}{(\max_i v_{ij}-\min_i v_{ij})(0.9-0.1)},\ i=1,\ 2,\ \cdots,\ m;\ j=1,\ 2,\ \cdots,\ n \tag{8-4}$$

步骤 4：利用公式(8－1)计算关联系数，从而得到下面的关联系数矩阵：

$$E = \xi_{0i}(k)_{m\times n} = \begin{bmatrix} \xi_{01}(1) & \xi_{01}(2) & \cdots & \xi_{01}(n) \\ \xi_{02}(1) & \xi_{02}(2) & \cdots & \xi_{02}(n) \\ \vdots & \vdots & \ddots & \vdots \\ \xi_{0m}(1) & \xi_{0m}(2) & \cdots & \xi_{0m}(n) \end{bmatrix} \tag{8-5}$$

步骤 5：使用改进的层次分析法得出 m 个航空发动机的指标集 I_n^p 对于最高层指标 I^A 的整体层次的总优先向量：

$$\boldsymbol{W}_m^p = (w_1^p,\ w_2^p,\ \cdots,\ w_n^p),\ \sum_{k=1}^{n} \boldsymbol{W}_m^p = 1 \tag{8-6}$$

步骤 6：计算加权关联度向量，对参评发动机健康状况排序。其计算公式为

$$R = W_k^p \cdot \xi_{0i}(k)_{m\times n} \tag{8-7}$$

8.3.4　航空发动机健康状况综合评估实例

根据基于灰色关联分析和改进层次分析法的评价模型，以某航空公司 2009～2010 年的 pw4000 数据为例，按如下步骤进行计算。

步骤 1：建立参数矩阵。从发动机 QAR 数据中选出 10 台发动机，提取出数据中各参数与基线值的偏差值作为原始数据，如表 8－1 所示，以此得到发动机的参数矩阵，利用公式(8－4)对其进行消除量纲的规格化处理，见表 8－2。

表 8－1　发动机参数与基线偏差值

编号	EGT /℃	N1/ (% r/min)	N2/ (% r/min)	EPR	WF/ pph①	AVML/ μm	AVMH/ μm	T/℃	p/ psi②	Q/%
1	27.1	1.4	0.6	0.106	−0.1	0.21	0.021	15.5	3	1.531 3
2	29.7	0.9	0.01	0.131	0.2	0.15	0.032	20.4	5	0.281 3
3	30.6	0.5	−0.1	0.257	2.1	0.10	0.015	28	6	1.098 3
4	27.8	0.8	0.7	0.009	−3	0.15	0.018	4.8	2	0.254 8
5	26.3	0.2	−0.4	0.014	−2.2	0.24	0.025	13.4	1.6	0.458 9
6	24.4	0.5	−0.5	0.235	−2.3	0.19	0.034	22.6	5	0.863 1
7	27.8	0.3	−0.3	0.568	−1.1	0.08	0.041	2.4	1.5	1.345 8
8	27.6	0.5	−0.6	0.565	1.4	0.24	0.025	14.2	2.5	0.765 2
9	21.3	0.4	−0.1	0.257	−2.1	0.34	0.059	16.4	14	1.147 6
10	22.7	0.1	−0.2	0.001	−2.2	0.28	0.045	22	2.6	1.489 2

① 1 pph＝0.453 6 kg/h。

② 1 psi＝6.894 76×10^3 Pa。

表 8－2　发动机规格化数据

编号	EGT /℃	N1/ (% r/min)	N2/ (% r/min)	EPR	WF/ pph	AVML/ μm	AVMH/ μm	T/℃	p/ psi	Q/%
1	0.598	0.900	0.838	0.247	0.554	0.57	0.260	0.509	0.196	0.900
2	0.822	0.592	0.475	0.283	0.601	0.354	0.553	0.662	0.324	0.116
3	0.900	0.346	0.407	0.460	0.900	0.900	0.100	0.900	0.388	0.628
4	0.659	0.530	0.900	0.111	0.100	0.354	0.180	0.175	0.132	0.100
5	0.530	0.161	0.223	0.117	0.225	0.689	0.366	0.443	0.106	0.227
6	0.367	0.346	0.161	0.428	0.209	0.500	0.606	0.731	0.324	0.481
7	0.659	0.223	0.284	0.900	0.398	0.100	0.793	0.100	0.100	0.783
8	0.642	0.346	0.100	0.896	0.790	0.682	0.366	0.468	0.164	0.420
9	0.100	0.284	0.407	0.461	0.241	0.318	0.473	0.537	0.900	0.659
10	0.220	0.100	0.346	0.100	0.225	0.827	0.900	0.712	0.170	0.873

步骤 2：取参考序列基线偏差值均为 0，此时发动机状态为最优，以此确定为参考序列。

步骤 3：把筛选出的最优发动机参数作为参考序列，其他发动机参数作为比较序列。计算出关联系数 $\xi_{0i}(k)$，得到关联系数矩阵。

步骤 4：建立相应的递阶评价模型，接下来根据本文的改进层次分析 AHP，用实际数据构建判断矩阵，对评估矩阵进行计算，得到方案层对目标层的合成权重，如表 8－3 所示。

表 8－3　方案层对目标层的合成权重

方案指标	权　重	方案指标	权　重
EGT	0.044 1	AVML	0.265 4
N1	0.050 9	AVMH	0.178 8
N2	0.031 7	T	0.056 2
EPR	0.096 9	p	0.002 7
WF	0.079 6	Q	0.193 7

步骤 5：按照公式（8－7）计算加权关联度向量，得到发动机关联度及健康状况排名，见表 8－4。

表 8－4　发动机关联度及健康状况排名

发动机编号	关联度	排位	AMECO 排序	EGTM 值
1	0.386 0	1	1	26.6
2	0.396 3	2	2	32.1

续 表

发动机编号	关联度	排位	AMECO 排序	EGTM 值
3	0.409 3	9	3	42.1
4	0.399 0	4	4	38.4
5	0.401 7	5	5	30.9
6	0.398 7	3	6	32.4
7	0.402 8	7	7	47.5
8	0.408 0	8	8	48.3
9	0.401 5	6	9	46.8
10	0.411 1	10	10	51.8

性能指数法为 AMECO 现在使用的发动机性能排队方法,具体计算公式为

$$I = aE + bF \tag{8-8}$$

式中, I 为性能指数; F 为发动机燃油流量变化率; E 为发动机排气温度变化量; a 和 b 均为正的常系数,不同类型的发动机其 a、b 值各不相同。

8.4 基于性能参数的民用飞机健康状态评估模型

8.4.1 基于性能参数的健康状态评估流程

基于性能参数的健康状态评估的功能组成如图 8-2 所示。

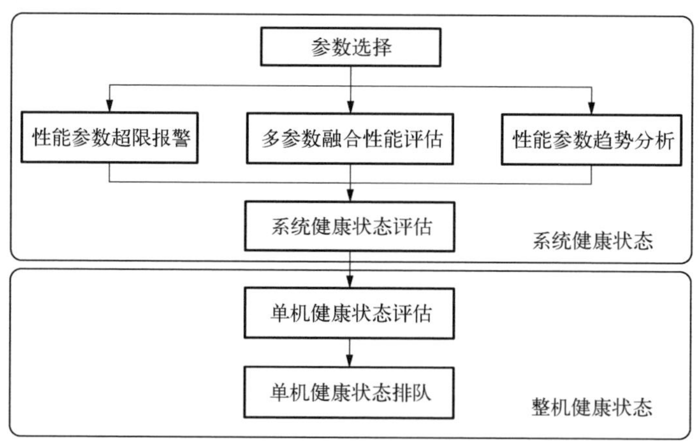

图 8-2 基于性能数据的健康状态评估的功能组成

由于 QAR 数据具有海量化的特点,可以通过筛选得到各个系统的性能参数。对于选定的性能参数进行监控,并对来自不同传感器的参数进行信息融合,自动绘制性能参数的趋势分析图,由此评估系统的健康状态,进而对整机健康状态进行评

估,实现单机健康状态排队。

8.4.2　性能参数选择

参数可以反映飞机系统、子系统、部附件性能的变化。在飞行各阶段分别记录参数的变化情况,必要时将这些参数转换成标准状态下的数值,并与缺省设置或客户化的标准性能参数比较,可以得到偏差的变化情况。通过对偏差的分析及偏差的变化趋势分析,可以判断部附件的健康状况,实现对部附件的监控;通过及时发现参数与标准值之间的偏差异常或参数的变化趋势异常,分析产生异常的原因,可以为预防和排除故障提供依据。

在参数选择过程(图 8－3)中,按照系统、子系统、部附件逐级选择的原则,分别选择与系统、子系统、部附件性能相关参数,筛选合理的参数,最终得到系统监控的性能参数。

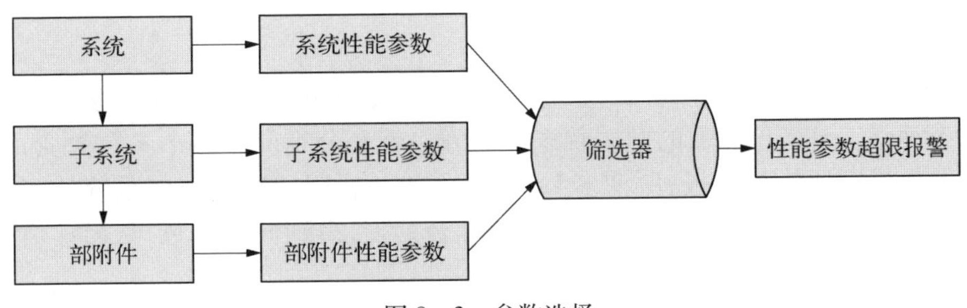

图 8－3　参数选择

在构建筛选器时,需要注意几点: ① 选择与系统、子系统、部附件健康状态相关的参数,最终筛选得到的性能参数集合应为能完备地反映关键信息的最小集合;② 对于由传感器拾取的信息可直接作为需要监控的参数,对于无法直接获得的参数,考虑用其他相关参数代替;③ 性能参数数据包括飞机在飞行过程中通过机组报告或 ACARS 报文得到的信息。

8.4.3　系统健康状态的评估与预报

8.4.3.1　性能参数超限报警

在监控所选定的性能参数数据时,可以进行超限报警的相关操作,具体包括特征参数的选择和阈值的确定,如图 8－4 所示。

系统接受来自传感器、数据处理及其他状态监测器的数据,若某些数据出现幅值变化很大,当检查与之有关联的动作参数在同时刻或按要求时序没有发生相应的变化时,则确定该时刻数据为野点,对其进行剔除。对剔除野点后的数据还要进行平滑处理,并选择特征参数。

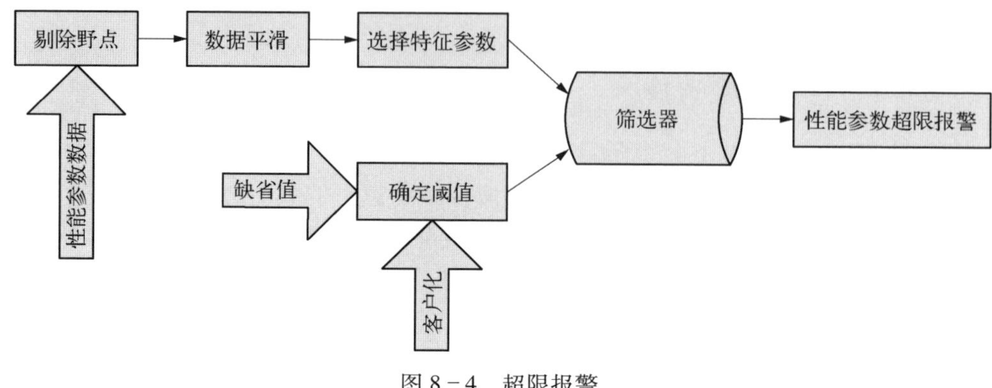

图 8-4　超限报警

对于确定的特征参数数据,可以与阈值进行比较。阈值反映出特征参数的正常工作范围,当参数超限时进行报警处理。系统阈值确定有缺省设置和客户化设置两种方式可选。

8.4.3.2　多参数融合性能评估

健康状态评估方法分为两种:基于单参数的健康状态评估和基于多参数的健康状态评估。基于单参数的健康状态评估方法就是分别监控各个参数的变化,对系统状态进行评估和预报;所谓多参数融合,就是利用传感器获取系统的多个参数,使用多参数融合模型对这些参数进行综合处理,得到健康指数,从而评估得到系统健康状态。

常用的多参数融合评估方法包括基于经验型的综合评估、多元统计分析方法在建立多参数融合模型时,应根据不同系统、不同部附件、不同参数选择适用的建模方法。整个建模过程包括模型输入参数的确定,模型输出参数的确定,模型的建立、训练、验证等环节。

8.4.3.3　性能参数趋势分析

随着使用时间的延长和使用次数的增加,部附件的性能可能呈现下降趋势,这就需要对部附件性能衰退程度进行预测评估。性能参数趋势分析是通过机载系统采集部附件性能参数,然后由系统绘制各类参数变化曲线,利用预测方法计算参数的变化趋势或未来的取值状态,与预先设定的标准参数对比,分析参数超限或即将超限的状态,给出飞机的健康状态等级。

根据不同的工作状况及有无突发事件出现,性能参数的趋势分析与预测包括正常监控和重点监控两种情况。在正常运行的情况下,对选定的性能参数进行正常的监控,此时数据的变化趋势比较平稳,分析过程要求的数据量只要能反映相关的信息即可;重点监控,此时采样的时间间隔相对缩小,数据量明显增大,当系统出现重复故障或参数趋势出现异常变化时,也要实施重点监控。

在部附件的健康评估方法里,常用的预测算法包括基于特征进化/统计趋势的预测、基于人工智能(artificial intelligence,AI)的预测和基于物理模型的预测等。

8.4.4　单机健康状态评估与排队

通过超限报警、多参数融合和趋势分析,可得到各系统的当前或未来的健康状态,根据系统自身的重要性等指标可以进行加权计算,最终得到单机的健康状态。具体实现如图 8-5 所示。对于已经完成健康状态评估的单架飞机,计算飞机的健康度,可以实现基于性能参数的单机健康状态排队。

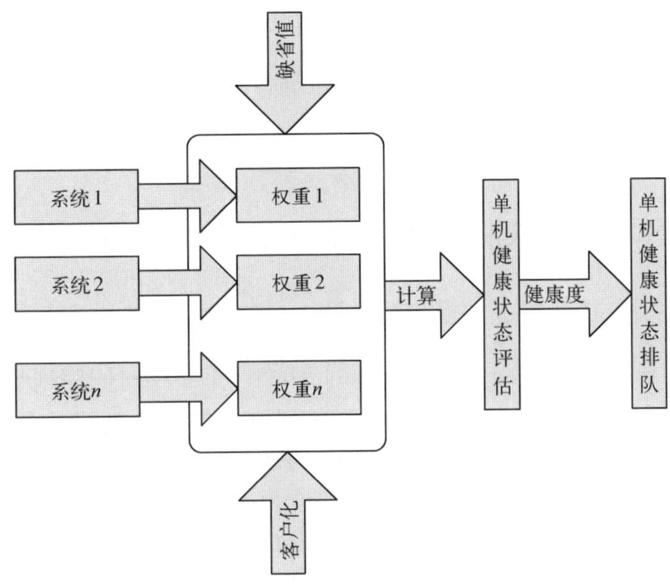

图 8-5　单机健康状态评估与排队

民用飞机是一个庞大复杂的大系统,根据功能的不同,可以将其分成若干分系统,飞机整体的健康状态取决于各分系统、部附件的健康状况。对民用大型客机进行整体健康状态评估,需要对每个分系统进行健康分析。民用飞机的健康指数可由式(8-9)得

$$\begin{cases} H = \sum_{i=1}^{n} \lambda_i h_i \\ \sum_{i=1}^{n} \lambda_i = 1 \end{cases}, \ i = 1, 2, \cdots, n \tag{8-9}$$

式中,H 表示飞机的健康指数,$H \in [0, 1]$,0 表示系统完全损坏,1 表示系统完全健康;h_i 表示分系统 i 的健康状态,$h \in [0, 1]$;λ_i 表示分系统 i 的权重系数;n 表示飞机系统个数。

定义惩罚函数 α,系统出现灾难性故障时,对飞机健康指数修正,α 由式

(8－10)计算：

$$\alpha = \frac{1}{n^2\lambda_i},\ i = 1,\ 2,\ \cdots,\ n \tag{8-10}$$

此时,式(8－9)变为

$$\begin{cases} H = \alpha\left(\sum_{i=1}^{n} \lambda_i h_i\right) \\ \sum_{i=1}^{n} \lambda_i = 1 \end{cases},\ i = 1,\ 2,\ \cdots,\ n \tag{8-11}$$

对飞机整机进行健康状态评估,需要确定各组成系统的健康状态及各系统健康指数权值。

8.5 基于隐马尔可夫模型的民用飞机健康状态评估方法

8.5.1 隐马尔可夫方法及其应用

隐马尔可夫模型(hidden Markov model,HMM)是一种时间序列的统计模型,它将马尔可夫链扩展为一个状态隐含、观测序列可见的双重随机过程[65]。HMM 研究的领域从语音识别迅速扩展到多个领域。HMM 不仅能够对一个时间跨度上的信息进行统计建模和分类,而且是一种动态模式识别工具。HMM 模型是一个状态隐含、观测序列可见的双重随机过程,第一个随机过程是一个单纯的随机过程,即利用马尔可夫链的有限状态来描述状态的转移;而另一个是显式的随机过程,即利用观测序列来描述与马尔可夫链的各个状态之间的相互关联。在实际的工程应用中,真实的状态与观测到的序列之间很难获得马尔可夫链一一对应关系,二者之间的相关性是通过一组概率分体矩阵来表现的。通常由一个五元组 $\lambda = (N,\ M,\ \boldsymbol{\pi},\ \boldsymbol{A},\ \boldsymbol{B})$ 来表述上述 HMM。

HMM 模型是一种关于时序的概率模型,描述由一个隐藏的马尔可夫链随机生成不可观测的状态随机序列,序列的每一个位置又可看作是一个时刻。在每个时刻,系统都只处于一个状态,每个状态对应一个观测值。HMM 是由两个随机过程组成,一个是有限状态马尔可夫链的状态序列,另一个是观测值序列。在 HMM 模型中,状态转移和每个状态对应的观测值都是一个随机过程。区别在于观测值序列可以直接看到,而状态转移序列是不可见的,需要通过观测值序列进行确定。

8.5.2 隐马尔可夫模型的基本参数及算法

HMM 的参数描述如下所示。

(1) N: HMM 中马尔可夫链的状态个数。假设飞机系统退化过程中有 N 个状态,为 S_1, S_2, …, S_N, 在 t 时刻马尔可夫链所处的状态为 q_t, 则 $q_t \in \{S_1, S_2, \cdots, S_N\}$。

(2) M: 与每个马尔可夫链状态 S_i 对应的观测值个数。假设有 M 个观测值分别为 O_1, O_2, …, O_M, 在 t 时刻的观测值为 O_t, 其中 $O_t \in \{O_1, O_2, \cdots, O_M\}$。

(3) $\boldsymbol{\pi}$: 飞机系统在初始时刻处于各状态的概率分布矢量。$\boldsymbol{\pi} = [\pi_1, \pi_2, \cdots, \pi_N]$, 其中:

$$\pi_i = P(q_1 = S_i), \ 1 \leqslant i \leqslant N \tag{8-12}$$

(4) $\boldsymbol{A}$: 状态转移概率矩阵。$\boldsymbol{A} = [a_{ij}]_{N \times N}$, 表示从状态 i 转移到状态 j 的概率:

$$a_{ij} = P\{q_{t+1} = S_j \mid q_t = S_i\}, \ 1 \leqslant i, j \leqslant N \tag{8-13}$$

(5) $\boldsymbol{B}$: 观测概率矩阵, $\boldsymbol{B} = [b_{jk}]_{N \times M}$, 表示系统处于状态 i 时观测值为 V_k 的概率:

$$b_{jk} = P\{O_t = V_k \mid q_t = S_j\}, \ 1 \leqslant j \leqslant N, \ 1 \leqslant k \leqslant M \tag{8-14}$$

记 HMM 为 $\lambda = (N, M, \boldsymbol{\pi}, \boldsymbol{A}, \boldsymbol{B})$, 简写为 $\lambda = (\boldsymbol{\pi}, \boldsymbol{A}, \boldsymbol{B})$。$\boldsymbol{\pi}$, $\boldsymbol{A}$, $\boldsymbol{B}$ 称为 HMM 的三要素。HMM 包括具有状态转移概率矩阵的马尔可夫链和输出观测值的随机过程。

应用 HMM 解决民用飞机健康状态评估建模问题时,需要解决三个基本问题为: ① HMM 模型的概率计算问题。给定模型 $\lambda = (\boldsymbol{\pi}, \boldsymbol{A}, \boldsymbol{B})$ 和观测序列 $O = (O_1, O_2, \cdots, O_t)$, 计算观测序列 O 出现的概率 $P(O \mid \lambda)$。HMM 模型采用前向-后向算法来解决该问题。② HMM 模型的训练问题: 已知观测序列 $O = (O_1, O_2, \cdots, O_t)$, 估计模型 $\lambda = (\boldsymbol{\pi}, \boldsymbol{A}, \boldsymbol{B})$ 的参数,使得在该模型下观测序列概率 $P(O \mid \lambda)$ 最大。通常用 Baum - Welch 算法解决此类问题。③ HMM 模型的预测问题: 已知模型 $\lambda = (\boldsymbol{\pi}, \boldsymbol{A}, \boldsymbol{B})$ 和观测序列 $O = (O_1, O_2, \cdots, O_t)$, 求对给定观测序列条件概率 $P(q \mid O)$ 最大的状态序列 $Q = (q_1, q_2, \cdots, q_T)$。

综上所述,HMM 模型的算法主要是针对解决评估问题、学习问题和解码问题,对应的三种算法分别是: 前向-后向算法、Baum - Welch 算法、Viterbi 算法。

8.5.2.1 前向-后向算法

HMM 模型利用前向-后向算法来解决工程中的评估问题,即计算 $P(O \mid \lambda)$ 的概率。

1) 前向算法

定义前向变量,如下:

$$\alpha_t(i) = P(O_1, O_2, \cdots, O_t, q_t = S_i \mid \lambda), \ i = 1, 2, \cdots, N, \ t = 1, 2, \cdots, T \tag{8-15}$$

（1）初值：

$$\alpha_1(i) = \pi_i b_{i,o_1},\ i = 1,\ 2,\ \cdots,\ N \tag{8-16}$$

（2）递推：

$$\alpha_{t+1}(j) = \left[\sum_{i=1}^{N}\alpha_t(i)a_{ij}\right]b_{j,O_{t+1}},\ 1 \leqslant t \leqslant T,\ 1 \leqslant i,j \leqslant N \tag{8-17}$$

（3）终止：

$$P(O \mid \lambda) = \sum_{i=1}^{N}\alpha_T(i) \tag{8-18}$$

2）后向算法

同样定义后向变量为

$$\beta_t(i) = P(O_{t+1},\ O_{t+2},\ \cdots,\ O_T \mid q_t = S_i,\ \lambda),\ 1 \leqslant t \leqslant T-1 \tag{8-19}$$

式中，$\beta_T(i) = 1$，后向算法整个计算过程如下。

（1）初值：

$$\beta_T(i) = 1,\ 1 \leqslant i \leqslant N \tag{8-20}$$

（2）递推：

$$\beta_t(i) = \sum_{i=1}^{N}\left[\alpha_{ij}b_{j,O_{t+1}}\beta_{t+1}(j)\right],\ 1 \leqslant i \leqslant T,\ t = T-1,\ T-2,\ \cdots,\ 1 \tag{8-21}$$

（3）终止：

$$P(O \mid \lambda) = \sum_{i=1}^{N}\beta_t(i) \tag{8-22}$$

8.5.2.2 Baum－Welch 算法

HMM 模型用 Baum－Welch 算法来解决工程中的训练问题。在确定的观测序列 $O = (O_1,\ O_2,\ \cdots,\ O_T)$ 的情况下来寻找 $\lambda = (\boldsymbol{\pi},\ \boldsymbol{A},\ \boldsymbol{B})$，使得 $P(O \mid \lambda)$ 达到最大值，其过程如下。

由前向-后向算法可知：

$$P(O \mid \lambda) = \sum_{i=1}^{N}\sum_{j=1}^{N}\alpha_t(i)a_{ij}b_{j,O_{t+1}}\beta_{t+1}(j),\ 1 \leqslant t \leqslant T-1 \tag{8-23}$$

通过迭代计算获取一个 HMM 模型 $\lambda = (\boldsymbol{\pi},\ \boldsymbol{A},\ \boldsymbol{B})$，从而使得 $P(O \mid \lambda)$ 达到最大值。通过模型训练，可获得满足要求的模型 $\lambda = (\boldsymbol{\pi},\ \boldsymbol{A},\ \boldsymbol{B})$。

在 t 时刻和 $t+1$ 时刻 HMM 链将分别处于状态 S_i 和状态 S_j 的概率,定义 $\xi_t(i,j)$ 为序列 $O=(O_1, O_2, \cdots, O_T)$ 和模型 $\lambda=(\boldsymbol{\pi}, \boldsymbol{A}, \boldsymbol{B})$ 条件下,在不同状态下的概率,即

$$\xi_t(i,j)=P(O_1, O_2, \cdots, O_T, q_t=S_i, q_{t+1}=S_j \mid \lambda) \tag{8-24}$$

对上式进一步推导可得

$$\xi_t(i,j)=[\alpha_t(i)a_{ij}b_{j,O_{t+1}}\beta_{t+1}(j)]/P(O \mid \lambda) \tag{8-25}$$

HMM 模型在 t 时刻处于状态 S_i 的概率为

$$\xi_t(i)=P(O, O_t=S_i \mid \lambda)=\sum_{j=1}^{N}\xi_t(i,j)=\frac{\alpha_t(i)\beta_t(i)}{P(O \mid \lambda)} \tag{8-26}$$

由此可推出 Baum - Welch 算法的计算公式,如下所示:

$$\hat{\pi}_i=\xi_1(i) \tag{8-27}$$

$$\hat{a}_{ij}=\frac{\sum_{t=1}^{T-1}\xi_t(i,j)}{\sum_{t=1}^{T-1}\xi_t(i)} \tag{8-28}$$

$$\hat{b}_{jk}=\frac{\sum_{t=1,\ O_t=v_k}^{T}\xi_t(j)}{\sum_{t=1}^{T}\xi_t(j)} \tag{8-29}$$

参数估计过程如下:① 选取初始模型参数 $\lambda_0=(\pi_0, A_0, B_0)$;② 根据观测序列 $O=(O_1, O_2, \cdots, O_T)$,由式(8-27)~式(8-28)求得一组新参数 $\hat{\lambda}=(\hat{\pi}, \hat{A}, \hat{B})$,可以证明 $P(O \mid \hat{\lambda})>P(O \mid \lambda_0)$;③ 逐步改进 $\hat{\lambda}=(\hat{\pi}, \hat{A}, \hat{B})$,直至收敛,此时的 $\hat{\lambda}$ 即为所求的模型参数。

8.5.2.3　Viterbi 算法

HMM 模型用 Viterbi 算法来解决预测问题,即用来解决在给定的观测序列 $O=(O_1, O_2, \cdots, O_T)$ 和模型 $\lambda=(\boldsymbol{\pi}, \boldsymbol{A}, \boldsymbol{B})$ 条件下,怎样选择一个相应的状态序列 $Q=(q_1, q_2, \cdots, q_T)$ 的问题。Viterbi 算法的计算过程如下。

定义在 t 时刻状态为 q 的所有单个路径 $q_1, q_2, \cdots, q_t$ 中概率最大值为

$$\delta_t(i)=\max_{q_1, q_2, \cdots, q_{t-1}}P(q_1, q_2, \cdots, q_t=S_i, O_1, O_2, \cdots, O_t \mid \lambda) \tag{8-30}$$

(1) 初始化:

$$\delta_1(i)=\pi_i b_{i,O_1},\ 1 \leqslant i \leqslant N \tag{8-31}$$

$$\psi_1(i)=1,\ 1\leqslant i\leqslant N \tag{8-32}$$

(2) 递归计算：

$$\delta_t(j)=\max_{1\leqslant i\leqslant N}[\delta_{t-1}(i)a_{ij}]b_{j,\,O_t},\ 2\leqslant t\leqslant T,\ 1\leqslant j\leqslant N \tag{8-33}$$

$$\psi_t(j)=\arg\max_{1\leqslant i\leqslant N}[\delta_{t-1}(i)a_{ij}],\ 2\leqslant t\leqslant T,\ 1\leqslant j\leqslant N \tag{8-34}$$

(3) 终止计算：

$$P^*=\max_{1\leqslant i\leqslant N}[\delta_T(i)] \tag{8-35}$$

$$q_T^*=\arg\max_{1\leqslant i\leqslant N}[\delta_T(i)] \tag{8-36}$$

(4) 求取状态序列：

$$q_t^*=\psi_{t+1}(q_{t+1}^*),\ 1\leqslant t\leqslant T-1 \tag{8-37}$$

8.5.3 基于HMM的民用飞机健康状态评估方法

民用飞机典型系统的性能退化状态虽然不能被直接观测,但通过退化过程中产生的观测值的统计感知这些状态的存在及特性,这与HMM的建模过程是一致的。剩余寿命预测是根据退化过程中的信息,在判断设备当前性能退化程度的基础上,利用状态转移关系和状态驻留时间等信息,预测设备状态的演化趋势或估计剩余使用寿命。利用HMM理论进行剩余寿命预测的过程如图8-6所示,主要可分为模型训练、退化状态识别和寿命预测三个阶段。

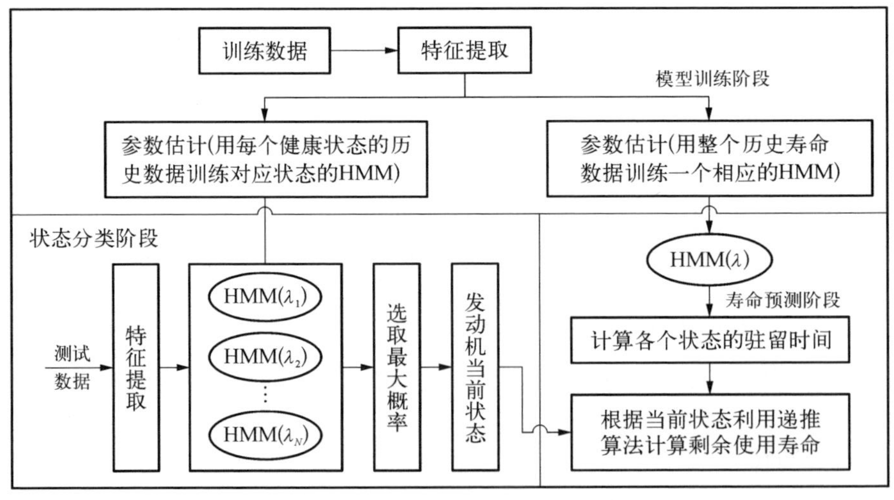

图8-6 基于HMM的发动机健康状态评估

8.5.4 工程案例

本书将主要利用Viterbi算法，在训练完成的HMM基础上，通过输入新的航空发动机性能参数向量序列，给出当前的发动机最可能的健康状态。文献[66]中给出了型号为CF6－80C2A5的三台航空发动机的气路性能监控记录，对三台发动机的寿命数据进行平滑处理。图8－7～图8－9分别给出了三台发动机的排气温度裕度、平均滑油消耗率和高压压气机转子角速度偏差量的全寿命监测数据。

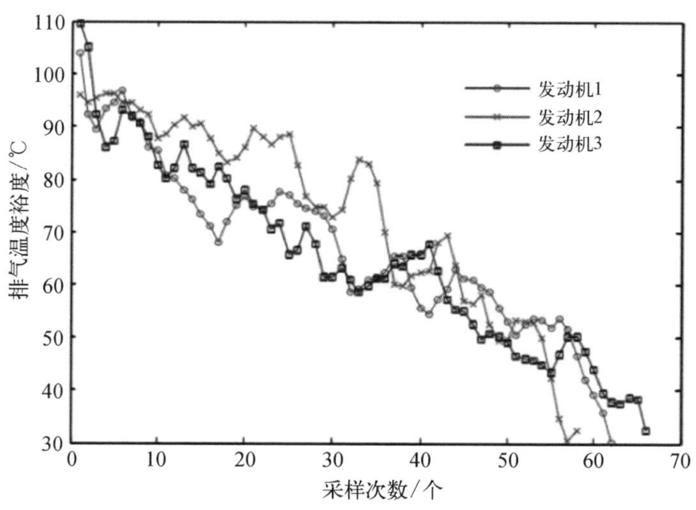

图8－7 排气温度裕度全寿命监测数据

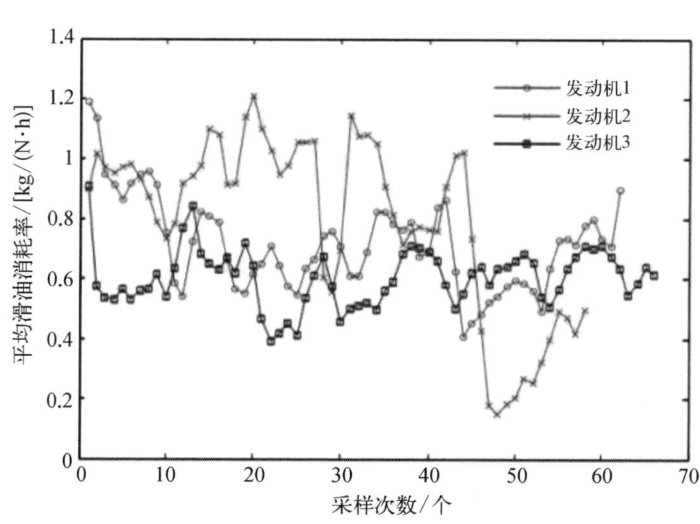

图8－8 平均滑油消耗率全寿命监测数据

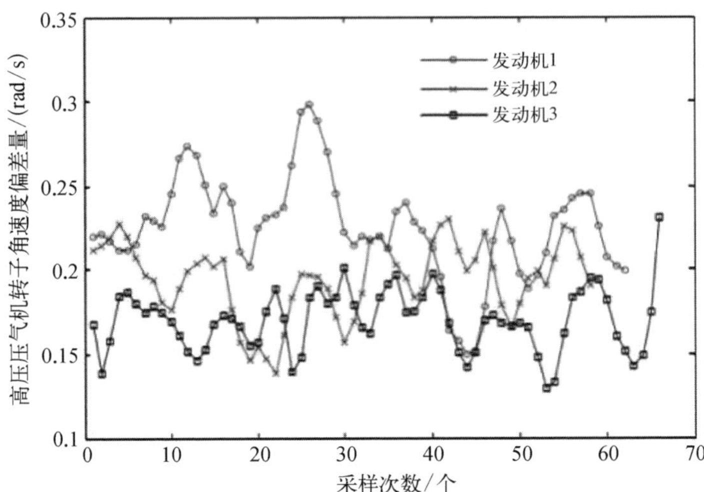

图 8-9　高压压气机转子角速度偏差量全寿命监测数据

如图 8-7 所示,在发动机退化至失效的全寿命周期中,排气温度裕度随时间产生明显的退化,发动机在退化过程中的健康状态是遍历的,因此利用排气温度裕度作为发动机健康状态的评价标准。对于离散单参数的 HMM,排气温度裕度可以作为一个与发动机健康状态具有明显概率关系输出序列。利用离散单参数 HMM 对发动机进行健康状态评估的步骤如下。

(1) 为了得到初猜状态转移矩阵和初猜观测值概率矩阵,对发动机全寿命数据进行平均划分。对于 1 号发动机的 62 个采样数据,假设 1 至 16 采样点的时间内处于健康状态 1(正常),17 至 32 采样点的时间内处于健康状态 2(异常),33 至 48 采样点的时间内处于健康状态 3(退化),49 至 62 采样点的时间内处于健康状态 4(故障),得到一个初步的状态序列。同样,将 1 号发动机的排气温度裕度离散化,得到一个初步的观测输出序列。通过最大似然估计得到的状态转移矩阵和观测概率矩阵分别如式(8-38)、式(8-39)所示。

$$\boldsymbol{P}_0=\begin{bmatrix}0.94 & 0.06 & 0.00 & 0.00\\ 0.00 & 0.94 & 0.06 & 0.00\\ 0.00 & 0.00 & 0.94 & 0.06\\ 0.00 & 0.00 & 0.00 & 1.00\end{bmatrix} \tag{8-38}$$

$$\boldsymbol{Q}_0=\begin{bmatrix}0.00 & 0.00 & 0.00 & 0.00 & 0.25 & 0.31 & 0.38 & 0.06\\ 0.00 & 0.00 & 0.06 & 0.13 & 0.81 & 0.00 & 0.00 & 0.00\\ 0.00 & 0.00 & 0.50 & 0.50 & 0.00 & 0.00 & 0.00 & 0.00\\ 0.21 & 0.14 & 0.64 & 0.00 & 0.00 & 0.00 & 0.00 & 0.00\end{bmatrix} \tag{8-39}$$

（2）将得到的概率转移矩阵及观测概率矩阵作为初猜矩阵，利用 3 号发动机的排气温度裕度历史监测数据对隐马尔可夫模型进行训练，训练得到的状态转移和观测概率矩阵为

$$\boldsymbol{P}=\begin{bmatrix}0.95 & 0.05 & 0.00 & 0.00\\0.00 & 0.89 & 0.11 & 0.00\\0.00 & 0.00 & 0.94 & 0.06\\0.00 & 0.00 & 0.00 & 1.00\end{bmatrix} \tag{8-40}$$

$$\boldsymbol{Q}=\begin{bmatrix}0.00 & 0.00 & 0.00 & 0.00 & 0.06 & 0.61 & 0.22 & 0.11\\0.00 & 0.00 & 0.00 & 0.26 & 0.74 & 0.00 & 0.00 & 0.00\\0.00 & 0.00 & 0.20 & 0.80 & 0.00 & 0.00 & 0.00 & 0.00\\0.26 & 0.44 & 0.30 & 0.00 & 0.00 & 0.00 & 0.00 & 0.00\end{bmatrix} \tag{8-41}$$

（3）利用训练后的离散单参数隐马尔可夫模型及 Viterbi 算法对发动机健康状态进行评估，发动机全寿命期间的健康状态转移过程如图 8-10 所示。

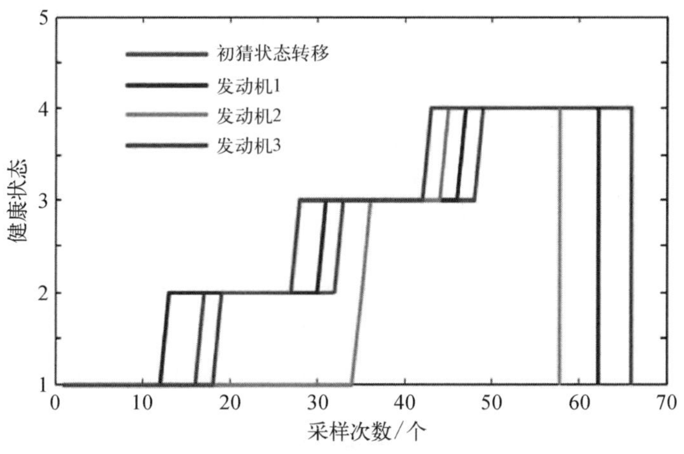

图 8-10　基于离散单参数模型的健康评估结果

利用离散单参数 HMM 对发动机退化过程进行健康评估，得到发动机的健康状态转移路径。但利用 3 号发动机训练后的 HMM 对 2 号发动机的健康状态评估结果明显有误，这是因为 2 号发动机的排气温度裕度与 1 号发动机和 3 号发动机存在明显的差别，属于发动机个体差异导致健康评估结果不准确。此外，1 号发动机全寿命数据的评估结果存在明显的误差，因为利用 3 号发动机进行模型训练后，过于依赖 3 号发动机全寿命特征数据，导致 1 号发动机评估结果出现状态过早转移的误差。离散单参数 HMM 模型的另一个缺陷是：如果没有排气温度裕度随时间产生明显变化趋势的历史数据，利用离散单参数 HMM 进行健康状态评估精度

是比较低的。

为了解决上述问题，文献[67]推荐采用混合高斯 HMM 模型进行健康状态评估，作为一种多参数模型，可以解决在小样本条件下发动机个体差异导致健康评估结果不准确、对无明显退化趋势的监测参数不敏感两个问题。利用 8.5.2 节中给出的 HMM 模型的模型训练过程并利用 Viterbi 算法对发动机进行健康状态评估，得到的发动机健康状态转移情况如图 8－11 所示。训练后的混合高斯 HMM 模型的健康状态转移矩阵和混合权重矩阵如式(8－42)所示。

$$\boldsymbol{P}=\begin{bmatrix}0.94&0.06&0.00&0.00\\0.00&0.90&0.10&0.00\\0.00&0.00&0.93&0.07\\0.00&0.00&0.00&1.00\end{bmatrix},\ \boldsymbol{C}=\begin{bmatrix}0.67&0.33\\1.00&0.00\\0.00&1.00\\0.96&0.04\end{bmatrix}\tag{8-42}$$

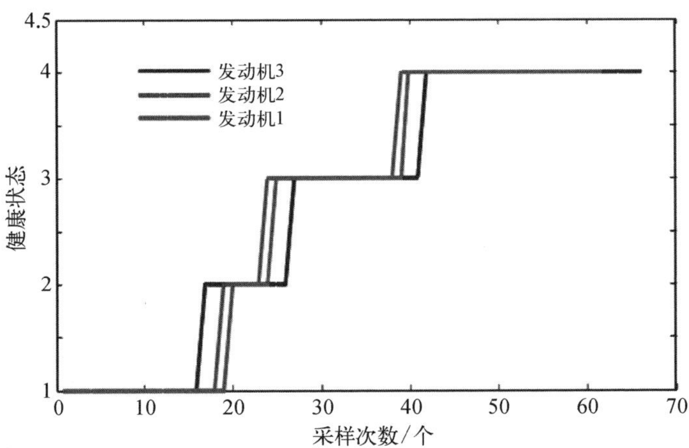

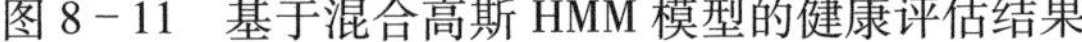
图 8－11　基于混合高斯 HMM 模型的健康评估结果

图 8－10 与图 8－11 分别为基于离散单参数 HMM 模型和混合高斯 HMM 模型对同一发动机退化样本数据的健康评估结果。混合高斯 HMM 模型对 2 号发动机退化至失效过程中的健康状态的评估没有出现状态跳跃的错误，而且对 1 号发动机全寿命数据的健康状态评估结果未出现状态过早转移的情况，评估结果明显更加符合实际。说明混合高斯 HMM 模型适用于寿命监测数据样本个数少、性能参数多、性能参数无明显规律等条件下的健康状态评估。

第 9 章　视情维修条件下的民用飞机维修决策支持

现代民用飞机系统的故障模式非常复杂，故障的耦合与级联效应非常突出，导致对飞机系统进行故障探测和定位的代价大大提高，故障发现、诊断和隔离所耗费的资源在整个航空运营活动中所占比重较大。同时，商用飞机的公共交通工具属性和竞争性商业运营属性要求其必须具备极高的安全性和使用经济性，系统高度复杂集成化所带来的故障探测和隔离困难显然与这种极高的安全性和经济性要求形成了显著的矛盾。

为缓解这一矛盾，商用飞机的维修方式经历了从以事后维修(run-to-breakdown maintenance，RTBM)为主到以预防性维修(time-based preventive maintenance，TBPM)为主的转变。当前，现代商用飞机又正经历着维修方式从以 TBPM 为主到 CBM 为主的转变过程[68]；而 CBM 的出现，则是在进一步提高安全性的基础上要求实现更低的运营保障成本的结果。国内目前在 PHM 技术的研究主要集中在民用飞机关键系统的健康监测技术，而相关基于状态的视情维修决策支持技术的研究却很少。在新一代大型商用飞机研制中，如何将 PHM 技术与现有的计划维修模式融合以达到最终降低维修成本，提高经济效益和飞机安全性的目的，实现基于 CBM 的维修方式的转变，是提高型号市场竞争力的重要举措。

9.1　基于健康管理技术的维修决策概述

9.1.1　CBM 与 PHM 技术的联系

CBM 核心是对飞机的工作状态进行实时或准实时的监控，根据其实际状况确定最佳的维修时机和维修方式,以此来减少突发故障导致的停场时间、提高飞机的可用度,减少维修工作和费用支出、提高维修保障工作的效率[69]。由于视情维修具有后勤保障规模小、经济性好、自动化程度高、可预防重大事故等显著优点,在民用飞机上表现出显著的优势。在 CBM 的实现过程中,预测与 PHM 技术的应用是最重要的技术支撑。

PHM 是一种利用尽可能少的传感器采集系统的各种状态数据信息、借助各种智能化的手段和方法诊断系统自身的健康状态,在系统故障发生前就做出有效的预测,并综合管理各种可利用的资源信息,提供一系列的维修保障措施以有效地实现系统视情维修的技术[70]。

PHM 的内容包括: ① 系统数据采集,包括系统状态监测数据、故障和维修的历史数据;② 诊断,包括对数据的融合以及对系统当前故障状况的准确判断;③ 预测,通过对系统运行数据的监控和性能状态的跟踪,预测系统未来的健康状况;④ 健康管理,根据诊断/预测信息、可用的资源和运行要求,对维修和保障活动进行决断[71-72]。在 PHM 技术的推动和支持下,CBM 进一步向“增强视情维修(condition based maintenance plus,CBM+)”发展,强调借助于 PHM 的预测技术实现“在正确的时间开展恰当的维修”。

PHM 技术在现代商用飞机上的应用呈现出深入的趋势。特别是随着波音 787、空客 A350 等型号飞机投入运营,实际的工程应用表明了基于 PHM 实现飞机的 CBM+切实可行。运营经验表明,合理运用 PHM 技术可以大大拓展 CBM+的对象范围,实现运营维修保障效益提升。

9.1.2 PHM 技术对维修保障活动的影响

现代民用飞机的航线维修工作主要分为计划内维修和非计划维修两大类。其中,计划内维修主要指的是周期性检查;而非计划维修则主要是根据机组报告及机上产生的故障报文信息对飞机已发生的故障进行处置的工作。

从维修保障的角度来看,民用飞机的可用度被定义为[73]

$$A = \frac{\mathrm{MTBF}}{(\mathrm{MTBF} + \mathrm{MTTR} + \mathrm{MLDT})} = \frac{(\mathrm{FT} + \mathrm{ST})}{(\mathrm{FT} + \mathrm{ST} + \mathrm{TPM} + \mathrm{TCM} + \mathrm{MLDT})} \tag{9-1}$$

式中,MTBF(mean time between failure)为平均故障间隔时间;MTTR(mean time to repair)为飞机在航线的平均修复时间;MLTD(mean logistic time delay)为管理和后勤延迟时间;FT 为飞行时间;ST 为停场待命时间;TPM 为预防性维修停机时间;TCM 为修复性维修停机时间;可用度 A 表示正常工作时间与总时间的比值,它描述了飞机在任意时刻 t 处于正常可用状态的概率。

从式(9-1)中可以看出PHM系统对飞机可用度的影响。① PHM充分利用飞机内置的状态传感器,借助系统的故障诊断模型和丰富的机队历史数据,通过状态数据信息的快速处理,有效地减少故障检测和排故隔离时间,提高排故处置效率。故障检测和排故隔离时间组成了平均诊断时间,而平均诊断时间既是MTTR也是TCM的重要组成部分,因此,PHM可以直接缩短MTTR和TCM。② PHM的运用可以促进CBM,减少预防性维修和定时维修的任务量,从而减少TPM。同时,对于一些即便是引入了CBM后仍然不可避免的例行检查和维护任务,也可以借助PHM所提供的传感器和维修BIT简化检查和维护的工作。所以,从上述这两个方面看,PHM的应用可以有效地减少TPM。③ PHM通过对一些部件进行状态监控和寿命预测,可以更好地规划运行方案和维修保障方案,如根据飞机状态来优化调整航班计划,或根据空中飞机传回的故障数据提前做好人员、备件、工具耗材和排故资料准备等,这些都可以有效地减少飞机的MLTD。

显然,PHM的应用可以直接缩短MTTR、TCM,减少TPM和MLTD,从而直接提高商用飞机的可用度。另外,预测能力是飞机PHM系统区别传统BIT的关键能力之一,可以显著提高飞机的安全性和经济性。预测技术通过提前预报潜在的故障以避免二次损伤甚至更严重的安全事故,在故障前采取措施,减小维修的规模和费用。对于PHM系统具备的对关键部件进行剩余寿命预测的能力可以在保障使用安全的前提下,使零部件的使用时间最大化。借助于故障预测技术,通过合理的规划,可以将基地级和车间级维修转化为航线维修,将非计划维修转化为计划维修,从而降低维修保障费用和飞机维修停运损失。这些预测与健康管理新技术的进步和发展,不但可以提高外场的排故处置效率,而且使用户能够更准确地掌握关键部件的退化情况,从而使得备件方案更加精确,有效降低航材库存规模和成本。

更重要的是,飞机健康管理系统作为一种综合的信息处理系统,可以将机上收集到的状态信息与地面的运营支持体系和维修保障资源有机地集成和整合起来,运用信息化的手段,实现故障探测、状态监控、运营决策、航材供应、维修活动、保障资源、培训支持等活动和要素的无缝连接,实现商用飞机的"空-地物联网",智能地根据飞机的健康状况和实际的保障条件进行最优化的运营和维修决策,从而实现更高的运营效率和效益。

现行的商业飞机维修保障由定期维修和视情维修组成,制定维修策略和维修计划依据主观人为经验和科学管理制度。随着PHM技术的应用,维修策略和维修计划将以PHM技术对重要系统/结构的监控、诊断、预测结果为依据,对整个民航维修活动产生深远影响,主要表现在维修组织结构的转变、维修流程的转变、维修时机和计划的转变及维修训练转变。

(1) 维修组织结构。在PHM技术故障报文、预警功能的支持下,地面机务人员可以更加方便地获取飞机系统/结构的故障信息,这样地面人员的工作重点是结构件的维修或可更换单元的故障件更换。因此，地勤人员的工作内容发生了变化，可主要分为放飞保障和维修保障，其中放飞保障借助 PHM 的状态监测实现对飞机系统/结构的健康监控；维修保障则根据 PHM 系统提供的故障报告和维修规划内容，按照 PHM 系统的指令完成故障件的拆卸和更换。这样，既降低了对维修人员的专业性要求，又可以大大减少维修人力、物力。

(2) 维修流程。在 PHM 技术支持下，不需要在着陆后进行故障检查定位，而且在着陆前就可以完成各种维修准备工作，着陆后需要做的工作是确认 PHM 报告的故障，然后确认故障，完成排故、更换工作，从而有效缩短了维修保障时间，提高了飞机利用率。

(3) 维修时机和维修内容。在 PHM 技术的故障预测功能支持下，维修人员可以准确获知系统/结构件的故障剩余使用寿命，因此，地勤人员的主要工作是确认是否对部件进行更换。工作内容由传统的故障检查、故障定位、故障件更换工作变为简单的故障确认、故障件更换，而维修主管的审批内容也由确认故障位置转变为确认更换故障件的时机。

(4) 维修训练。地面维护人员的培训重点也应由传统的故障定位向综合考虑飞机完好性与维修保障经济性转移，考虑故障件的拆卸、更换，不仅要考虑飞机的安全性、可用性，还要在保证飞机安全性的前提下尽量降低维修保障费用，提高维修经济性和飞机使用效能。

9.1.3 基于状态的视情维修决策的意义

航空器 PHM 体系可以通过状态监测、故障诊断、故障预测、剩余寿命预测和异常状态推理程序确定飞机可能出现的故障及未来发展趋势，并生成状态报告。评估系统和部件的健康状态，分析和预测是否会出现潜在的故障。PHM 体系中的维修决策的功能体现在合理地安排维护维修工作，最终实现计划性的视情维修，有计划地解决维修问题，降低维修成本。

PHM 架构中维修决策的输入信息主要包括三大类：一是故障诊断专家系统得到的故障诊断结论或机务人员的检查报告、机组人员报告；二是航空器系统或零部件健康状况趋势分析及系统潜在故障信息和剩余寿命；三是历史维修记录信息。依据维修大纲的规定，结合 MEL、构型缺损清单(configuration deviation list，CDL)、航班计划、定期维修计划、可用航材情况等维修支持资料，做出是否安排维护维修工作、何时何地进行维修等决定。PHM 实现了由传统的基于传感器的诊断转向基于智能系统的预测，最终实现在准确的时间对准确的部位采取准确的维修活动，它促进了视情维修策略取代事后维修和预防性维修的进程。

定时维修是一种简单方便的维修决策策略，如果所有的维修工作都包含在计划维修中来，那么维修工作的效率及费用等将会大大降低。视情维修的目的不是取消定时维修策略，而是尽量减少非计划维修，通过收集航空器状态、故障信息、预测结论来实现动态维修计划的制定，使其更加符合实际的维修需要，这是 PHM 体系架构中维修决策理论的核心。

在航空器研制过程中需要制定维修大纲，维修大纲需要满足航空器的维修要求，包括对航空器维修任务的规划设计，需要详细确定其维修时间、维修等级等内容，这些内容应属于维修决策的研究范畴。在制定维修大纲时就需要考虑 PHM 体系中收集到的各种信息，建立依据零部件或系统状态信息的维修大纲部分内容动态调整的机制。

目前，国内外关于设备维修决策的研究有很多，但是大多依靠经验确定维修范围和各零部件的修理等级或检查间隔，制定的维修工作任务存在偏离航空器实际维修需要的现象。为了解决这些问题，需根据设备的日常点检记录、状态监测和诊断信息，运用数据分析方法、综合专家知识，分析设备的衰退或劣化程度、故障隐患的发展趋向，确定维修类别、部位及时间，在故障发生前有计划地进行适当的维修，PHM 体系中的新型维修决策理论区别于视情维修之处在于通过建立维修大纲的动态改变机制，在 PHM 体系获取信息支持下将非计划维修转变为计划维修，而视情维修只是根据监测信息决定采取的维修活动，只是解决了出现非计划维修任务后的底层工作响应。

实际应用中，维修决策系统需要依赖于众多相关的故障信息，需要 PHM 体系完成对机载信息的监控、存储、传送及故障的预测与诊断。PHM 体系不是为了直接消除故障，而是为了了解和预计故障何时将发生，维修决策系统将快速确定触发维修工作。PHM 体系下的维修决策活动具有的优点为：① 提高飞机安全性，能够及时合理地处理故障。② 提高航空器利用率。根据任务安排以及航空器零部件、系统故障诊断、故障预测、寿命预测结果等综合考虑维修活动。③ 降低使用寿命周期费用。根据将故障准确隔离到单个 LRU 或 SRU 的故障信息，确定合理的维修地点、方式等可以缩短修理时间，减少维修成本。④ 通过减少备件、保障设备、维修人力等保障资源的需求，合理确定维修支持资料，降低维修保障费用。⑤ 减少计划外维修次数，将一些非计划维修工作变为计划维修工作。

9.2　视情维修条件下的民用飞机维修保障模式

视情维修最初来源于 20 世纪 60、70 年代美国航空界提出的“用可靠性方法控制维修”、MSG－1 与 MSG－2 等维修原理中的维修方式[74–75]，后来莫布雷的 RCM 中也沿用了该概念，提出了著名的 P－F 曲线，也称为预测性维修[76]。《世界航空公司技术使用词汇》中对视情维修给出的定义为：一种主要的维修方式，它是以重复性的检测和测试来确定器件、系统或结构部位的有关持续的适用性的状况[77]。我国 GJB 451A－2005 给出的定义是：对产品进行定期或连续监测，发现其有功能故障征兆时，进行有针对性的维修。意大利人 Baldin 从 20 世纪 70 年代初就致力

CBM 的研究与工程应用[78,79]，加拿大多伦多大学原 CBM 实验室建立的 OMDEC 公司更认为 20 世纪 40 年代就有 CBM 应用于柴油发动机润滑油检漏中。机械信息管理开放系统联盟 MIMOSA 组织已经制订了一些关于 CBM 技术的标准，即 OSA - CBM[80]。目前最新甚至出现了 CBM+（CBM Plus）的概念[81]。

关于 CBM 的定义，也有很多种解释，如美国海军研究室对 CBM 的解释就是：① 一种维修思想。只有当客观证据显示故障迫近，设备才进行维修。② 为了准确地和可靠地预测运营中的设备的剩余有用寿命，通过调查和技术的发展来提高运营效率和安全性。美国后勤管理研究所（Logistics Management Institute，LMI）于 2000 年 8 月在“CBM 在国防部的评估”一文中定义 CBM 是：一个基于实时或接近实时的维修方式，基于设备状况评估的维修方式，CBM 策略的目的就是当有事实证据证明需要时才进行维修动作，以确保设备的安全可靠性和减少维修总费用[82]。航空维修思想发展历经了故障后维修、以预防为主的维修和以可靠性为中心的维修的过程。而按一般维修方式分，有修复性维修、事后维修（failure based maintenance，FBM）、定时维修（time based maintenance，TBM）、CBM、CBM+等[83]维修策略，如图 9－1、图 9－2 所示，其中 CBM+为基于 PHM 的维修策略。

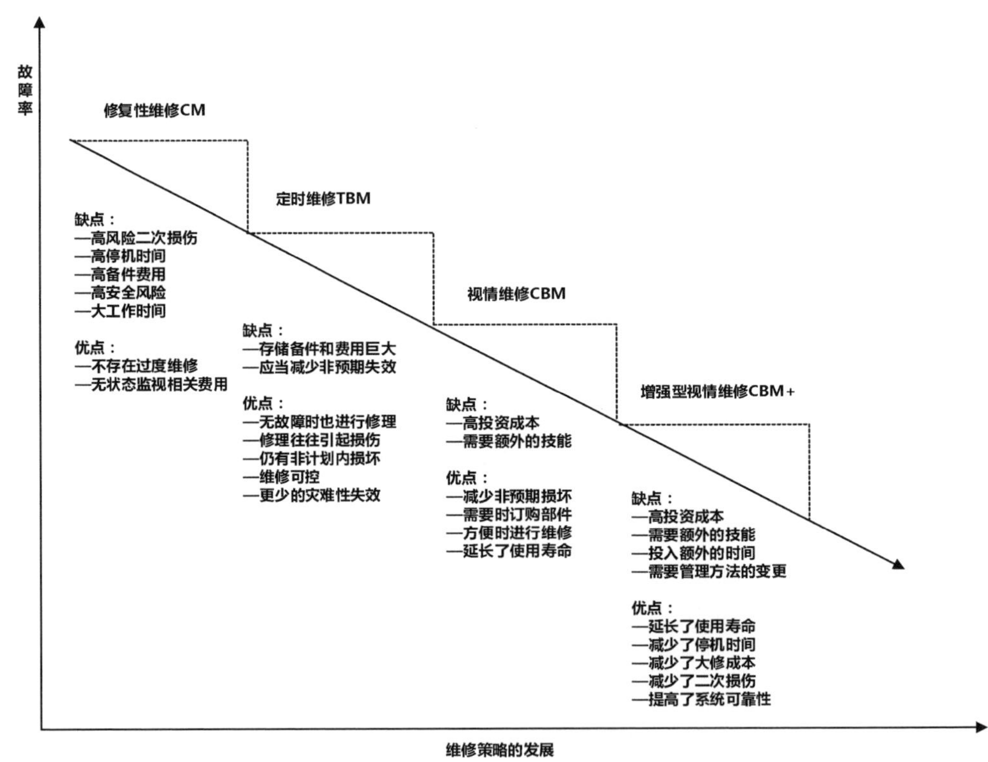

图 9－1　民用飞机维修策略的发展

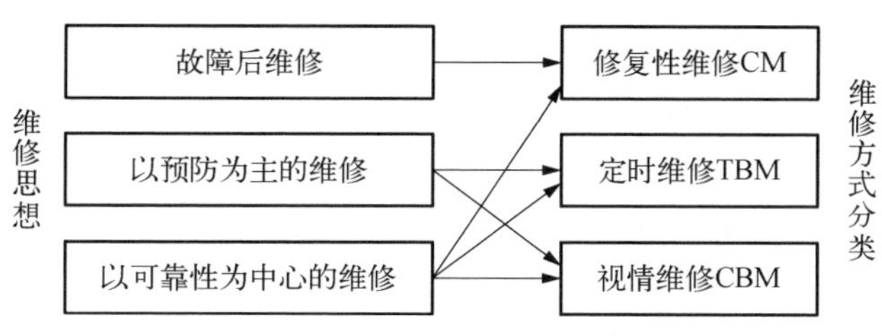

图 9-2 维修思想和维修方式对应关系

CBM 是随着状态监控技术和故障预测技术应用而兴起的一种新的维修策略[84]，是通过对系统运行状态分析来做出维修决策。尽可能将维修管理决策实施在每个系统出现失效故障前，减小发生故障的概率，优化维修计划过程，大大提高飞机系统及元件设备的功能可靠度。以 RCM 为指导思想的 CBM，首先以对系统关键部件的可靠度分析为基础，其次以维修中各种因素的适用性、高效性和经济性为判据，最终决定预防性维修活动。未来，单一 TBM 模式将逐步转变为 CM、TBM 和 CBM 等方式共存的局面[85]。

现代民用飞机日益复杂的结构故障耦合和级联效应越来越突出。传统的事后维修不仅对灾难性故障不能有很好的预防，还可能在不必要停场时间内带来新的风险。较为常用的定时维修方式逐渐在实际工作中暴露出其不足：① 维修过剩，即将不必要的维修施加给使用状态较好设备，带来经济损失和二次风险；② 维修不足，设备在检修期未到时产生局部故障，但受维修计划制约继续运行。视情维修是一种针对设备工作的实际状态和设备结构、功能变化趋势的维修管理方法，也是当前国内外研究的热点问题之一。CBM 通过机内或外置检测设备获得实际状态信息，准确对设备当前状态描述。利用故障预测技术，设备维护人能对下一阶段运行状态和可能发生的失效及故障进行推理、预测，从而决策适当时间点进行维修。

在航空领域，无论是以 RCM，还是 FAA 的维修审查小组-3（maintenance steering group-3，MSG-3）规范，都将 CBM 作为维修方式或维修工作而采纳。20 世纪 90 年代初美国民航 B747 飞机整机定期维修和视情维修项目比为 1∶49。自 2010 年 3 月 2 日起中国国际航空公司签约将近 160 架次波音系列飞机的信息连接到波音公司的数据网站，至此，由波音公司配套波音各个机型研发的以视情维修方法为中心的飞机健康管理信息将通过传真、个人数字助手、E-mail 或文件等方式实时传达给合作公司。

9.2.1 修复性维修

修复性维修是指系统发生了故障后，为使其恢复到规定技术状态所进行的被动式维修活动。早期设备比较简单，技术复杂程度低，维修也相对容易，维修只是作为使用的一种辅助手段，不会在设备正常运行过程中采取主动的维修措施，只有在设备出现故障或异常，不能正常运行的情况下，才会实施修理并进行故障排除，采用的是一种“不坏不修，坏了才修”的被动排故维修观念，即事后维修方式。其以事件为依据，不可避免地造成意外停机，打乱正常运行使用计划，经常需要进行抢修，由于修理准备时间有限，修理不彻底、效果不理想；另外，还会因一些较为关键部件的小故障造成整个系统不能正常工作，有的故障还会危及系统、环境及人身安全，具有较大的风险性。

修复性维修的好处是一般不需要对非关键部件进行健康监控，不会发生过度维修的情况，也没有状态监控等投资费用，因而可以减少维修保障费用。其缺点是系统故障风险较大，尤其是现代设备故障耦合和级联效应，可能导致系统安全性风险。由于没有事先计划，修复性维修的停机时间较长，影响系统完好率，也影响其任务完成，导致停机费用和备件库存率高。

9.2.2 预防性维修

预防性维修是指为防止系统发生故障或功能退化，使其保持在规定的状态所进行的维修活动。这种维修策略通过确定潜在失效率预防关键失效的发生，其中潜在失效率可通过工作小时、日历时间、起飞、着陆次数等确定。代表性的维修方式是定时维修，根据平均历史失效率、工程估计或预定的循环次数确定的时间区间触发维修操作，进行停机检查、拆卸、更换零部件，以预防损坏部件诱发毁坏和损失。

随着设备自动化程度及复杂程度不断提高，因设备意外停机所造成的损失也不断增大，为了降低事后维修的损失和风险，逐渐产生了以“预防为主”的维修观念，通过制定设备维修方案，确定维修时机和内容，在设备运行过程中主动采取维修活动，以预防意外停机发生的概率及故障造成的危害。计划性维修以时间为依据，可以有计划、有准备地进行维修活动，能够一定程度上避免设备的意外停机及故障危害。但是，计划性维修根据的是一批设备的故障统计规律和使用经验来确定维修周期，只依据设备的工作时间，而没有考虑当前设备实际的运行状态及设备退化过程的随机性，缺乏针对性，维修过早容易使系统零部件过多地更换、修理，造成人力、物力的极大浪费，频繁的拆卸会造成额外的人为损害，降低设备的使用寿命；另一方面，如果维修不及时，又会使设备“带病工作”，引起其他连锁故障，甚至使系统瘫痪，造成严重后果。因此，如图 9－3 所示，采用计划维修会不可避免地因“维修不足”或“维修过剩”导致潜在风险或额外维修等问题。

定时维修可以分为定时拆修和定时更换两种方式。定时拆修指设备使用到规定时间予以拆修，通过分解、清洗或翻修使其恢复到规定的状态；定时更换指按一定的周期用新的设备或部件替换旧的使用中设备或部件，当定时更换时间到达时，不管设备当时的可靠性状态如何，都将按计划进行更换。优点是可以降低功能性故障的发生率，减少停机时间，提高安全性；缺点是常规的预防性维修一般通过最

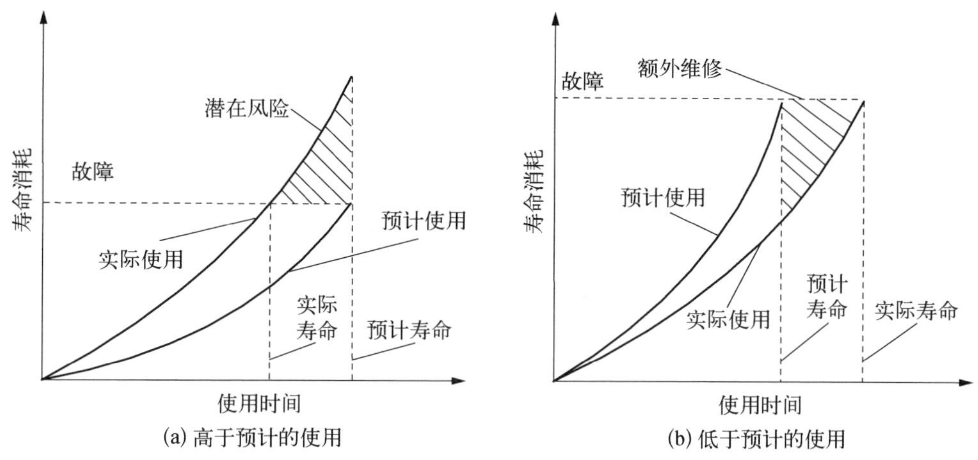

图 9-3　计划性维修的缺陷

差工作区间确定维修时机，设备或部件往往在拆换前仍有相当的寿命，且在维修过程中容易引入其他附加损伤导致过度维修。

9.2.3　视情维修

视情维修的出现是由于机载设备在信息化、智能化水平不断提高和性能不断提升的同时，却因技术复杂性使得维修成本与运行可靠性之间的矛盾日益突出；另一方面，以传感器技术为代表，状态监测技术和以计算机为中心的信息处理技术得到了快速的发展，为设备的状态监控及运行状态的实时处理评估提供了可能。在维修需求牵引及先进技术的推动下，产生了一种通过监控设备的运行状况，再根据实际情况及时做出处理的维修方式，即视情维修方式。

视情维修是一种能够适应当前商业民用飞机保障需求的新的维修方式，其目的是在正确的时间对正确的部件进行正确的维修。美国航空界最早提出了视情维修的概念[86]，目前视情维修已成为美军 F-35 联合攻击机项目中实现预测与健康管理[87]及提高设备任务可用性和经济可承受性的关键一环。这种维修策略是在系统运行时，对其主要部位进行定期或连续的状态监测和故障诊断，判定系统所处的状态，预测系统状态的发展趋势，依据系统状态的发展趋势和可能的故障，预先制订预测维修计划。CBM 属于预测性维修范畴，是应用状态监测技术和故障诊断技术，按诊断程序来确定系统“健康状态”的维修活动。

视情维修的实施是以检测到的设备的状态信息为依据，前提假设是故障不会瞬间发生，应有一个退化的过程，并以此定义了设备退化过程中的两种故障状态——功能故障和潜在故障。

（1）功能故障(functional failure)指设备已丧失某种规定功能的状态。

(2) 潜在故障(potential failure)是指设备临近功能故障且可通过一定征兆辨别的状态。

系统从潜在故障到功能故障之间的间隔称为 P－F(potential failure-functional failure)间隔,P 表示系统性能已经恶化,并发展到可识别的程度。F 表示潜在故障变成功能故障,系统状态发生质变,失去了功能。视情维修的关键任务是在 P－F 间隔内探测到故障征兆并实施有效的预防性维修。P－F 区间支配着 CBM 任务的执行频率及何时需要采取措施对即将发生的失效进行修复。实施视情维修的条件:需要状态监控可以检测潜在的失效状态,且 P－F 区应足够长以便采取适当的维修措施避免装备进一步发生功能失效。

与事后维修及计划维修相比,视情维修具有以下几个明显的优点:① 具有更强的维修针对性。视情维修依据的是设备真实状态,而不是提前的计划,通过设备的实际来安排“何时修”“修哪里”和“怎么修”,因此具有更强的针对性。② 具有更好的计划合理性。视情维修也需要安排计划,但其计划的安排是依据设备的实际情况,在设备临近故障前进行维修,既能保证避免故障的发生,又能充分利用设备的有效寿命,有效克服了因“维修不足”或“维修过剩”导致的潜在风险或额外维修等问题。③ 具有更强的管理灵活性。通过视情维修的决策可以综合考虑备品备件、维修资源等各方面的因素,更加灵活地开展各项维修管理工作。

但是,视情维修是由各种状态降级阈值驱动,这种维修方式具有一定的保守性,无法充分利用装备的寿命潜力,无法进行外场维修保障资源优化,因而仍需要保留较为庞大的维修保障体系。由此可见,视情维修是以状态监控数据及数据处理为依据,通过制定合理的维修决策,达到提高设备可用度及经济效益的目标。因此,视情维修决策是视情维修重要的一环。

9.2.4 PHM 技术下的视情维修——CBM+

9.2.4.1 CBM+的概念及内涵

随着测试技术、仪器、信号分析和计算机技术的进步,以及装备状态监控技术、故障诊断技术和维修分析决策技术的发展,出现了以状态监控与故障诊断技术为基础的 CBM。它通过对装备状态的监控,准确预测 RUL,进而判断维修需求。而 CBM+则是 CBM 基础上的扩展,将一些新的和改进的维修技术、方法与程序引入到维修实践中,它更加注重状态的监控、故障的诊断。CBM+也称为基于 PHM 的维修策略[88]。

美军在国防部指令 4155.22 定义,CBM+指的是在装备整个寿命周期内,通过适当的过程、技术和基于知识的能力应用和集成,在更低的运行和保障费用下,实现更高的可用度、可靠性的维修策略。CBM+基于 PHM 所提供的信息来实施维修,并将 RCM 与增强飞机可用性和维修有效性的使能过程、技术和能力进行无缝集成。CBM+使用系统工程方法采集数据、分析数据,为飞机安全高效的运营和维修保障提供决策支持,CBM+方案如图 9－4 所示。

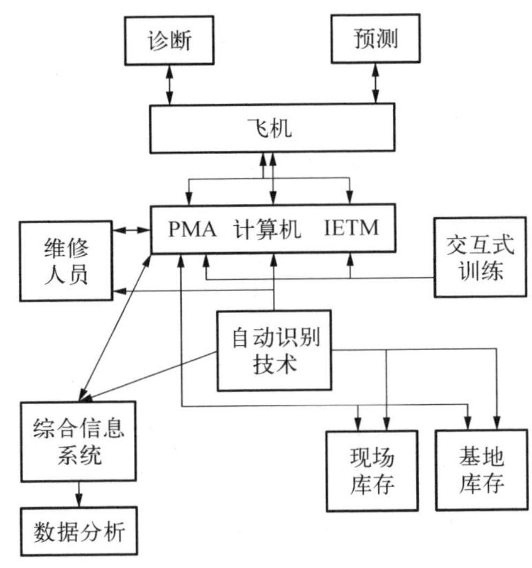

图 9－4　CBM+方案图示

CBM+的核心在于充分掌握飞机的健康状况,运用数据分析与决策技术预测即将发生的故障,同时还全面统筹集成用户运营支持和维修保障资源信息,做出最优的运营和维修决策,实现定制化的、最优的运营和维修支持。CBM+一般需要与 RCM 结合使用才能发挥最佳效果。利用 RCM 决断逻辑选择飞机的视情维修任务,根据必要性、技术可行性、经济性等因素进行状态监视手段的排序,合理选择视情维修策略。在 CBM+维修策略下,RCM 为 PHM 优化状态监控的手段和对象,保证 PHM 的效率;而 PHM 为 RCM 提供动态实时数据,保证了 RCM 分析的科学性和准确性,还可为 RCM 正确判断故障特征和发生原因提供依据。

在 PHM 技术支持下,将航线级-车间级-基地级的三级维修体制简化为航线级-基地级的二级维修体制,利用 PHM 所提供的故障诊断能力和运营保障资源统筹能力,将车间级的维修排故工作转化到航线维修中进行,是商用飞机 CBM+维修策略的基本维修模式。基于 PHM 的民用飞机维修保障模式如图 9－5 所示。

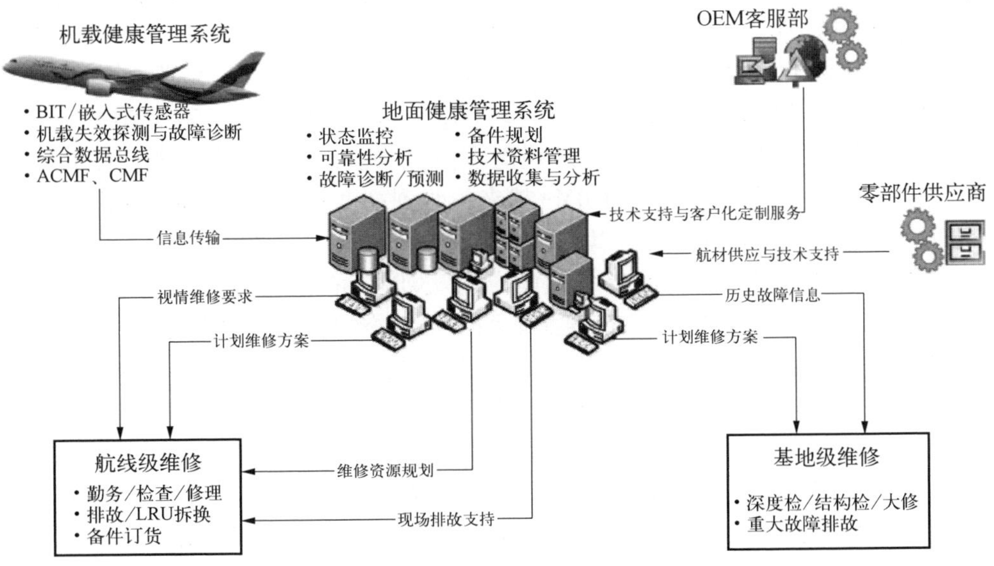

图 9－5　商用飞机 CBM+的二级维修模式

9.2.4.2　CBM+的特点

多年来,人们一直致力寻求先进的维修理论和最佳的维修技术,期望能够准确掌握装备状况并进行故障预测,实施精确维修,以最低的资源消耗获得最佳的维修效益,最大限度地发挥装备效能。由于CBM+其特有的优越性,使得它一经出现便成为民用航空维修领域关注的焦点,其宗旨是:在有需要维修的客观证据时才进行维修,同时保证装备的可靠性、安全性并降低使用与维修费用。它是以状态监控技术为基础,以装备状态信息与处理技术及维修分析决策技术为核心,通过监测装备的当前状态,对故障进行诊断、检测和隔离,然后进行分析及决策,并实施维修的活动。

与传统维修方式相比,CBM+在制定维修策略时考虑了系统运行状态及由于制造过程、使用保障过程等造成的差异,并尽可能在故障前进行维修。由于掌握了装备的现行技术状态,运用数据分析与决策技术预测装备的寿命并实施精确维修,所以能有效地减少停机时间,节约维修费用,延长使用寿命,提高装备的完好率和可用度。CBM+主要有以下的特点[89]:① 能把故障消灭在萌芽状态。检测运行状态,主动确定异常状态,及时事先维修。② 计划性更符合实际。CBM+强调计划检测,事先搜集信息,计划适时适度修理。③ 核心是巡回检测、故障诊断和适时适度修理。④ 按照需要进行修理。CBM+只需更换或修理损坏的部件。

9.2.4.3　CBM+对航空维修方式的影响

(1) 为航空维修提供发展方向。为了减少飞机潜在故障及维修时间,提高系统的可用度和重要部件使用寿命,采用CBM+已成为维修领域研究与应用的热点。CBM+有减少非计划停产检修、减少停产检修等待时间、防止维修不足和过剩维修、延长装备运转周期等优点。航空维修的未来必将是CBM+,事实表明了它的发展潜力,美军计划于2015年开始全面实行CBM+方案。据统计,应用监控与故障诊断技术实施状态维修后,事故发生率可降低75%,维修费用减少25%~50%。状态维修对了解装备的性能状态,及早发现潜在故障,确保任务圆满完成起着重要作用。作为一种先进的维修方式,CBM+越来越受到高度重视,各国都将其作为在维修保障领域所要达到的目标,所以说它为航空维修提供了发展方向。

(2) 促进高技术在航空维修领域的应用。CBM+依靠自动化的嵌入式或便携式数据收集传感器收集数据,在有迹象表明需要维修的情况下才实施维修。CBM+能够促使监控、测试和诊断技术、各种电子设备、传感器等高科技手段应用于航空维修领域。对CBM+方案及相关技术的研究,促进了各种新技术在航空维修领域的应用。

(3) 支持航空维修体制的变革。作为一种先进的维修体制,两级维修的成功实施要依赖于先进的监控、测试、诊断技术,CBM+的实现为维修体制的变革提供了前提条件。也正是由于CBM+的实现,才使得两级维修的优势充分体现出来,对提高维修效能,加强后勤响应乃至提高战斗力都具有重要意义,可以说它是维修体制变革的关键。

9.3　民用飞机视情维修决策建模

维修的目的在于改善系统可用性,减少故障频率和停机时间,而且减少维修费用也是必要的。维修中的大多数研究是关于系统在不同维修策略下的随机特性,从而确定最优化的系统维修策略。系统的随机特性主要是由系统维修成本和系统可靠性量度体现,如可用性、平均故障间隔时间(mean time to failures,MTTF)和失效率等。

Wang 和 Pham 列出了一般的影响最优化维修策略的各种因素[90-91],他们认为应当考虑结合不同的维修策略、系统结构、维修恢复程度、停止(shut-off)规则、优化标准、建模工具、系统状态、是否忽略维修时间等。视情维修优化决策建模是在一般维修优化决策的范畴中,但是视情维修有其独特性,比如它有状态参与决策。

从维修决策的理论优化角度出发,基于现有文献归纳出图 9－6 所示的几个视情维修优化决策需要考虑的主要因素概括如下[92-96]:① 维修策略是选择开展维修活动的时间点与确定维修方式。可以与在役龄相关的周期进行维修;也可以在与状态某检测时间点进行维修。发生故障失效时也是进行维修的时间点。② 系统结构是单部件系统,还是多部件系统,甚至可能是复杂系统、大系统。③ 停止规则——串联系统中有一个子系统故障修理,其他非故障子系统可用,修理完毕后,

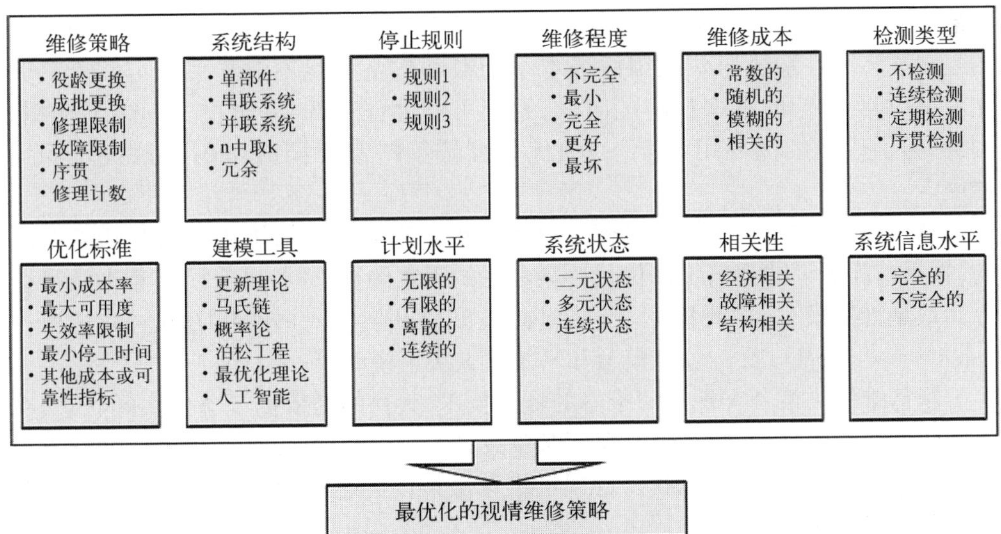

图 9－6　视情维修优化决策分考虑的因素

这些非故障子系统的状态看作与之前发生故障时状态一致。详细各种规则可以参考文献[97]。④ 维修程度——主要有预防性维修 PM,或事后维修 CM。这里的维修方式与维修程度也是相关的,如采取更换、最小维修、不完全维修等。⑤ 维修成本——成本可以包含：系统正常运行费用、失效损失费用、修理费用、更换费用、备件相关费用、设备折扣等。成本可能是确定常数,也可能是模糊或随机的。⑥ 检测类型——随时检测;定时检测,即对系统状态作定时的检测,只有在检测时才能获得系统状态;随机检测,即对系统状态的检测是随机进行的。⑦ 优化标准——优化模型目标函数,可以是关于费用的,也可以是关于可用度的。⑧ 建模工具——可以选择更新理论、马尔可夫方法、非齐次泊松过程等方法。⑨ 计划水平——指所优化时间的形式,可以是无限的、有限的、离散的或连续的。⑩ 系统状态——如果系统状态只有"好"或"坏"两种,那状态模式是二元的;如果系统状态为多元的,用离散形式 0、1、…、N 表示。⑪ 相关性——也就是多部件系统中各个子系统之间的关联特性,包括经济相关性、故障相关性或结构约束相关性。⑫ 系统信息水平——检测时,获得关于系统状态的信息水平是完全的;不完全信息水平,也会以某个概率获得错误的系统状态信息。

这里还有必要注意以下几点：① 系统的劣化模式——如果系统是普通失效,可以用递增的失效率表示系统的劣化;如果系统的运行受某个外部和系统内部的冲击的影响,则用冲击模型表示系统的劣化和失效。② 维修所占用时间模式——如果维修是瞬间完成的,认为用于维修时间远小于运行时间;如果考虑维修所用时间,可将维修时间看作常数或随机变量。③ 多部件系统的各个部件以成组的形式组成,为了建模单个单元系统的可靠性度量和成本率,有必要研究出有效且效率高的方法。④ 优化维修策略必须建立在成本率和可靠性指标的基础上。需要注意的是对于多部件系统的系统维修成本率的最小化就可能不意味系统可靠度最大化。有时,当维修成本率最小的时候,系统可靠度也很低,以至在实际中不适用。因而,为了达到最优使用性能,一项优化维修策略需要同时考虑维修成本和可靠度。

从要素的分析可以看出,维修策略派生推广出来的视情维修模型是纷繁杂乱的,根据前面所说的视情维修优化决策考虑的因素侧重不同,已有的模型大致可以分为最小维修模型、检测模型、延迟时间模型(delay time model,DTM)、冲击模型(shock model,SM)、比例危险模型和马尔可夫决策模型等。

视情维修决策是实现视情维修的核心技术,其目的是依据设备的实际状态,在设备临近故障前进行维修,既能保证避免故障的发生,又能充分利用设备的有效寿命。在现有维修体制下,机载设备视情维修决策内容主要包括维修项目决策和状态监测时间的决策[98]。

(1) 维修项目决策。确定最佳的维修项目,经常采用的维修项目包括：① 不采取任何维修措施,继续监测;② 预防性维修;③ 修复性维修。不同的维修项目,代表了不同的维修级别和维修投入。在以往的维修实践中,为减少意外停机时间,往往一发现故障征兆或运行异常,立即进行维修更换。因此,根据设备的实际状态进行维修项目决策,从而使维修活动合理有效地进行,对于提高设备可用度,降低维修成本都是非常重要的。

(2) 状态监测时间的决策。在维修项目决策选择“不采取任何维修措施,继续监测”后,需要决策下一次的状态监测时间,即进行状态监测时间 T_i 的决策。如果 T_i 较短,通过频繁的状态监测可降低故障漏判概率,但不可避免地增加监测费用,降低设备的可用时间;而 T_i 较长,则会有故障漏判发生。另外为获取初始信息,还要对首检时间 T_1 进行决策。设备的退化过程可通过潜在故障阈值 l_p 和功能故障阈值 l 划分成 3 种状态:可接受状态、潜在故障状态及功能故障状态;设备的退化状态同视情维修决策内容的对应关系如图 9－7 所示。

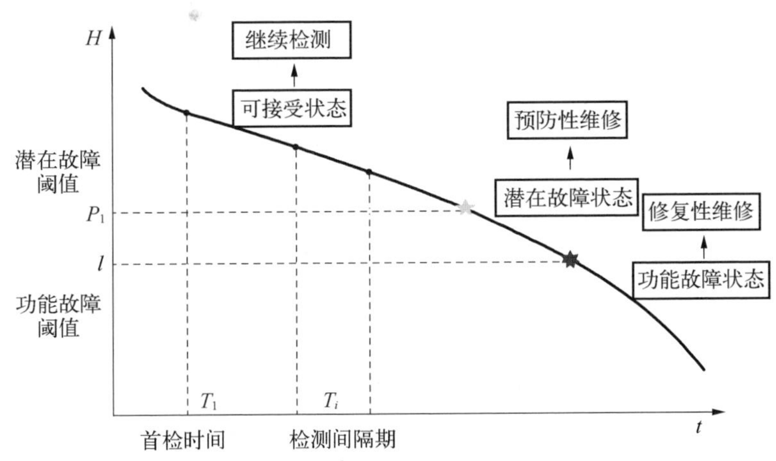

图 9－7　退化状态同视情维修决策内容的对应关系

要进行设备的视情维修决策,还需要明确决策目标,常用维修决策目标主要包括:① 安全性目标,常用于某些对设备运行安全性要求较高,故障发生后风险较大的场合。维修目标之一是要尽量避免故障发生,将风险降到最低,确保相关人员、设备及环境的安全。② 可用性目标,适用于长时间连续工作设备的视情维修决策建模,可用性用于衡量设备可用时间在总时间中所占的比重。③ 经济性目标,是对维修及维修费用的一种衡量,是最常见的视情维修决策目标,其常用指标为单位时间维修费用期望值最小,总的维修费用最小等。④ 任务性目标,是对设备短时任务执行能力要求较高的场合,主要指标为任务可靠性。

通过视情维修决策的内容及目标分析可以发现,视情维修决策是一个具有如下特点的决策建模及优化问题：① 视情维修决策是一个多决策变量的决策建模问题，视情维修决策的决策变量包括维修项目决策和状态监测间隔期决策等。② 视情维修决策是一个多约束条件的决策建模及优化问题，视情维修决策通常需要对决策变量进行约束，是一个多约束条件的建模及优化问题。③ 视情维修决策是一个多目标的决策建模及优化问题，视情维修决策的目标包括设备的可用度、维修费用率等。视情维修决策建模依据不同的角度有不同的分类方法，如依据决策目标来分类，常用的视情维修决策方法有最小成本现值法、面向风险分析的方法等；从建模决策变量的特点来分又可分为确定性模型、基于概率统计理论的模型等；从机载设备劣化模型的角度来对视情决策建模方法进行分类分析，最常用的视情维修决策模型有：比例危险模型、冲击模型、延迟时间模型、随机过程模型等。

1. 比例危险模型

比例危险模型能够较好地刻画系统寿命周期与相关协变量的内在联系，并可确定各协变量对系统风险的影响程度，在可靠性及维修等领域得到广泛应用。比例危险模型在视情维修决策领域应用的一大优势是能够将设备的故障率同其寿命和状态参数监测有效地联系起来，在给定优化目标函数后，可以获得视情维修的预防性维修阈值。加拿大多伦多大学的 Jardine 教授及其团队开展了大量基于比例危险模型的视情维修工程应用研究，结合 Markov 模型及费用等优化目标开发了视情决策软件包 EXAKT，并广泛应用在机械和运输等领域；左洪福等[98]利用 Weibull 比例风险回归的建模方法，采用最小维修成本、最大可用度策略研究了航空发动机最优维修决策阈值。

2. 冲击模型

SM 是可靠性工程中的一种典型的模型，以物理损伤机制为背景，研究遭受冲击设备的寿命、可靠性等性质。按照冲击对设备所造成的影响进行分类，DM 又可分为 4 种类型[99]：① 累计损伤增加模型，即每次冲击都会对设备造成损伤，而且损伤是累计的，当累计量超过给定的阈值，设备发生故障。② 累计投入增加模型，即每次冲击都会造成成本投入的增加。③ 故障率增加模型，即每次冲击都会增加设备的故障率，直到不能接受。④ δ -冲击模型，当两次冲击间隔时间小于给定的阈值 δ 时，设备直接发生故障，而间隔大于 δ 时，冲击不会对设备造成影响。可见，冲击模型具有很强的应用针对性。

在视情维修领域，DM 多用于解决累计冲击损伤条件下的维修决策问题。Li 等[100]以维修费用为优化目标，以检修间隔时间及维修项目为决策变量，研究当设备的累积冲击损害超过给定阈值的视情维修问题；而 Lai 等[101]研究了设备受 2 种不同 DM 下的视情维修决策问题。基于冲击模型的方法从设备的失效机制出发，比较贴合实际，但针对性过强，多用于对设备的失效机制有较清晰认识的情况下。

3. 延迟时间模型

DTM 将故障分 2 个阶段：初始缺陷时间 U 和故障延迟时间 H，其示意图如图 9-8 所示。

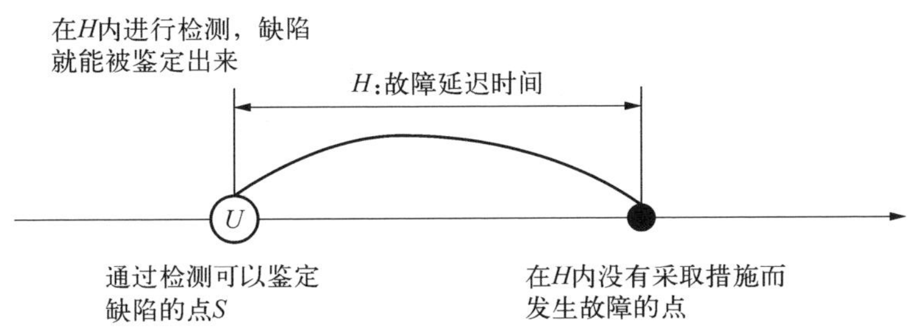

图 9-8　延迟时间模型

DTM 应用于视情维修决策时，为功能检测问题提供了一个可行的基础。早期的研究中，Christer 等假设初始时间服从均匀分布，与故障时间相互独立，这种假设使得更新周期内的故障风险、单位时间内的维护费用及停工损失等均为检测间隔期的函数；后来，对初始时间和延迟时间的分布类型进行了大量的研究工作，改进的延迟时间模型考虑了非理想检测且初始与延迟时间服从任意分布的情况，增强了延迟时间模型的实用性。严骏等[102]针对设备检测周期问题，建立了区分设备初始点检间隔期与重复点检间隔期的设备 2 阶段点检周期模型。

时间延迟模型同设备故障 P-F 间隔模型有着一定的相似性，能够较好地反映设备的退化过程，具有良好的应用前景，但其模型缺乏数学分析基础，通常需要同其他模型配合使用。

4. 控制限策略的随机过程模型

控制限策略即通过对设备进行定期或不定期的检测，获得设备的劣化水平或健康状态水平，并与给定的预防维修阈值比较，进而制定维修策略，采取相应维修措施。采用控制限策略的根本是要建立设备退化过程的模型，然后结合设备的实际运行状态和维修工作内容建立视情维修决策模型，最后利用维修目标进行模型优化。常用于视情维修过程建模的随机过程包括：Markov 过程、Gamma 过程、Wiener 过程等。赵飞[103]结合发动机监测信息和故障信息，采用 HMM 对发动机随机劣化过程进行建模，以长期运行过程中单位时间内维修成本最低为目标，开展了视情维修决策研究；谷玉波等[104]通过研究产品故障发生的机制，建立了基于 Gamma 退化过程的状态空间模型，运用 EM-PF 参数估计方法对模型中的参数求解，建立了以费用最小为目标的维修决策模型，确定了最优的维修更换时间以实现维修决策的优化。

基于控制限策略的随机过程的建模方法仅需利用数据驱动的方式就能比较接近实际地刻画设备的退化过程，不要求对设备的故障机制有较多的先验知识[105]。因此，控制限策略的随机过程模型可应用在具有缓变退化过程设备的视情维修决策建模中。

9.3.1 基于比例危险模型的民用飞机视情维修决策方法

风险函数是指 t 时刻未失效而在其后瞬时失效的条件概率，表达式为

$$h(t)=\lim_{\Delta t\to 0}\frac{P\{t\leqslant T\leqslant t+\Delta t\mid T\geqslant t\}}{\Delta t}=\frac{f(t)}{R(t)} \tag{9-2}$$

式中，$f(t)$ 为概率密度函数；$R(t)$ 为可靠度函数。

比例风险模型中，相同类型的两个产品的风险函数之比是一个只与协变量有关，而与生存时间 t 无关的函数，并且不同个体的风险函数呈一定比例关系。假设一个随机变量 t 表示设备的寿命时间，$h_0(t)$ 表示基本风险函数，则比例风险模型的一般形式表示为

$$h(t\mid \mathbf{Z}(t))=h_0(t)\exp(\boldsymbol{\gamma}^{\mathrm{T}}\mathbf{Z}) \tag{9-3}$$

基本危险函数可以采用幂率危险函数（即 Weibull 类型）。Weibull 过程型全参数的比例危险模型（WPHM）如下所示：

$$h(t\mid \mathbf{Z}(t))=\frac{\beta}{\eta}\left(\frac{t}{\eta}\right)^{\beta-1}\exp(\boldsymbol{\gamma}^{\mathrm{T}}\mathbf{Z}(t)) \tag{9-4}$$

式中，$\exp(\boldsymbol{\gamma}^{\mathrm{T}}\mathbf{Z}(t))$ 是指数函数，比例风险模型认为其对实际风险有乘积效应；β 是形状参数；η 是尺寸参数；$\boldsymbol{\gamma}^{\mathrm{T}}\mathbf{Z}(t)=\gamma_1 Z_1+\gamma_2 Z_2+\cdots+\gamma_p Z_p$ 是协变量的线性组合。$\boldsymbol{\gamma}$ 是与之对应的回归系数向量。未知参数 $\boldsymbol{\beta}$、$\boldsymbol{\eta}$、$\boldsymbol{\gamma}$ 的估计需要采用极大似然估计来实现。

从而得到对应的设备状态衰退特征的 t 时刻的可靠度函数定义为

$$R(t\mid \mathbf{Z}(t))=\exp\left[-\int_0^t h(s\mid \mathbf{Z}(s))\right]\mathrm{d}s=\exp\left[-\int_0^t\frac{\beta}{\eta}\left(\frac{s}{\eta}\right)\exp(\boldsymbol{\gamma}^{\mathrm{T}}\mathbf{Z}(s))\mathrm{d}s\right] \tag{9-5}$$

在将威布尔分布比例风险模型应用到设备运行可靠性评估和分析的过程中，首先需要解决的问题就是根据已经获取的设备状态特征数据对 WPHM 中的未知参数 $\theta=[\beta,\eta,\boldsymbol{\gamma}]$ 进行参数估计。本书选择使用极大似然估计法来求解模型中的三个待定参数。

借助各类传感器可以监测并获取飞机上设备及其部件在不同运行状态时的特

征数据,模型参数估计需要的数据主要包括设备运行的状态信息、寿命数据及故障历史记录等。假设这些数据获取的时间序列为 $(t_1,\ t_2,\ \cdots,\ t_n)$,则可以得到 WPHM 的极大似然函数如下:

$$L(\beta,\ \eta,\ \boldsymbol{\gamma}) = \prod_{i=1}^{q}\left(\frac{\beta}{\eta}\right)\left(\frac{t_i}{\eta}\right)^{\beta-1}\exp(\boldsymbol{\gamma}\mathbf{Z}(t_i))$$

$$\times\prod_{j=1}^{n}\exp\left[-\int_0^{t_j}\left(\frac{\beta}{\eta}\right)\left(\frac{s}{\eta}\right)^{\beta-1}\exp(\boldsymbol{\gamma}\mathbf{Z}(s))\,\mathrm{d}s\right] \tag{9-6}$$

式中,n 表示样本数据的总量;q 表示故障样本的数量;δ_i 表示截尾数据指示量,取值为 1 时为故障,取值为 0 时则为截尾;$\mathbf{Z}(t)$ 表示 t 时刻检测到的设备运行特征指标。

对式(9-6)取对数以利于化简求解,进一步得到 WPHM 的对数似然函数为

$$\ln L(\beta,\ \eta,\ \boldsymbol{\gamma}) = q\ln\left(\frac{\beta}{\eta}\right) + (\beta - 1)\sum_{i=1}^{q}\frac{t_i}{\eta} + \sum_{i=1}^{q}\boldsymbol{\gamma}\mathbf{Z}(t_i)$$

$$-\sum_{j=1}^{n}\int_0^{t_j}\left(\frac{\beta}{\eta}\right)\left(\frac{s}{\eta}\right)^{\beta-1}\exp(\boldsymbol{\gamma}\mathbf{Z}(s))\,\mathrm{d}s \tag{9-7}$$

根据极大似然估计法,分别对上式 $\ln L(\beta,\ \eta,\ \boldsymbol{\gamma})$ 中的待定参数 β、η 和 $\boldsymbol{\gamma}$ 求偏导数,并将各个求得的偏导数取值为零,从而可以得到一组非线性方程组。利用 Newton 迭代法或 Nelder-Mead 算法来对这个方程组进行求解,这样就可以求出 WPHM 的待定参数的估计值 $\hat{\theta} = [\hat{\beta},\ \hat{\eta},\ \hat{\boldsymbol{\gamma}}]$,从而完成威布尔比例风险模型的建立,具体过程如下。

若协变量 $\mathbf{Z}(t)$ 与时间相关,但是具体函数形式未知,那么可以如下估计参数。设:

$$U_j = \int_0^{t_j}\left(\frac{\beta}{\eta}\right)\left(\frac{s}{\eta}\right)^{\beta-1}\exp(\boldsymbol{\gamma}\mathbf{Z}(s))\,\mathrm{d}s = \int_0^{t_j}\exp(\boldsymbol{\gamma}\mathbf{Z}(s))\,\mathrm{d}\left(\frac{s}{\eta}\right)^{\beta} \tag{9-8}$$

协变量与时间相关,可以假设只在时刻 $t_j(j=1,\ 2,\ \cdots,\ n)$ 才知道协变量的值,这样就可以把 $\{\boldsymbol{\gamma}\mathbf{Z}(t) \mid t \geqslant 0\}$ 看作是右连续的阶跃过程 $\{[\boldsymbol{\gamma}\mathbf{Z}(t)]^* \mid t \geqslant 0\}$,也就是说只在时刻 $t_j(j=1,\ 2,\ \cdots,\ n)$ 时发生变化,其他时间保持前一时刻的值作为常数。

根据文献[106],利用分部积分,得

$$U_j^* = \left(\frac{t_1}{\eta}\right)^{\beta}\exp[(\boldsymbol{\gamma}\mathbf{Z}(0))^*] + \sum_{v=2}^{j}\left[\left(\frac{t_v}{\eta}\right)^{\beta} - \left(\frac{t_{v-1}}{\eta}\right)^{\beta}\right]\exp(\boldsymbol{\gamma}\mathbf{Z}(t_{v-1})) \tag{9-9}$$

相应的对数似然函数可以转化为

$$\begin{aligned}\ln L(\beta,\eta,\boldsymbol{\gamma}) = & q\ln\left(\frac{\beta}{\eta}\right) + (\beta-1)\sum_{i=1}^{q}\frac{t_i}{\eta} + \sum_{i=1}^{q}\boldsymbol{\gamma}\boldsymbol{Z}(t_i) \\ & - \sum_{j=1}^{n}\left(\frac{t_1}{\eta}\right)^{\beta}\exp[(\boldsymbol{\gamma}\boldsymbol{Z}(0))^{*}] \\ & + \sum_{v=2}^{j}\left[\left(\frac{t_v}{\eta}\right)^{\beta} - \left(\frac{t_{v-1}}{\eta}\right)^{\beta}\right]\exp(\boldsymbol{\gamma}\boldsymbol{Z}(t_{v-1}))\end{aligned} \tag{9-10}$$

对似然函数分别求各参数的一阶偏导数，并置为0，得到下面的方程组：

$$\frac{\partial\ln L(\beta,\eta,\boldsymbol{\gamma})}{\partial\beta}=0,\ \frac{\partial\ln L(\beta,\eta,\boldsymbol{\gamma})}{\partial\eta}=0,\ \frac{\partial\ln L(\beta,\eta,\boldsymbol{\gamma})}{\partial\gamma_k}=0 \tag{9-11}$$

式中，$k=1,2,\cdots,p$。

这些方程组是关于β、η、$\boldsymbol{\gamma}$的超越方程，具体求解过程如下：

$$g(\boldsymbol{\theta}) = \left[\frac{\partial\ln L(\beta,\eta,\boldsymbol{\gamma})}{\partial\beta}\ \frac{\partial\ln L(\beta,\eta,\boldsymbol{\gamma})}{\partial\eta}\ \frac{\partial\ln L(\beta,\eta,\boldsymbol{\gamma})}{\partial\gamma_1}\cdots\frac{\partial\ln L(\beta,\eta,\boldsymbol{\gamma})}{\partial\gamma_p}\right] \tag{9-12}$$

$$H(\boldsymbol{\theta}) = \begin{bmatrix} \frac{\partial^2\ln L(\beta,\eta,\boldsymbol{\gamma})}{\partial\beta^2} & \frac{\partial^2\ln L(\beta,\eta,\boldsymbol{\gamma})}{\partial\eta\partial\beta} & \frac{\partial^2\ln L(\beta,\eta,\boldsymbol{\gamma})}{\partial\gamma_1\partial\beta} & \cdots & \frac{\partial^2\ln L(\beta,\eta,\boldsymbol{\gamma})}{\partial\gamma_p\partial\beta} \\ \frac{\partial^2\ln L(\beta,\eta,\boldsymbol{\gamma})}{\partial\beta\partial\eta} & \frac{\partial^2\ln L(\beta,\eta,\boldsymbol{\gamma})}{\partial\eta^2} & \frac{\partial^2\ln L(\beta,\eta,\boldsymbol{\gamma})}{\partial\gamma_1\partial\eta} & \cdots & \frac{\partial^2\ln L(\beta,\eta,\boldsymbol{\gamma})}{\partial\gamma_p\partial\eta} \\ \frac{\partial^2\ln L(\beta,\eta,\boldsymbol{\gamma})}{\partial\beta\partial\gamma_1} & \frac{\partial^2\ln L(\beta,\eta,\boldsymbol{\gamma})}{\partial\eta\partial\gamma_1} & \frac{\partial^2\ln L(\beta,\eta,\boldsymbol{\gamma})}{\partial\gamma_1^2} & \cdots & \frac{\partial^2\ln L(\beta,\eta,\boldsymbol{\gamma})}{\partial\gamma_p\partial\gamma_1} \\ \vdots & \vdots & \vdots & \ddots & \vdots \\ \frac{\partial^2\ln L(\beta,\eta,\boldsymbol{\gamma})}{\partial\beta\partial\gamma_p} & \frac{\partial^2\ln L(\beta,\eta,\boldsymbol{\gamma})}{\partial\eta\partial\gamma_p} & \frac{\partial^2\ln L(\beta,\eta,\boldsymbol{\gamma})}{\partial\gamma_1\partial\gamma_p} & \cdots & \frac{\partial^2\ln L(\beta,\eta,\boldsymbol{\gamma})}{\partial\gamma_p^2} \end{bmatrix} \tag{9-13}$$

确立$\boldsymbol{\theta}=(\beta\quad\eta\quad\cdots\quad\gamma_p)^{\mathrm{T}}$的初值$\boldsymbol{\theta}^{(0)}$，代入下面的迭代公式：

$$\boldsymbol{\theta}^{(k+1)} = \boldsymbol{\theta}^{(k)} - H(\boldsymbol{\theta}^{(k)})^{-1}g(\boldsymbol{\theta}^{(k)}) \tag{9-14}$$

式中，$k=0,1,2,\cdots$。

当$|\boldsymbol{\theta}^{(k+1)}-\boldsymbol{\theta}^{(k)}|\leqslant\varepsilon$时，停止迭代，最终得到参数型比例危险回归模型为

$$h(t \mid \boldsymbol{Z}) = \frac{\hat{\beta}}{\hat{\eta}}\left(\frac{t}{\hat{\eta}}\right)^{\hat{\beta}-1}\exp(\hat{\boldsymbol{\gamma}}\boldsymbol{Z}) \tag{9-15}$$

参数估计之后,代入式(9-15)并整理后,有

$$\sum_{k=1}^{p}\hat{\gamma}_k Z_k = \ln h^*(t \mid \boldsymbol{Z}) - \ln\left(\frac{\hat{\beta}}{\hat{\eta}}\right) - (\hat{\beta}-1)\ln\left(\frac{t}{\hat{\eta}}\right) \tag{9-16}$$

该式反映了设备寿命与状态变量之间的关系。对于特定的故障危险值 h^*,代入式(9-16),以 t 为横坐标,$\sum\hat{\gamma}_k Z_k$ 为纵坐标,此即为该风险率下的维修阈值。对于当前某时刻的状态协变量值,乘以协变量系数后,在图中画点,如果该点在曲线下方,则仍可以运行;如果该点在曲线上方,则意味着设备性能衰退,需要拆换、送修。

CBM 决策主要包括两方面的内容:一是维修决策控制限的制定;二是维修行为的决策。其中前者尤为重要,因为实施 CBM 策略的关键是在系统状态参数与性能劣化衰退程度之间建立起较为精确的对应关系。按照实际需求预先设定某一安全或经济性指标作为系统的维修阈值,由此实现了对系统性能是否超标的评判。通常地,从安全性和经济性角度出发,当被监测的参数接近或超出这一规定的水平时,应考虑在适当时机进行维修。

假设得到了 Weibull 型全参数的比例危险模型,设预防性维修成本为 C_{PM},事后维修成本为 C_{CM},总成本为 C,根据单位时间内总成本最小,制定一个最优的预防性维修间隔 T_{PM}。

单位时间内总成本的期望可以表示为

$$E\left(\frac{C}{t}\right) = \frac{C_{PM} + C_{CM}n(t)}{t} \tag{9-17}$$

式中,$n(t)$ 为 t 内的平均失效数。对于 Weibull 类型:

$$n(t) = \int_0^t h_0(u)\,\mathrm{d}u = \left(\frac{t}{\eta}\right)^{\beta} \tag{9-18}$$

代入式(9-17),有

$$E\left(\frac{C}{t}\right) = \frac{C_{PM}}{t} + \frac{C_{CM}}{\eta^{\beta}}t^{\beta-1} \tag{9-19}$$

当 $\beta > 1$ 时,令

$$\frac{\mathrm{d}\left[E\left(\frac{C}{t}\right)\right]}{\mathrm{d}t} = 0 \tag{9-20}$$

即

$$0 = -\frac{C_{PM}}{t^2} + (\beta - 1)\frac{C_{CM}}{\eta^{\beta}}t^{\beta-2} \tag{9-21}$$

经函数求极值可知,存在如下 T_{PM},使得式(9－17)左边最小:

$$T_{PM} = \eta\left[\frac{C_{PM}}{(\beta - 1)C_{CM}}\right]^{1/\beta} \tag{9-22}$$

若已知维修成本,再将前述的 WPHM 模型估计出的参数代入式(9－22),就可以得到推荐的最优预防性维修间隔。

9.3.2 基于延迟时间模型的民用飞机视情维修决策方法

在民用飞机运行过程中,如果潜在故障可检测点到功能故障发生点的间隔比较稳定,就可以运用延迟时间模型对民用飞机部件的维修进行建模和维修优化决策。在部件的寿命周期内出现的故障时间是一个随机变量,相对应检查间隔是相等或不相等的。具体的检测策略: ① 第一次的检测在部件工作到 $T_0 = kT(k = 1, 2, \cdots)$ 时进行,T 为检测周期;② 在检查/功能检查时若发生潜在故障,则尽可能地短时间排除,以免在后续工作中发生功能故障,部件从工作到发生潜在故障再到被修复的过程称为检测更新过程;③ 在部件工作中,只要出现功能故障就必须马上进行维修,对应的过程为故障更新;④ 检查/功能检查时,部件未发生故障可以维持正常工作,则不进行维修干预。

飞机结构中发生裂纹的部件可用延迟时间的概念描述裂纹故障发展过程。在检查中可以发现部件的潜在故障的起始点 u,由潜在故障起始点发展功能故障的这段时间为延迟时间 h。在 $(u, u + h)$ 这段时间内检查就能发现部件的潜在故障,在发展成功能故障前可以通过维修手段恢复正常状态。如果确定潜在故障发生的模型,也就是潜在故障发生的概率 $g(u)$ 和延迟时间分布 $f(h)$,就找到了检查频率和设备故障次数之间的关系,也就得到了部件的延迟时间模型。通过分析可知建立延迟时间模型的关键在于得到潜在故障发生时间 U 的分布 $f(u)$ 和潜在故障的延迟时间 H 的分布 $f(h)$,可以通过对 U 和 H 用统计学方法进行参数估计,得到它们之间关系。

从部件开始运行状态时刻开始,到潜在故障发生的时间间隔为 u,分布密度函数为 $g(u)$,其累计概率函数为 $G(u)$。而功能故障发生时间的累计概率 $P(t)$,是 $g(u)$ 和 $f(h)$ 的卷积。

$$P(t) = \int_0^t g(u)F(t - u)\,\mathrm{d}u \tag{9-23}$$

部件的可靠度为

$$R(t) = 1 - P(t) \tag{9-24}$$

部件发生功能故障后更换或维修的效果是使设备恢复如新,这样部件的故障-检查-更换的过程可以作为更新过程来建模。

假设 $N(t)$ 是部件在时间区间 $(0, t]$ 内发生故障的次数,部件被修复如新,则两次维修间的时间 t_1, t_2, …, t_i,… 是独立同分布的,即过程 $\{N(t), t \geqslant 0\}$ 属于更新过程。

假设部件在区间 $(0, t]$ 内发生故障次数的期望为 $E[N(t)]$,则

$$\lim_{t\to\infty} \frac{E[N(t)]}{t} = \frac{1}{\text{MTBF}} \tag{9-25}$$

如果更新过程 $\{N(t), t \geqslant 0\}$ 产生了故障间隔时间 T_1, T_2, …, T_i,…,称为部件的更新寿命,Re_1, Re_2, …, Re_i,… 为第 i 个更新寿命 T_i 中的报酬。由以上分析得到若干 (T_i, Re_i) 应该是独立同分布的。设区间 $(0, t]$ 内总报酬为 $\text{Re}(t)$,则

$$\lim_{t\to 0} \frac{\text{Re}(t)}{t} = \frac{\sum_{i=1}^{\infty} E(\text{Re}_1)}{\sum_{i=1}^{\infty} E(T_i)} \tag{9-26}$$

由式(9-26),以费用最低为优化目标,即以一个更新周期内的期望费用最低为优化目标。根据对部件检查维修过程的描述,建立以费用最低为优化目标的维修决策模型。

1. 完备检测费用决策模型

完备检测是指只要发生了可检测的潜在故障,在最近的一次定期检查中就一定可以被维修人员检测到。现建立完备检测下的维修决策模型。

1) 在区间 (t_{i-1}, t_i) 发生功能故障

潜在故障的发生时间点 u 总会落在某个检查间隔内,不失一般性,设检查间隔为 (t_{i-1}, t_i),若潜在故障发展为功能故障经过的时间 h 小于或等于 $t_i - u$,则在任一次检查间隔 (t_{i-1}, t_i) 内出现功能故障。概率为

$$P_F(t_{i-1}, t_i) = \int_{t_{i-1}}^{t_i} g(u) F(t_i - u) \mathrm{d}u \tag{9-27}$$

式中,$F(t_i - u)$ 为部件在 u 点发生潜在故障后,在 $(0, t_i - u)$ 内发生功能故障的累计概率。

部件的寿命周期为 $u + h$,部件的停机时间为 $(i-1)d_I + d_F$,部件费用包括检

查费用 c_i 和直接维修费用及故障引起的其他损失 c_F，为 $(i-1)c_i + c_F$。

2）在时间区间 (t_{i-1}, t_i) 内只发生潜在故障

假设检查是完善的，只要发生潜在故障，在发展成功能故障前进行的检查中一定可以发现潜在故障，同时及时展开维修，则该事件称为检测更新。对应概率为

$$P_{IR}(t_i) = \int_{t_i-1}^{t_i} g(u)[1 - F(t_i - u)]\mathrm{d}u \tag{9-28}$$

潜在故障在任一检查间隔 (t_{i-1}, t_i) 内，部件的整体维修费用包括检查费用 c_I 和预防性维修费用 c_P，即 $ic_I + c_P$。

将式(9-23)和式(9-24)综合得到潜在故障发生在任一间隔 (t_{i-1}, t_i) 内时部件的期望寿命周期内的费用为

$$E[C(t_{i-1}, t_i)] = [(i-1)c_I + c_F]P_F(t_{i-1}, t_i) + (ic_I + c_R)P_{IR}(t_i) \tag{9-29}$$

其寿命周期期望为

$$E[T(t_{i-1}, t_i)] = \int_{t_{i-1}}^{t_i}\int_0^{t_i-u}(u+h)g(u)f(h)\mathrm{d}h\mathrm{d}u + t_iP_{IR}(t_i) \tag{9-30}$$

将所有检查间隔内的期望值相加，得到部件在一个更新周期内的期望费用和期望寿命。

期望费用：

$$E[C(\Delta)] = \sum_{i=1}^{\infty} E[C(t_{i-1}, t_i)] = \sum_{i=1}^{\infty}\{[(i-1)c_I + c_F]P_F(t_{i-1}, t_i) + (ic_I + c_R)P_{IR}(t_i)\} \tag{9-31}$$

式中，$\Delta = t_i - t_{i-1}$ 为检查周期。则单位时间内费用：

$$C_{\mathrm{avg}}(\Delta) = \frac{E[C(\Delta)]}{E[T(\Delta)]} \tag{9-32}$$

2. 不完备检测的费用决策模型

不完备检测是指潜在故障以一定的概率被检测，设检出概率代表不完备检测的程度。不完备检测是指部件在区间 (t_{i-1}, t_i) 内发生的潜在故障不一定会在时刻 t_i 被检测出，而是在 t_i 或 t_i 之后的某次检查中被检测出。潜在故障发生在 (t_{i-1}, t_i) 内的概率：

$$P_u(t_{i-1}, t_i) = \int_{t_{i-1}}^{t_i} g(u)\mathrm{d}u \tag{9-33}$$

在 t_i 或 t_i 之后的时刻发生检测更新的概率依次为

$$P_h(t_i) = b\left[1 - \int_0^{t_i - u} f(h)\,\mathrm{d}h\right]$$

$$P_h(t_{i+1}) = (1-b)b\left[1 - \int_0^{t_{i+1} - u} f(h)\,\mathrm{d}h\right]$$

$$\vdots$$

$$P_h(t_{i+n}) = (1-b)^n b\left[1 - \int_0^{t_{i+n} - u} f(h)\,\mathrm{d}h\right] \tag{9-34}$$

由式(9－33)和式(9－34)得潜在故障发生在 (t_{i-1}, t_i) 内以预防性更换为终点的概率为

$$\begin{aligned} P_{IR}(t_{i-1}, t_i) &= P_u(t_{i-1}, t_i)\sum_{n=0}^{\infty} P_h(t_{i+n}) \\ &= \sum_{n=0}^{\infty}(1-b)^n b\int_{t_{i-1}}^{t_i} g(u)\bar{F}(t_{i+n} - u)\,\mathrm{d}u \end{aligned} \tag{9-35}$$

式中，

$$\bar{F}(t_{i+n} - u) = 1 - \int_0^{t_{i+n} - u} f(h)\,\mathrm{d}h \tag{9-36}$$

为潜在故障发生后在 $(0, t_{i+n})$ 不发生功能故障的概率。

对 $P_{IR}(t_{i-1}, t_i)$ 累加可得一个更新周期以检测更新为终点的概率：

$$P(\Delta) = \sum_{i=1}^{\infty} P_{IR}(t_{i-1}, t_i) = \sum_{i=1}^{\infty}\sum_{n=0}^{\infty}\left[(1-b)^n b\int_{t_{i-1}}^{t_i} g(u)\bar{F}(t_{i+n} - u)\,\mathrm{d}u\right] \tag{9-37}$$

潜在故障发生之前的平均检查次数为

$$S(\Delta) = \sum_{i=1}^{\infty}\bar{G}(t_i) = \sum_{i=1}^{\infty}\left[1 - \int_0^{t_i} g(u)\,\mathrm{d}u\right] \tag{9-38}$$

平均检查次数为

$$I(\Delta) = S(\Delta) + 1/bP(\Delta) \tag{9-39}$$

部件平均更新周期长度为

$$E[T(\Delta)] = K + N(\Delta) \tag{9-40}$$

式中，K 为平均潜在故障发生时间。

$$N(\Delta) = \sum_{i=1}^{\infty} \sum_{n=0}^{\infty} \left[(1-b)^n b \int_{t_{i-1}}^{t_i} \int_0^{t_{i+n}-u} g(u) \bar{F}(s) \mathrm{d}s\mathrm{d}u \right] \tag{9-41}$$

平均更新周期内的期望费用为

$$E[C(\Delta)] = c_I I(\Delta) + c_P P(\Delta) + c_R [1 - P(\Delta)] \tag{9-42}$$

单位时间内费用：

$$C_{\text{avg}}(\Delta) = \frac{E[C(\Delta)]}{E[T(\Delta)]} \tag{9-43}$$

9.3.3 基于 WPHM 的航空发动机视情维修决策案例

本节研究航空发动机监测类与事件类的状态数据特点，首先选择合适的状态协变量，然后根据基于状态的视情维修决策优化模型确定发动机拆换控制限。做一些简要假设：① 建模前的基本假设，包括把发动机整机看作单部件作为研究对象；故障失效模式是性能衰退；发动机性能衰退的故障危险函数是递增的；检测时系统状态信息水平是完全的。② 建模中涉及的数据主要来自两个方面：第一个条件是发动机监测数据；第二个条件是发动机故障事件数据。监测类的状态数据——根据物理来源的不同，状态监测数据包括振动数据、声学数据、油液分析数据、温度、压力、湿度、目视数据、其他与物理设备的运行状态相关的数据。民航发动机可以提供的状态数据有：气路性能数据、振动数据、温度数据、滑油数据等，反映出发动机的故障、衰退、劣化等征兆。事件类的状态数据——事件数据是指在什么时候发生了什么事件。从事件数据中还可以知道人们对设备做了什么。③ 初始 WPHM 模型中可以纳入很多协变量，但是模型要求协变量之间是不相关的，因此一般会先对协变量进行主成分分析。另外，也要求协变量在模型中是显著的，常见的有 Z 检验或 Wald 检验等。这些都是属于协变量筛选的范畴。④ 用于寿命预测的拆换控制限与维修决策是紧密相连的。基于状态的维修策略用于建立发动机拆换控制限和预防性维修控制限，基于上述这些事件数据和状态监测数据可以对民航发动机进行 CBM 决策优化。事件数据可以直接获得，但是由于状态监测数据需要借助于其他监测设备获得，也就不可避免出现诸如信息水平降低、有噪声，以及随机和模糊的不确定性等问题，数据的信息水平也就不同，这样对应的决策模型也不同。

为了验证基于状态监测的视情维修决策方法的有效性，下面以发动机为对象，进行上述 PCA、WPHM 型建模、视情维修决策等过程。选择某航空公司 1999～2004 年的 A300－600 飞机的 CF6－80C2A5 型发动机拆换的记录，详细的数据是在发动机在翼寿命历史记录的基础上，增加了拆换时刻的发动机性能参数值，如表

9-1所示。这些性能参数有发动机排气温度偏差(DEGT)、燃油消耗量偏差(GWFM)、高压转子转速偏差(GPCN25)、低压转子振动值偏差(ZVB1F)、高压转子振动值偏差(ZVB2R)、排气温度裕度(EGTHDM)。

表 9-1　发动机拆换历史记录

SN	LOW/h	δ	发动机排气温度偏差/℃	燃油消耗量偏差/%	高压转子转速偏差/%	低压转子振动值偏差/%	高压转子振动值偏差/%	排气温度裕度/℃
149	4 055	0	11.434 5	3.104 8	1.497 7	0.798 5	0.240 9	16.517 6
149	7 095	1	9.122 2	3.371 7	1.783 2	0.313 8	0.457 7	9.277 8
243	7 801	1	24.369 4	4.747 4	2.092 7	0.029 0	0.518 1	-0.162 2
⋮	⋮	⋮	⋮	⋮	⋮	⋮	⋮	⋮
664	5 264	1	10.009 0	5.780 0	1.537 8	0.106 7	0.552 8	3.731 0

1. 主成分分析

由主成分分析算法,得到主成分:

$$\boldsymbol{Z}=\begin{bmatrix} z_1 \\ z_2 \\ z_3 \end{bmatrix}=\begin{bmatrix} l_{11} & l_{12} & l_{13} & l_{14} & l_{15} & l_{16} \\ l_{21} & l_{22} & l_{23} & l_{24} & l_{25} & l_{26} \\ l_{31} & l_{32} & l_{33} & l_{34} & l_{35} & l_{36} \end{bmatrix}\cdot\begin{bmatrix} x_1 & x_2 & x_3 & x_4 & x_5 & x_6 \end{bmatrix}^{\mathrm{T}}$$

式中,x_1, x_2, …, x_6 是分别代表气路性能参数 DEGT、GWFM、GPCN25、ZVB1F、ZVB2R、EGTHDM; $\boldsymbol{Z}$ 是所抽取的主成分矩阵,三个主成分所占百分比分别为 36.962%、18.597%、17.369%,经计算 $\boldsymbol{L}=\begin{bmatrix} 0.398 & 0.328 & 0.112 & 0.185 & -0.019 & -0.371 \\ -0.224 & 0.080 & 0.670 & 0.171 & -0.583 & 0.149 \\ -0.016 & 0.415 & 0.477 & -0.470 & 0.534 & 0.232 \end{bmatrix}$。

2. WPHM 协变量筛选与参数估计

将表 9-2 中参数代入 $\boldsymbol{L}$ 得到 $\boldsymbol{Z}$ 矩阵与时间、截尾指示量组成的数据,以这些数据进行 WPHM 建模,进行协变量筛选与参数估计。

表 9-2　WPHM 参数估计结果

WPHM 参数	估计值	标准差	Z 检验	显著度水平
β	2.317	0.341	6.789	0
η	7 852.437	-	-	-
Z_1	-0.121	0.043	-2.815	0.005
Z_2	-0.289	0.142	-2.032	0.042
Z_3	0.031	0.035	0.864	0.388

根据显著度水平等因素，考虑把三个主成分都保留在 WPHM 模型里面，因此可以得到 WPHM 模型：

$$h(t \mid \boldsymbol{Z}) = \frac{2.317}{7\,852.437}\left(\frac{t}{7\,852.437}\right)^{1.317} \cdot \exp(-0.121Z_1 - 0.289Z_2 + 0.031Z_3)$$

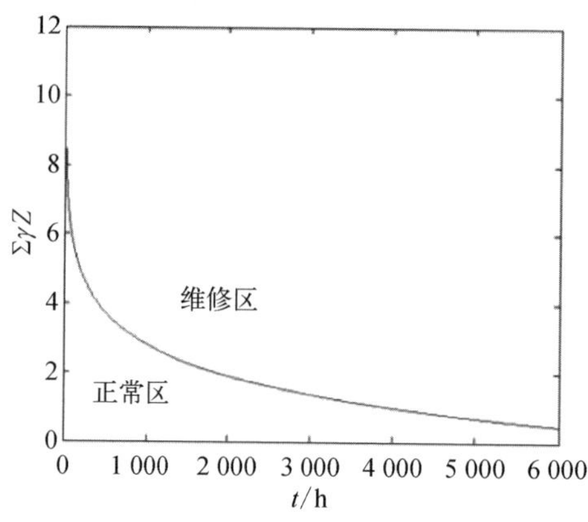

图 9－9　航空发动机的 CBM 维修时机决策图

3. 发动机拆换控制限

这里考虑基于风险率的控制限。上面得到的 WPHM 是整个发动机机队故障危险率的体现，将表 9－2 中发动机拆换 0 记录回代入上式，计算出一系列相应的故障危险率，保守起见，选择的故障危险率 $\lambda^* = 0.000\,324\,802$，加上估计得到的参数值，代入式(9－16)中，得到整个发动机机队拆换控制限如式(9－44)所示，则航空发动机的 CBM 维修时机决策如图 9－9 所示。

$$\sum_{p=1}^{3} \gamma_p Z_p = 11.908 - 1.317\ln t \tag{9-44}$$

当对同型号航空发动机进行监测时，如果取得的数据代入式(9－43)得到的值在曲线下方区域，称为工作区，则可以继续运行并进行状态监测；如果在曲线上方区域，称为维修区，则需要进行预防性维修。

4. 基于状态的维修决策

假设发动机拆换就是事后维修，平常的在翼维护为预防性维修，这样需要决策两个方面。

1）事后维修决策

$$\begin{aligned} y = \sum \gamma Z &= 0.016\,1x_1 - 0.049\,9x_2 - 0.192\,4x_3 \\ &\quad - 0.086\,4x_4 + 0.187\,3x_5 + 0.009\,0x_6 \end{aligned} \tag{9-45}$$

可以根据前面介绍的内容，建立拆换控制限。实际决策中，将当前时刻监控到的状态参数代入式(9－44)计算。若超出寿命控制限的上限，则应该立即换发送修；若处于图中寿命控制限下限的下方，则可以正常运行；若处于上下限中间时，则属于临近失效的过渡状态，考虑加强监控或执行预防性维修措施。将发动机拆换历史记录代入 WPHM 模型，得到 $h_{\min} = 0.000\,020\,095\,2$，$h_{\max} = 0.000\,324\,802$。这样可以建立发动机拆换控制限如式(9－46)所示，其拆换送修决策如图 9－10 所示。

$$\begin{cases} y_1 = 11.9080 - 1.317\ln t \\ y_2 = 9.1249 - 1.317\ln t \end{cases} \tag{9-46}$$

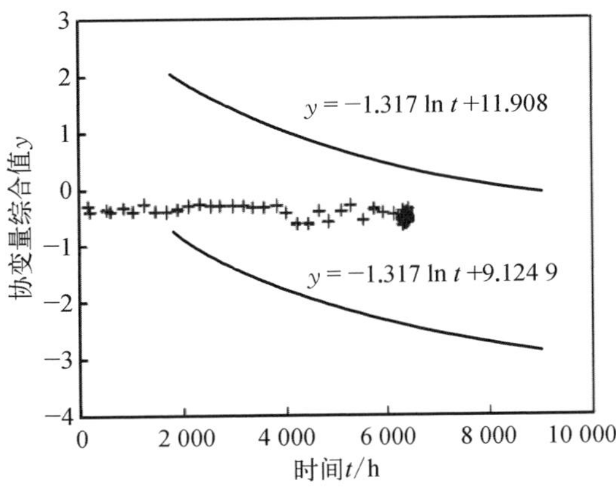

图 9－10　发动机拆换送修决策

图 9－10 中两条对数曲线即为发动机拆换控制限，故障强度小，则在翼时间控制限就越低。某台发动机的性能参数 DEGT 和 ZVB2R 数值序列，经过协变量系数加权后在图中画点。

决策 1：点位于下限下方为安全，位于上限上方为性能衰退，需拆换做 CM 维修活动。

决策 2：点位于中间属于过渡状态，需要重点监控或做 PM 维修活动。

2）考虑成本的预防性维修决策

将估计出的比例危险模型参数代入式(9－22)求得的最优预防性维修间隔计算公式，可以得

$$T_{PM} = 7\,852.437\left(\frac{C_{PM}}{2.317C_{CM}}\right)^{1/1.317}$$

上式反映了预防性维修成本和事后维修成本对最优预防性维修间隔 T_{PM} 的影响关系。

决策 1：令成本率 $\alpha = C_{PM}/C_{CM}$，一般预防性维修成本比事后维修成本要小得多，即 $\alpha \ll 1$ 可以得到如图 9－11 所示的曲线。可以看出，若预防性维修成本 C_{PM} 所占比例高，则 T_{PM} 大；若事后维修成本 C_{CM} 所占比例高，则 T_{PM} 小。

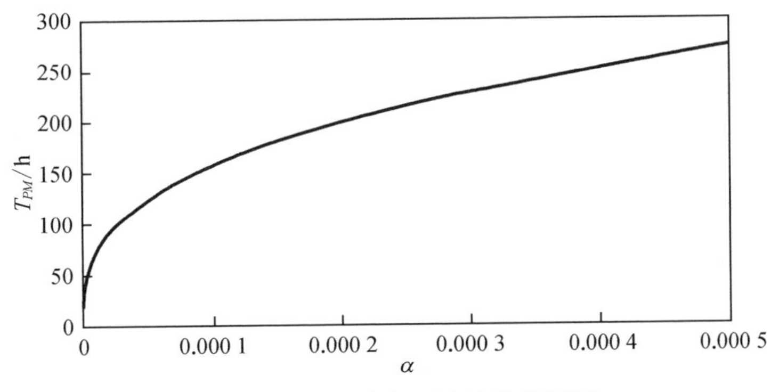

图 9－11　成本率与预防性维修间隔

决策 2：图 9－12 中曲线 1 为 C_{CM} = 150 万美元，曲线 2 为 C_{CM} = 250 万美元，曲

线 3 为 $C_{CM}=350$ 万美元。可以看出，若预防性维修成本 C_{PM} 固定，则 T_{PM} 随事后维修成本 C_{CM} 的增大而减小；若事后维修成本 C_{CM} 固定，则 T_{PM} 随预防性维修成本 C_{PM} 的增大而增大。

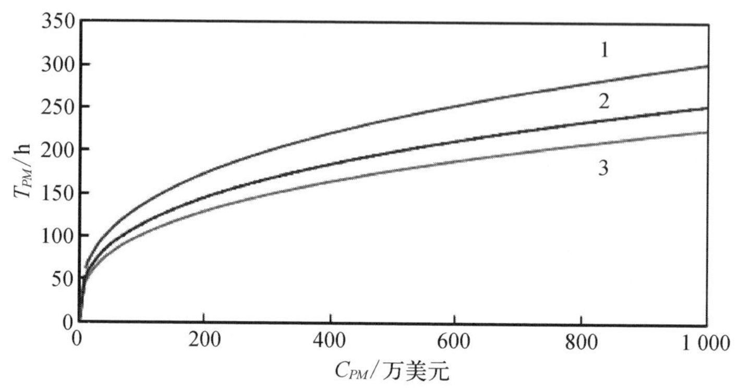

图 9－12　成本影响下的预防性维修间隔

9.4　结构健康监控技术对维修任务的影响

新一代大型民用飞机有别于以往同类飞机的一个重要标志就是机体结构大量采用复合材料。复合材料的大量应用减少了结构损伤的相对数量，减少了防腐剂的使用也给结构的接近和修理带来便利。但仅就损伤的检测而言，由于复合材料内部缺陷不易检测。在这种情况下，结构健康监测（structural health monitoring，SHM）为检测与维护提供了良好的选择。

SHM 系统的加入将给飞机结构维护工作带来革命性的改变，特别是飞机的计划维修策略。改变传统基于经验和损伤预测的周期性维护方式，实现维护的视情化，能够大幅降低维护成本，保障飞行安全。未来的先进民用客机，必将逐步利用 SHM 系统来监测结构的状态，辅助运营商进行更有效的结构维护工作。

9.4.1　SHM 技术与 MSG－3 分析的联系

为了在 MSG－3 分析过程中考虑 SHM 系统的影响，按照以下三类损伤考虑 MSG－3 分析内容和 SHM 系统检测内容。

（1）偶然损伤：由于随机发生的离散事件造成的结构固有剩余强度水平降低。

对于地面操作设备、货运设备、人为失误、跑道碎片残骸等会造成复合材料结构变形的损伤源，压电传感器、光纤传感器、声－超声探头、阻抗片可实现对结构应变、应力的监测。对于雷击、雨水、液体浸泡等影响到所处区域的温度、pH 值的损伤源,微波传感器、比较真空检测传感器、环境退化监测传感器、敏感涂层、箔式涡流传感器可实现温度及环境监测。

(2) 环境退化:由于不良天气或环境所引起的结构强度的变化。

环境损伤中的温度可通过对温度的监测获得,湿气、液体环境等腐蚀环境可通过监测 pH 获得。温度传感器、比较真空检测传感器、环境退化监测传感器、敏感涂层、箔式涡流传感器可实现对此类参数的监测。

(3) 疲劳损伤:由于交变载荷引起的开裂及其持续扩展。

对于疲劳损伤,光纤传感器可以测出裂纹的位置,电阻应变计可以测出裂纹的长度;被动超声波传感技术可监测到结构因发生裂纹扩展而产生的声发射信号;已经成功应用于金属结构裂纹监测的比较真空监测技术也已初步应用到复合材料结构的裂纹监测。

9.4.2　基于 SHM 的计划维修任务确定

从维护的角度,结构健康检测技术可分为 S－SHM 和 A－SHM,分别代表计划性的结构健康检测和自动化的结构健康监测,前者通过周期性的间隔提取、分析监测数据,对结构故障进行诊断和预测,产生按一定周期进行的 S－SHM 任务;而后者实现实时的结构状态监控和分析,并能够依据诊断结果向机组和维护人员及时反馈损伤信息,产生视情维护任务。基于 SHM 技术的 MSG－3 分析流程如下。

(1) 对于所有损伤形式都能够被 A－SHM 完全覆盖的结构,结构状态能够实时反馈,直接产生视情维护任务。因此,这类结构不再作为 MSG－3 分析的对象。

(2) 对于非安全寿命项目的疲劳损伤分析,判断是否有 SHM 系统对疲劳裂纹进行监控。若有,则根据 SHM 系统设计情况直接生成相应的 S－SHM 任务或者视情维护任务作为对应的 FD 任务,否则,按照传统损伤容限分析方法进行 FD 分析,得到 FD 任务。后续,对生成的任务进行 PSE/ALI 判断,分别列入适航性限制文件和结构维修大纲。

(3) 对于 AD/ED,无 SHM 则按照传统流程进行 AD/ED 分析,有则分以下三种情况。

① SHM 能够覆盖传统检测需求,针对 A－SHM 和 S－SHM 系统生成视情维护任务和 S－SHM 任务。S－SHM 任务的门槛值由主制造商直接提供,它和传统的意外损伤和环境退化因素相关,但更多取决于 S－SHM 系统本身的构架和性能。

② SHM 不能完全覆盖传统检测需求,但能够对其进行调整。当 SHM 系统只能监测部分损伤源和损伤时,对于可监测的部分,通过 S－SHM 任务或视情维护进行覆盖,其他部分则进行传统分析得到传统检查任务。

③ S－SHM 不能覆盖传统检测需求,也无法对其进行有效调整,需要按照传统 MSG－3 流程进行 AD/ED 分析,得到相应检查任务。这类的 SHM 系统所检测的

数据可能无法直接对应到 AD/ED 分析中的参数,不会直接影响初始 MSG-3 分析结果。

经过了上述流程,最终形成了两大类的维修任务:S-SHM 任务和 GVI、DET、SDI 任务,以及视情维护任务。

第 10 章　基于大数据的民用飞机健康管理若干关键技术研究

自 20 世纪 90 年代国际领先的民用飞机制造商引入飞机健康管理的概念和技术以来,经过 20 多年的发展,目前已建立起基于空地双向数据通信系统的实时监控与健康管理系统,可实时收集飞机的状态信息,及时获取飞机的健康状态,并对飞机全寿命周期内的健康状态进行有效管理。目前,PHM 在美国、欧洲的主要航空发达国家的工业界和研究机构得到了充分的认可和推广应用,并且朝着更加综合化、标准化和智能化的方向发展。健康管理演化至今,特别是"中国制造 2025"、工业大数据、工业互联网等概念提出以来,正在从研发生产为中心,转向以客户服务为中心的健康管理[107]。大数据时代下,提高健康管理技术研究和服务水平,可以更好地为我国大型客机提供全球化服务和全寿命周期服务解决方案,从而达到高度数字化、网络化、集成化、实时化和智能化的运营支持服务的目标。

在航空维修领域中会有越来越多的数据收集和分析工具加入航空公司运营管理中,为维修保障人员及时确定故障原因和维修措施、合理安排维护时间提供技术支持,从而实现预测性维修,提高飞机签派率,降低维护成本。

本章首先通过大数据背景下的国内外制造商和航空公司相关健康管理演化历程的调研,在分析民航业数据基础上,给出了一些未来可能应用到民用飞机健康管理系统的若干关键技术,最后对基于大数据的民用飞机健康管理技术面临的挑战和未来的发展方向进行了展望。

10.1 基于大数据的民用飞机健康管理技术发展概要

10.1.1 国外基于大数据的健康管理发展概要

GE 目前已开始在全球推广使用其大数据分析平台，其 2015 年收入超过 10 亿美元。2015 年，亚航通过使用 Flight Efficiency 服务，节省 1 000 万美元的燃料成本。这一解决方案揭示运营规律并能将数据转化为对操作具有指导意义的分析结果，从而帮助航空公司优化航班流量的序列管理和航线设计等。至 2017 年，仅燃油费用，亚航就可以节省近 3 000 万美元。亚航区域燃油能效经理 Jonathan Sanjay 表示：如果每次飞行都能节省开支，一年下来的节约将相当可观。即使百分之一的成本节省也意味着数百万美元[108]。在健康管理大数据平台的基础上，2015 年 GE 向所有合作公司开放了 Predix 平台，为自定义行业应用的快速开发及资产管理绩效的提升提供支持，Predix 应用工厂为进行快速的原型设计、验证和开发工业互联网应用提供了先进的方式。这是 GE 首创的全新客户协作创新方式，旨在以此推动大规模的创新，实现用户体验与设计、大数据科学、机械连接和软件开发等领域内专家的融合。GE 应用工厂流程已在 GE 加州圣拉蒙的先进设计中心投入使用，被用于开发新的解决方案，为客户创造更好的价值链[109]。

波音公司同样非常重视数据中心、云计算、大数据分析和移动计算的应用。近几年，波音启动了庞大的企业云计划，包括多个云计算项目，例如，基于云计算的数字化航空平台，通过数据集成、业务集成、流程集成、系统集成及数字化技术革新，突破云计算应用技术，计划整合 5 000 多个应用、15 000 多个服务器、20 000 多个数据库系统、20 多 PB 的存储、14 000 多个虚拟机；同时，开发了含有 20 000 多个高分辨率图像的波音 737 虚拟现实环境，研制了基于移动计算的数字化工具箱、数据驱动的航图服务等。截至 2018 年底，波音的数据仓库中有超过 310 亿条记录，每 90 天增长 10 亿条[110]。波音更是将大数据技术作为企业的重要发展机遇，目前对大数据科学家、大数据工程师的需求量非常大。

空客也同样将大数据作为企业的重要发展战略，利用大数据进行预测维修等。空客联合大数据集成和 Palantir Technologies 公司共同推出了 Skywise 平台，用以整合涵盖运营终端历史、机载传感器数据、机组报告、服务通告、飞机研发数据等航空数据，Skywise 旨在成为所有主要航空公司使用的参考平台。空客最新的航空大数据平台覆盖的机型包括空客 A320、空客 A330、空客 A340、空客 A380 及空客 A350。Skywise 可以将来自各个渠道的丰富的航空数据及运营方前期数据资源全部整合到一个更为安全的云平台上，帮助运营商通过更为全面的运营、维护及飞机数据来进行运营商自身的分析与决策。国外除了主要 OEM 厂商开发基于大数据的健康管理平台之外，航空公司也开发了结合自身运营情况的大数据分析平台，成了 OEM 厂商支持服务的有效补充[111]。

自 2015 年起法国航空-荷兰皇家航空集团建立了自己内部的大数据分析平台 Prognos 工具，通过 Prognos 工具向客户提供个性差异化服务。此外，Prognos 工具中还包括用于发动机性能监控的软件，结合大数据技术实现故障识别及预测，提前作出应对措施，进而有效指导运营商降低维修成本。关于 Prognos 工具中发动机健康监控的产品目前正处于测试阶段，且借助空客的大数据系统逐步将其应用于 A380 服务，为 OEM 支持服务提供有益补充[112]。德国汉莎公司发布了 Condition Analytics 平台，实现大数据的状态分析，将状态监控与维修预测两项功能有效结合。通过 Condition Analytics 平台，汉莎帮助航空公司降低运营支持成本、提高飞机可靠性和安全性。此外，汉莎还推出了一个独立的模块化数字平台 AVIATAR，该平台不仅可以在保障安全性的前提下存储航空公司的运营数据，而且可以将存储的数据用于指导预测维护方案制定、状态监测与故障模式识别及分析。AVIATAR 平台加载了交互式世界地图，可以实时采集机队每架单机的所有相关数据以提供状态监控、故障维修和机队管理等服务。通过实时数据流的分析，结合机队状况及飞机的故障和维修记录，自动检测数据集中的依赖关系，帮助发现故障发生与其他因素之间的隐藏关系，以可视化的方式向交互式世界地图发送提示或特定的维护任务，帮助用户改进维护计划或预测故障[113]。

10.1.2　国内基于大数据的健康管理发展概要

中国商飞作为国产民用飞机产业化的主要载体，致力于研制更经济、更安全、更环保、更舒适的国产民用飞机，承担着我国拥有自主知识产权的 ARJ21 新支线飞机、C919 大型客机及 CR929 中俄远程宽体客机的研制生产任务。作为中国民用客机的主要 OEM 厂商，中国商飞同样关注大数据、云计算及 AI 等前沿技术在航空领域的应用，中国商飞与 GE、阿里云、腾讯云等公司开展了在大数据、云计算等领域的多项合作，就大数据相关技术在民用飞机设计、制造及运营支持领域的应用展开联合探索与协作。商飞公司已经针对 ARJ21、C919 等型号相继开发了健康管理系统，通过健康管理系统的应用为主制造商提供了获取飞机大量运营信息和飞行数据的手段，结合各种大数据分析手段，使中国商飞能及时掌握机队飞机的健康状况，为客户提供更优质的服务，同时能够不断提升自身的飞机设计水平[114]。

国内航空公司同样积极探索航空大数据在民用飞机健康管理领域的应用。南方航空公司的大数据平台由大数据服务平台和大数据处理平台两部分组成，其中大数据处理平台是基于 Hadoop 搭建，并成功解决了南方航空公司针对大数据存储困难和存储混乱等问题。东方航空公司与 GE 合作开发了 Flight Pulse 软件进行飞行品质分析，通过状态监控系统进行数据采集与分析，可对巡航阶段性能参数趋势偏差进行监控，还可针对起飞状态的性能参数分析评估发动机状态和剩余在翼时间，使工程人员可通过软件监控评估发动机的性能，分析各部件的健康状况。海南航空公司在其创新体系建设中通过使用大数据技术提高机队的保障水平，飞机健康管理大数据应用平台通过飞机实时状态监控和健康管理，可以及时发现潜在故障，以便提前做出应对措施，防止运行不正常事件的发生，优化机队维修和工程管理水平，保障机队安全运行品质和提升维修效率，为航空公司维修控制及工程管理提供了有效的实施途径。

10.1.3 国内外差距

相比于国外众多知名航空大数据分析平台，我国主要民用飞机制造商及航空公司也开发了各自的大数据分析平台与软件，但在实际应用过程中还存在如下问题。

首先，国产民用飞机起步较晚，面临着型号少、产量较低、运营架次不多的实际状况，也存在着单机传感器布置数量不足、监测参数不准确等实际问题，可供国内 OEM 厂商采集与分析的数据量远远不足，严重限制了国产民用飞机大数据健康管理平台现阶段的使用性能。

其次，国内航空公司在健康管理平台的开发及大数据分析手段的应用方面与国外相比起步较晚，大多为借鉴国外经验或与外企合作开发，在大数据分析平台的验证与实践方面经验不足，在数据分析能力及维修决策准确性等方面还存在着很大的提升空间。

最后，国内企业在资源整合方面起步较晚，中国商飞于 2017 年底刚刚成立数据管理中心，而与 GE、腾讯云等企业的合作目前仍处于起步阶段，同时国内航空公司与互联网企业在大数据分析等领域也存在着巨大的合作空间。

10.2 基于大数据的民用飞机健康管理若干关键技术

10.2.1 云计算技术

飞机作为交通运输工具，其在地域上具有分散性，若要实现准确实时的民用飞机的故障诊断与预测，则需储备构建知识库。当前的民用飞机健康管理系统大多数是一对一服务模式，仅适用于飞机特定系统或特定功能，导致系统知识储备不完善利用率不高。因此，亟待将现有的系统架构模式面向网络化，由当前的一对一应用模式向为一对多、多对一、多对多等模式发展，进而提升知识资源的共享程度，以及提升故障预测与健康管理效率的目标[115]。

云计算为突破现有 PHM 架构瓶颈提供了可行的途径，该技术是在 2006 年提出的一种新兴的分布式计算方法，由 Google、Amazon 等互联网公司发起。云计算技术通过互联网将计算、存储、软硬件等资源进行整合与虚拟化，为用户提供服务，用以解决大数据存储量等问题；此外，该技术以同心圆的方式向外辐射，将计算机集群作为数据中心，不同领域用户可结合互联网随时、按需、便捷地访问共享资源，通过大数据处理将分析结果针对性地传送给用户，用户则依据交互界面获取所需的资源和信息，提高管理水平和服务效率[116]。

云计算是通过多台计算机组接成一个大的计算平台，该计算平台存储能力强、计算能力高、容错性能好、具有可扩展等优势，利用虚拟、负载均衡、一致性管理、分布式存储等技术实现“按需给予”的服务模式。随着云计算技术的快速发展，云计算平台随之涌现，如微软 Azure 平台、IBM Bluemix 平台、谷歌云计算平台、Hadoop 和 Spark 平台等，这些云计算平台能够快速准确完成大数据挖掘任务[117]。

民用飞机主制造商及大型航空公司机队规模、机型众多，地域与资源相对分散，数据异源异构且数据量较大，造成飞机健康管理相对复杂困难。结合虚拟化技术云计算能够把物理上虚拟化的软硬件提供给用户，节约用户重复购买软硬件实体的资金；云计算平台的系统资源配置是动态的，可以有效解决目前民用飞机健康管理系统对于资源利用不充分的问题；此外，云计算是以网络为基础，用户通过互联网实时传输数据，方便快捷实现数据共享，使得民用飞机健康管理的数据共享问题得以有效解决。综上所述，对于民用飞机健康管理和资源共享而言，云计算技术具有优势[118]：① 资源虚拟化。云计算尤为显著的一个特征为虚拟化，为用户提供有偿服务，用户不需分配额外资金重复购买实体基础设施，进而节约流动成本。② 资源配置动态化。云服务系统可为多个需求不同的用户同时服务，在使用过程中系统会依据用户的请求为用户提供动态的资源分配，提供差异化个性服务。③ 以网络为中心。云计算是以网络为基础，用户通过浏览器接入云端享受服务，所有需要执行的操作均可通过浏览器和或联网环境完成。④ 随时随地按需服务。用户可通过互联网随时随地访问系统，定制自身所需的云服务，不需考虑地域的限制。

云计算技术在民用飞机的健康管理中的应用，提升故障诊断预测与维修决策效率。具体原因为：云计算服务过程是一个动态控制过程，可依据用户需求提供一对一、一对多、多对一或多对多服务模式，通过弹性增加或减少资源协调优化按需分配资源；结合虚拟化技术实现资源统一管理，自动形成分配决策进行资源分配，满足用户请求。基于云计算的民用飞机健康管理系统架构如图 10－1 所示。

由图 10－1 可知，基于云计算的民用飞机健康管理系统由物理资源层、虚拟资源层、服务层和表达层构成，具体功能如下。

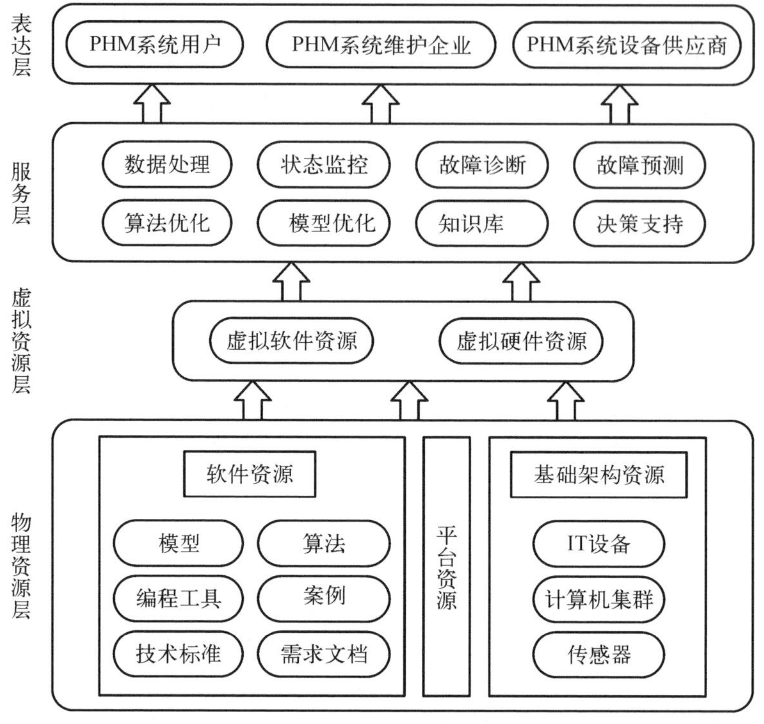

图 10-1　基于云计算的 PHM 体系架构示意图

(1) 物理资源层：该层作为整个架构体系的基础，为信息传输提供可靠稳定的环境和相关资源，其中资源主要包括基础架构、平台及软件等资源。

(2) 虚拟资源层：该层通过对物理资源层相关资源进行虚拟化处理，形成可以执行操作且与真实物理机器功能相似的非真实资源。虚拟资源层目的是将众多相似的资源整合成一个具有同构的大的资源池，其资源管理主要涉及发现匹配、优化调度、实时监控等活动。

(3) 服务层：该层又称构建层(service-oriented architecture，SOA)，主要目的是将云计算技术打包成规范的 Web Services 服务，为用户提供软件平台服务。

(4) 表达层：该层主要结合人机交互界面，通过用户选择需要的服务，依据所需的服务针对性调用平台中相关的虚拟资源，用于达到所提出的需求目标，最终满足用户需求。

10.2.2　数据挖掘技术

数据挖掘的定义具体包含如下含义：数据源必须具有大规模、真实、含噪声等特性；挖掘发现的知识需满足用户的要求和需求；挖掘发现的知识易于理解接受、便于系统和用户使用；挖掘发现的知识具有相对性，是在特定前提和约束条件下，将其应用于特定领域。

数据挖掘技术的出现和发展使人们通过数据历史过程处理加强数据的利用程度,突破数据简单查询和分析处理的瓶颈,给人们提供了一种有效利用现有数据的技术途径。该技术兴始于 20 世纪 80 年代后期,成功应用于银行、电信、保险、交通、零售等商业领域,随之开始探索在其他领域的应用;此外,该技术在高维海量数据方面,关于大数据关联规则、分类预测等技术上具有明显的优势。因此,将数据挖掘技术应用于设备状态监测、故障诊断等领域,有利于突破传统健康管理所面临的知识获取瓶颈[119]。

在将数据挖掘技术引入到民用飞机状态监测和故障诊断之前,应从全局的角度对数据挖掘流程进行论证,这样才能有效避免使用与应用的盲目性。数据挖掘的流程主要包括目标理解与定义、数据预处理与转换、挖掘建模及模型应用四个主要阶段,具体过程如图 10-2 所示[120]。

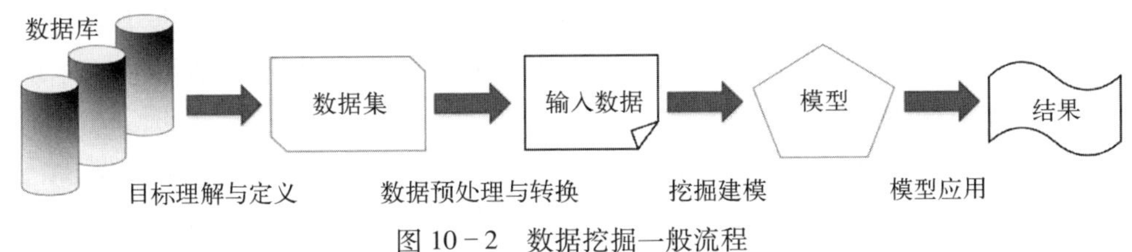

图 10-2　数据挖掘一般流程

第一步:目标理解与定义——数据挖掘应用范围较广,其主要适用于大数据背景下人们不能直接发现隐藏信息的领域。例如,在大型装备或复杂产品状态监测、故障诊断领域,相关人员对于装备或产品整体性能有很好的把控,但是当其零部件的装配、加工等工艺发生变化时,知识库并不具备这一新状态的知识储备,导致难以监测(或诊断)装备(或产品)特性。

第二步:建立挖掘数据集——该流程包括数据选择、数据清理、数据变换和数据归约四个部分,此流程大约需要占用整个数据挖掘项目 80%左右的时间。监测系统获取的数据通常具有海量复杂多样等特性,因此,在建立挖掘数据集过程中,首先需要确定数据集的目标,进而结合获取的数据对其进行清理、变换和归约,最终形成满足需求的有效数据集。

第三步:数据挖掘——又称为模型发现,该流程是一个循环反复的过程,结合统计理论和机器学习实现模型的建立及验证。为了保证数据挖掘具有较高的精确度和较好的鲁棒性,数据模型一般包括挖掘模型和评价模型两部分。

第四步:模型的应用——在海量数据的驱动下,针对不同的工程数据集模型会依据不同需求与特点通过不断学习实现模型更新,保证所建立的模型具有较高的监测能力和故障检出率。

10.2.2.1　并行聚类分析方法

聚类(clustering)分析是通过对象之间的相似性,采用距离度量方式来描述对象间的相似度,将数据分为多个不同的类或簇,同一个类中的数据对象之间的相似度很高,而不同类中的数据对象具有较大的差别。聚类分析通过分析每个分类的特点,将数量型属性的取值划分为能有效地反映数据的实际分布情况的若干区间,进而实现特征分类。

为了掌控当前的健康状况,飞机会时刻产生大量动态数据,并行聚类分析方法可有效实现动态数据信息挖掘。以飞机燃油系统为例,并行聚类分析不仅有效提升燃油数据的处理速度,而且明显加强故障数据挖掘的能力,为驾驶员合理操作提供参考。基于并行聚类分析的飞机燃油系统数据挖掘流程为:根据计算节点的数量对历史数据集进行划分,形成 p 个数据子集 D_1, D_2, …, D_p;然后,基于形成的 p 个数据子集形成局部数据集群{C_{11}, C_{12}, …, C_{1x}}、{C_{21}, C_{22}, …, C_{2y}}…{C_{p1}, C_{p2}, …, C_{pz}}和孤立点集合{O_p},进而将孤立点加以聚类获取新的数据集群{C_{o1}, C_{o2}, …, C_{om}}和新的孤立点集合{Oo};最后,将局部和孤立点聚类结果进行合并,确定全局聚类最终结果。

综上所述,并行聚类算法一般流程为[121]:① 基于采集的飞机历史数据,结合划分策略将其均匀或等差地划分为 p 个数据子集,并且每个数据子集都被发送到相应节点。② 结合聚类算法在每个节点对其数据进行局部处理,形成多组数据集群和一组数据孤立点集合,进而将聚类结果发送至对应的主节点。③ 依据聚类结果形成集群集和孤立点集,使用聚类合并技术合并节点聚类和集群聚类结果,形成最终的集群集。

10.2.2.2　复杂故障的关联规则分析方法

关联规则用以描述一个事件和其他事件之间相互依赖关系或关联知识,若两项或多项属性之间存在关联关系,则某一属性值就可通过其他属性值进行衡量。例如,在给定 I 的条件下,存在 X 与 Y 之间某一关联规则,可用 $X \Rightarrow Y$ 表示,其中,$X \subseteq I$, $Y \subseteq I$, $X \cap Y = \phi$。

支持度(Support)和置信度(Confidence)是衡量关联规则是否有效的重要指标。支持度用以体现关联规则在数据集中的重要性;置信度用来表述关联规则可信程度。数据挖掘目的是挖掘出具有高支持度和高可信度的规则,进而发现有效知识的目标,最终满足系统需求。而支持度和置信度是基于数据集投影的定义建立起来的[122]。

数据集 D 投影:给定 I 和数据集 D,对项集 $X \subseteq I$,记 $D_X = \{T \mid T \in D \cap X \subseteq T\}$ 称 D_X 为数据集 D 在项集 X 上的投影。

关联规则的支持度(Support):基于数据集 D 和给定的关联规则,令

$\sup_D(X \Rightarrow Y) = \frac{|D_{X \cup Y}|}{D}$，称其为 $X \Rightarrow Y$ 在 D 上的支持度。

关联规则的置信度（Confidence）：基于数据集 D 和给定的关联规则，令 $\mathrm{conf}_D(X \Rightarrow Y) = \frac{|D_{X \cup Y}|}{D}$，称其为 $X \Rightarrow Y$ 在 D 上的置信度。

基于数据集 D 和给定关联规则 $X \Rightarrow Y$，且设定 $\mathrm{min\_sup} \in (0, 1)$ 及 $\mathrm{min\_conf} \in (0, 1)$，当 $\sup(X \Rightarrow Y) \geqslant \mathrm{min\_sup}$ 且 $\mathrm{conf}(X \Rightarrow Y) \geqslant \mathrm{min\_conf}$ 时，称 $X \Rightarrow Y$ 为 D 上的强关联规则。其中，min_sup 称为最小支持度，min_conf 称为最小置信度，两者取值根据实际需求进行确定。

频繁项集：给定 D 和项集 X，设定 $\mathrm{min\_sup} \in (0,1)$，称 $\sup(X) = \frac{|D_X|}{D}$ 为 X 在 D 上的支持度，当 $\sup(X) \geqslant \mathrm{min\_sup}$ 时，称 X 为 D 上的频繁项集。由此，可将 D 上所有的频繁项集用一个集合进行表示，即 $FI_D = \{X \mid X \subseteq I \cap \sup(X) \geqslant \mathrm{min\_sup}\}$。所有支持度大于等于最小支持度的项集称为 D 上频繁项集，其他的项集称为 D 上非频繁项集。

对于飞机健康诊断而言，机载健康数据的响应之间的关系需要通过复杂故障原因分析确定。然而，这种关系不能用线性或非线性函数关系进行表述，只能在一定约束条件下用相关关系进行描述。关联规则的数据挖掘主要有两步：首先找出所有的故障频繁项集；然后依据最小可信度和最小支持度要求找出满足条件的相关关系，具体流程如图 10－3 所示。

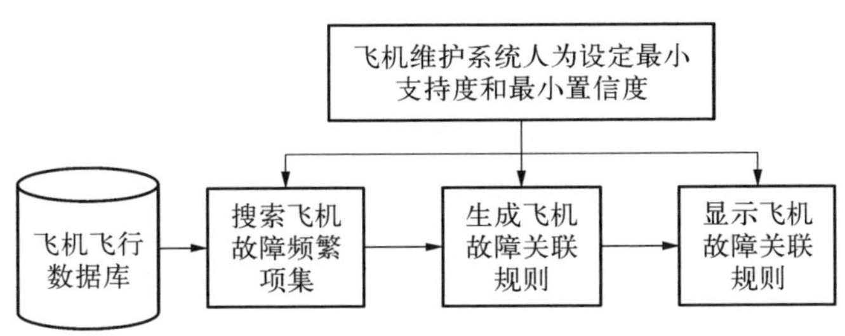

图 10－3　复杂故障的关联规则发掘流程图

10.3　面临的挑战与未来展望

10.3.1　民用飞机健康管理面临的挑战

民用飞机健康管理数据蕴含着丰富的信息和知识，有利于帮助客户服务团队站在更高层面和更广视角掌握飞机运行状况，帮助用户提升决策效能，提供优质服务。随着大数据时代来临，智能故障诊断、故障预测及维修决策的理论与方法遇到了新的挑战和机遇[123]：① 目前现有研究大多数利用单台设备诊断单一物理源信号，在大数据时代背景下，通常采用多传感器获取多物理源信号，其具有信号差异大、采样策略形式多、数据价值密度低等特性，如果依赖传统专家人为选择信号的形式进行处理，其分析精度和效率将不可预估。② 信号处理技术的特征提取需要专家深入了解机械装备故障机制的基础上，结合信号处理技术实现故障信息的表征，其通用性和适用性具有局限性。对于多工况、多故障、多模式的大数据特征提取，仅靠传统的专家系统并不能有效识别故障特征。③ 现有的智能优化算法仅能对健康状态辅以决策，对于民用飞机健康管理大数据潜藏的知识信息而言，智能优化算法无法有效反映系统故障原因、演化机制信息。④ 大数据背景下的故障表现出较强耦合、不确定和并发特性，由于所采用的浅层智能模型自学习能力较弱、且特征提取与模型建立流程分别独立进行，导致其故障识别与泛化能力较弱。因此，智能的故障诊断与预测模型由"浅"入"深"是未来大数据背景下的发展趋势。⑤ 现有的基于数据驱动的寿命预测方法大多是针对退化数据本身寻找单个零部件的失效规律，并未考虑不同零部件之间相互作用对机械系统失效过程的影响。因此，充分利用大数据资源实现飞机系统的寿命预测是大数据背景下故障诊断的一大挑战。

10.3.2 民用飞机健康管理未来展望

针对大数据背景下的特点与挑战，可以从以下几个方面深入开展大数据下民用飞机健康管理的研究工作。

（1）与飞机健康状态相关的数据种类多、量级大，飞机各个机载系统和设备在飞行各阶段都会源源不断地产生数据，但较老的机型限于数据采集及通信能力，航空公司能够获得的数据量则更少，渠道也局限于 ACARS、QAR、EFB 等。因此，健康管理所面临的瓶颈问题在于机载系统是否记录了需要的数据，数据获得后如何进行处理和分析，如何通过数据挖掘到有价值的决策信息[124]。当前情况下，民用飞机运行数据根据产生时间和传输方式可分为以下三类：① 当飞机在空中飞行时，飞机和地面健康管理系统之间通过空地 ACARS 数据链进行数据交联，未来还可能应用空地宽带实现海量数据的空地实时传输；② 当飞机落地后，飞机和地面健康管理系统之间的数据交联方式以无线数据传输方式为主；③ 飞机在停场及定检过程中会产生大量非结构化数据，目前均根据不同航空公司的内部标准进行存储。因此，在未来随着检测数据规模进一步扩大、信号来源更加分散、采样形式多变、随机因素干扰等原因，监测大数据呈现更加明显的"碎片化"特征，可以考虑通过：研究多源信号的重采样、多源信息融合及尺度与维度转换等算法，提高信号的利用效率；建立获取、存储、传输民用飞机大数据的通用标准，规划和建立标准大数据库，揭示故障演化机制，进一步促进健康管理技术创新；建立数据质量评价标准，考量数据的完整性、准确性和时效性；研究先进的智能数据清洗算法，进一步改善民用飞机健康管理大数据的质量，提高大数据的可靠性，从而夯实民用飞机健康管理理论方法与工程应用的数据基础。

（2）为了更好地挖掘数据价值，创造无限可能，需要在机载和地面构建大数据应用平台，提高数据分析处理能力。核心是收集分析民用飞机运行过程中实时状态数据及航后维护中产生的海量信息，完成系统的状态监测、故障诊断及预测，然后依据诊断或预测信息、可用的资源及使用需求对维修活动做出适当的决策，避免“过修”和“失修”问题，提高系统的利用率，从而合理地权衡使用、维修中安全和经济的矛盾，确保全寿命周期的成本最低。基于大数据分析平台，可不断形成面向民用飞机健康管理应用的智慧服务生态链，如图 10－4 所示，聚焦多维大数据分析应用，实现数据驱动业务发展，协同产业链资源。其中大数据平台是民用飞机健康管理服务生态链的核心，动态捕获空地数据链、地面数据链及运营数据，提供实时状态监控、故障定位智能推理、性能状态预测、机队健康状态评估、维修决策优化等服务；主制造商和 OEM 可通过系统开放的功能和接口，获取飞机运行数据，为改善飞机健康监控需求与机载系统设计提供依据，并通过数据分析结果掌握全球机队健康状态，以便及时给予维修支持和服务支持，同时基于飞机故障原理对模型升级、数据分析工具提供指导和帮助；维修部门中航行动态管理人员、维修工作组织决策人员参考平台历史数据统计和最新实时动态数据快速决策，判断飞机是否需要维修，何时维修，制定预测性维修计划及备品备件计划，减少非计划停场，完善维修定检计划，合理安排维修间隔时间，提高利用率。

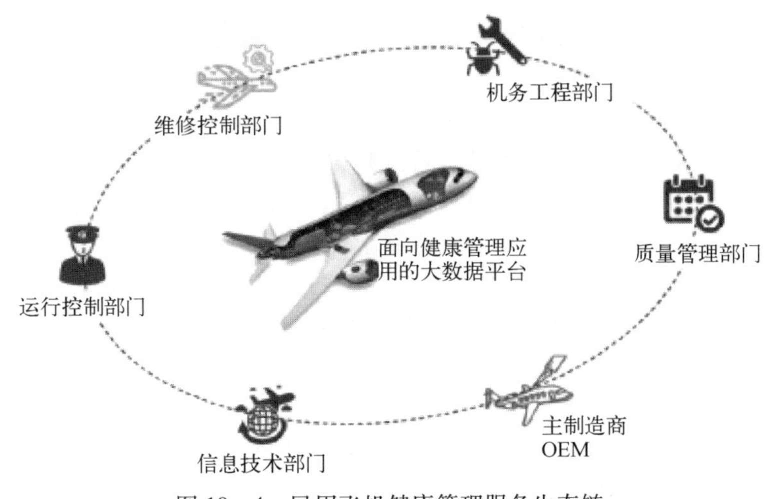

图 10－4　民用飞机健康管理服务生态链

第 11 章　基于深度学习的民用飞机故障诊断技术

民用飞机装备结构复杂且运行工况多变,使其健康监测和故障诊断具有困难。近年来,以深层卷积网络为代表的深度学习方法在很多领域取得了令人瞩目的成绩,其强大的特征提取和表征能力,为民用飞机的智能运维提供新的思路。以深度学习等为代表的智能诊断方法应用于民用飞机的 PHM 和故障诊断是近年来的一个趋势。但很多方法只是简单地将已有的深度学习模型直接用于机械信号分析,尽管深度模型比浅层模型对非线性函数有更好的表示能力,但是在一些问题上对于深度模型的应用仍缺乏依据,且对于具体问题缺少对模型针对性的调整和改进。本章针对民用飞机传动附件信号成分复杂、故障模式混叠的诊断难题分别构建多尺度卷积诊断网络和聚类变分卷积诊断网络以提高故障诊断的准确性。

11.1　多尺度卷积网络诊断模型

民用飞机齿轮、轴承等传动附件发生故障时,振动信号会发生调制现象,这些零件的特征频率及调制成分往往是故障诊断的关键信息。传动附件结构较为复杂,振动信号成分复杂,不仅包含故障带来的调制成分,还有齿轮和传感器相对运动的调制成分,复杂的调制现象使得关键部件的特征频率可以相差数十倍甚至百倍。为了使卷积网络模型同时关注高频和低频,自适应从中提取特征,在深层残差卷积网络的基础上,引入膨胀卷积构造多尺度卷积模块,同时提取高频特征和低频特征并进行特征融合,提高卷积网络用于诊断的准确性。在卷积网络中,高层特征由底层特征通过堆叠的卷积或池化等运算得到,对高层特征中的一个元素产生影响的低层特征数量有限，这种影响的规模由感受野描述。机械振动信号中的调制成分往往包含故障信息。为了同时关注低频调制成分和高频载波成分，从中检测故障成分，一维卷积网络需要同时有大而稀疏的感受野以提取低频调制特征，又要有小而密集的感受野来提取高频载波成分。本节正是基于这样的考虑设计了多尺度卷积结构。

11.1.1　深度残差网络模型

目前，在机械传动系统的故障诊断算法中，利用时间序列信号进行分析是常用方法之一。基于信号处理的特征提取是其中的必要环节，传统提取特征的方法往往耗时且对专家知识要求较高。深度卷积网络具有强大的表达能力，应用于机械信号的故障诊断和状态监控等具有很大的潜力。卷积神经网络通常由特征提取级和分类级两大部分组成。以一维卷积神经网络为例，如图 11－1 所示，在特征提取部分，网络通过堆叠卷积层（convolutional layer）、池化层（pooling layer）和激活层（activation layer）等基本单元，来学习复杂的非线性映射。分类级通常由全连接层（fully connection layer）构成。

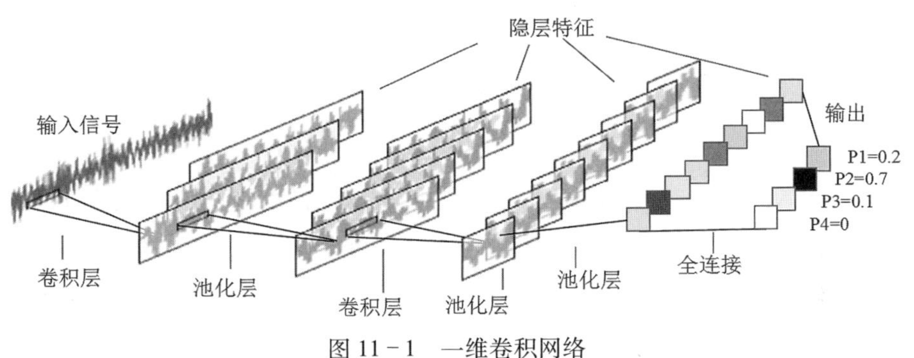

图 11－1　一维卷积网络

1）卷积层

通过卷积核对输入信号或特征进行卷积运算，输出变换后的特征。卷积层通过每一个卷积核以设定的步长（stride）在输入信号上进行卷积操作并产生输出，这本质上是一种具有平移不变性的权重稀疏连接，减少了网络参数，避免过拟合。卷积层运算可以表示为

$$a^{(l)} = \sigma(z^{(l)}) = \sigma(a^{(l-1)} * W^{(l)} + b^{(l)}) \tag{11-1}$$

式中，$a^{(l)}$ 表示 l 层卷积的激活值，由前一层激活值 $a^{(l-1)}$ 和本层卷积核 $W^{(l)}$ 进行卷积，再加上偏置 $b^{(l)}$，经过本层激活函数 $\sigma(\cdot)$ 激活得到。在一维卷积网络中，l 层卷积的输入、卷积核权重、偏置及激活值的维度满足 $a^{(l)} \in R^{C^{(l)} \times L_a^{(l)}}$，$W^{(l)} \in R^{C^{(l)} \times C^{(l-1)} \times K^{(l)}}$，$b^{(l)} \in R^{C^{(l)}}$，其中 $C^{(l-1)}$ 为 l 层的通道数（或滤波器个数、卷积核个

数)，$L_a^{(l)}$ 为 l 层输出信号的长度。

2）激活层

经过卷积层变换的特征一般需要经过激活层来进行非线性变换，并重复堆叠这种卷积-非线性激活的复合函数来增加网络的容量，使其可能学到具有足够表达能力的映射。目前常用的激活函数为修正线性单元(rectified linear unit，ReLU)。这种激活函数能够改善以往形如 sigmoid 函数带来的梯度弥散现象。修正线性单元的函数表达式如下：

$$\sigma(z^{(l)}) = \max\{0,\ z^{(l)}\} \tag{11-2}$$

3）池化层

池化层的操作将输入特征划分成小块，每个小块用一个值代替，这个值通常为小块的均值或最大值，池化操作可以看作一种特殊的卷积操作。在反向传播中，均值池化每个位置的误差将平均分配给上一层池化区域的各个位置；最大值池化每个位置的误差将传递到上一层池化区域中输入最大的位置。池化层对卷积网络的作用主要有：保证特征局部平移不变性，引入非线性，增加感受野及对特征降维等。

4）全连接层

全连接层的作用是将特征线性变换到另一个特征空间：

$$y = Wx \tag{11-3}$$

式中，x 是输入的特征；y 是变换后的特征；W 表示变换矩阵。通常，全连接层通常位于卷积网络的末端，将特征映射到样本标记空间，得到未经归一化的概率。

采用误差反向传播训练的深度学习模型中存在误差递推关系：

$$\delta^{(l)} = \frac{\partial J(W,\ b)}{\partial z^{(l)}} = \frac{\partial J(W,\ b)}{\partial z^{(l+1)}} \frac{\partial z^{(l+1)}}{\partial z^{(l)}} = \delta^{(l+1)} \frac{\partial z^{(l+1)}}{\partial z^{(l)}} \tag{11-4}$$

式中，$\delta^{(l)}$ 为 l 层的误差；J 为模型训练时的损失函数。利用式(11-4)，根据复合函数链式求导法则，可得卷积网络的误差递推公式：

$$\delta^{(l)} = \delta^{(l+1)} * \mathrm{rot}\,180(W^{(l+1)})\sigma'(z^{l}) \tag{11-5}$$

式中，$*$ 表示卷积运算；$\mathrm{rot}\,180(W^{(l+1)})$ 表示对卷积核进行翻转；$\sigma'(\cdot)$ 为激活函数的导数。注意到 $z^{(l)} = a^{(l-1)} * W^{(l)} + b^{(l)}$，所以，当已经得到 $\delta^{(l)}$ 后，该层卷积核参数 $W^{(l)}$ 的梯度可表示为

$$\frac{\partial J(W,\ b)}{\partial W^{(l)}} = \frac{\partial J(W,\ b)}{\partial z^{(l)}} \frac{\partial z^{(l)}}{\partial W^{(l)}} = a^{(l-1)} * \delta^{(l)} \tag{11-6}$$

同样，可以得到偏置 $b^{(l)}$ 的梯度为

$$\frac{\partial J(W,\ b)}{\partial b^{(l)}} = \frac{\partial J(W,\ b)}{\partial z^{(l)}} \frac{\partial z^{(l)}}{\partial b^{(l)}} = \sum_{i=1}^{L_a^{(l)}} \delta_i^{(l)} \tag{11-7}$$

式中，$\delta_i^{(l)}$ 表示 $\delta^{(l)}$ 在 i 位置的分量。

深层网络能在训练过程中自主地学习层级滤波器，从而自然集成低、中和高层次特征，在复杂任务中抽取到具有鉴别能力的特征；并且深层网络不一定会带来过拟合问题，甚至泛化能力更好，即使参数规模更大。但是简单的堆叠卷积等操作，随着网络深度的增加，模型预测的准确率达到了饱和状态，甚至更深的网络比浅层网络的表现更差。这种现象被称作深层网络的“退化”，如图 11－2 所示。

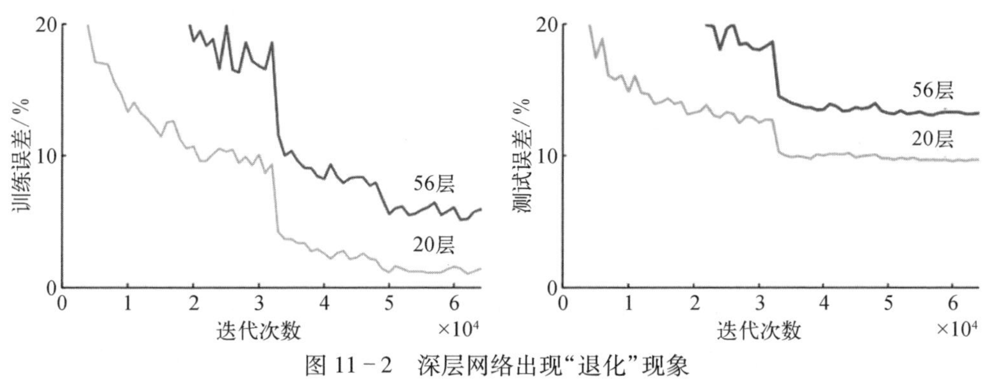

图 11－2　深层网络出现“退化”现象

为缓解这种深层网络“退化”现象，在一维卷积网络中引入残差学习。通过在模型层间添加跨层连接和恒等映射，让模型显式地在堆叠的卷积层学习一个残差映射，而非直接学习理想的映射。设网络某个阶段的输入特征为 x，该阶段理想的非线性变换结果为 y，在残差学习中，网络不是直接学习一个映射 $H(\cdot)$ 使得 $H(x)=y$，而是学习映射 $F(\cdot)$ 使得 $F(x)+x=y$。为使网络显式地学习这一残差映射，残差学习结构如图 11－3 所示。

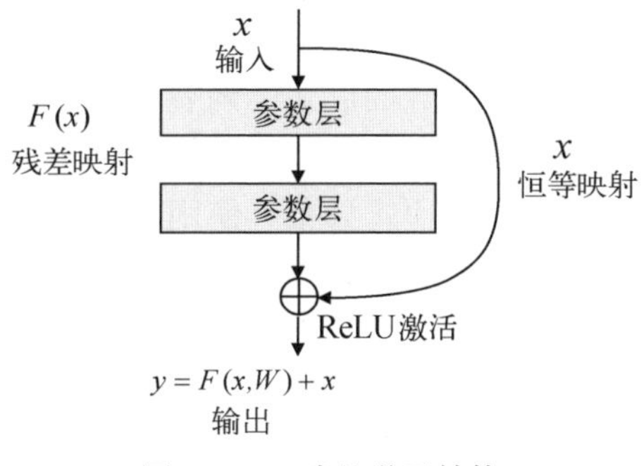

图 11－3　残差学习结构

$$y = F(x,\ W) + x$$

式中，$F(\cdot)$ 表示网络学得的残差映射；W 为网络中可训练参数，具体来说，就是网络堆叠的卷积模块中卷积核等参数。

在反向传播时，残差模块的误差递推关系为

$$\delta^{(x)} = \frac{\partial J(W,\ b)}{\partial y} \frac{\partial y}{\partial x} = \delta^{(y)}\left[1 + \frac{\partial F(x)}{\partial x}\right] = \delta^{(y)} + \delta^{(y)} \frac{\partial F(x)}{\partial x} \tag{11-8}$$

可以看到,跨层连接使得高层误差 $\delta^{(y)}$ 作为一个分量直接被传递到了浅层,这也缓解了梯度弥散和爆炸问题, $\frac{\partial F(x)}{\partial x}$ 由具体的网络结构通过链式法则得到。

尽管理论上直接学习一个映射和学习其对于输入的残差映射是等价的,这种显式的学习残差使得网络更容易训练。同时,这种结构中的恒等映射在深层网络添加了跨层连接,使得模型训练的反传阶段梯度能更容易地流向靠前的层。残差卷积网络如图 11-4 所示。

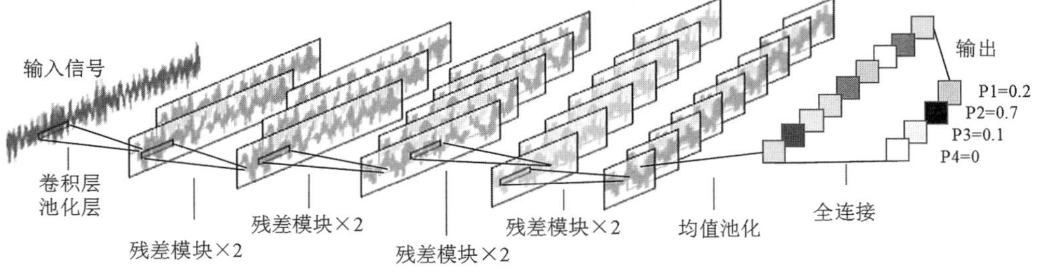

图 11-4 残差卷积网络

损失函数是深度神经网络设计中的一个重要方面,参数模型定义一个分布 $p(\boldsymbol{y} \mid \boldsymbol{x}; \boldsymbol{\theta})$,使用最大似然原理,即代价函数就是负的对数似然,用训练数据和模型预测间的交叉熵作为代价函数,这与训练数据和模型预测分布间的交叉熵等价。该代价函数表示如下:

$$\boldsymbol{J}(\boldsymbol{\theta}) = -E_{\boldsymbol{x},\boldsymbol{y}} \log p_{\text{model}}(\boldsymbol{y} \mid \boldsymbol{x}) \tag{11-9}$$

代价函数的形式会随着模型而改变,这取决于 $\log p_{\text{model}}(\boldsymbol{y} \mid \boldsymbol{x})$ 的具体形式。当需要表示一个具有 n 个可能取值的离散模型随机变量的分布时,可以假设模型的预测服从多项式分布。使用 softmax 函数将特征映射成归一化的概率 $\hat{\boldsymbol{y}}$,其每个元素 $\hat{y}_i = P(y = i \mid \boldsymbol{x})$,具体为

$$\hat{y}_i = \text{softmax}(z_i) = \frac{\exp(z_i)}{\sum_{j=1}^{n} \exp(z_j)} \tag{11-10}$$

式中,z_i 表示第 i 类未归一化的对数概率。在计算对数似然或者说交叉熵时,有

$$\log \text{softmax}(\boldsymbol{z})_i = z_i - \log \sum_{j=1}^{n} \exp(z_j) \tag{11-11}$$

在误差反传时,将交叉熵写成如下形式:

$$J = -\sum_{i} \sum_{j=1}^{n} y_j^{(i)} \log \hat{y}_j^{(i)} \tag{11-12}$$

式中，$y_j^{(i)}$ 表示第 i 个样本是否为第 j 类，取值为 0 或 1；$\hat{y}_j^{(i)}$ 表示模型对第 i 个样本是否为第 j 类的预测概率，有 $\sum_{j=1}^{n} \hat{y}_j^{(i)} = 1$。

机器学习中的一个核心问题就是如何避免模型过拟合，即设计出不仅能在训练数据上表现好，而且能在新的数据集上泛化好的算法。L^2 参数正则化是最为常用的一种参数正则化方法，该方法通过向目标函数添加一个正则项 $\frac{\alpha}{2}\|\boldsymbol{w}\|_2^2$，其中 α 为正则项的比重。不难看出，当按照梯度下降更新参数时，参数 $\boldsymbol{w}$ 的更新公式中会增加一项 $-\alpha\boldsymbol{w}$，即每次更新参数会向原来方向减小。从数据的角度来说，利用数据性质对数据集做数据增强也能取得正则化的效果。本书中主要关注的是一维机械系统中的振动信号形成的时间序列，主要用到的数据增强方法有：振动信号沿均值翻转、随机放大或缩小振动幅值、添加随机白噪声。

现在的深度学习模型中大多会用到批正则化（batch-normalization）方法，它是一种自适应的重参数化方法，以解决训练深层模型的困难。批正则化的设计者认为，深层网络训练的复杂之处在于每一层输入的分布在训练过程中是变化的。当网络加深后，这种微小的参数变化将被放大，从而使更深层的输入分布波动较大，训练困难。批正则化以每步训练的一批（batch）数据为单位，将某些层的输入重新正则化。此外，由于批正则化以每一批数据为单位更新其参数，相当于在重参数化中引入了一部分随机性，同样起到了正则化的作用。在残差卷积网络中，批正则化通常位于卷积层之后，作为残差结构的组成部分。

11.1.2　多尺度卷积模块

卷积网络某一层的感受也可以定义为，在原始输入空间中，对该层学习到的特征产生影响的区域大小。直观的描述如图 11－5 所示。

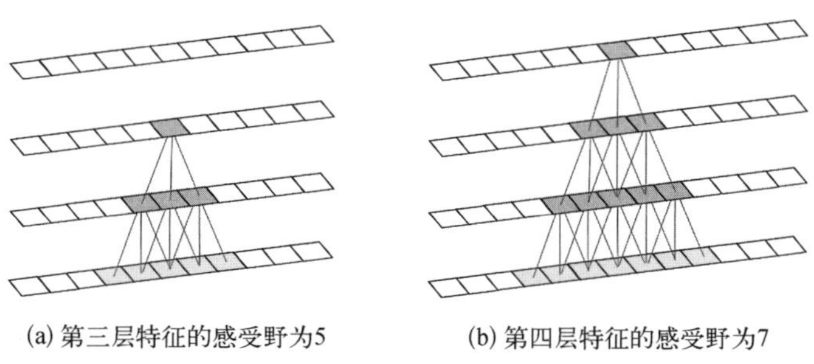

(a) 第三层特征的感受野为5　　(b) 第四层特征的感受野为7

图 11－5　卷积感受野示意图

卷积网络能够利用多次带有步长的卷积或池化来快速增加感受野，使得顶层特征对一定范围内的输入进行响应，这部分输入对应信号中高频成分。为了构造出关注低频成分的特征，在一维卷积网络中引入膨胀卷积(dilated convolution)，如图 11－6 所示。膨胀卷积用来处理非小波变换的信号[125]，其核心是在常规卷积核的元素间插入“空洞”，空洞大小用膨胀率来表示，膨胀率为 1 时即为普通卷积。

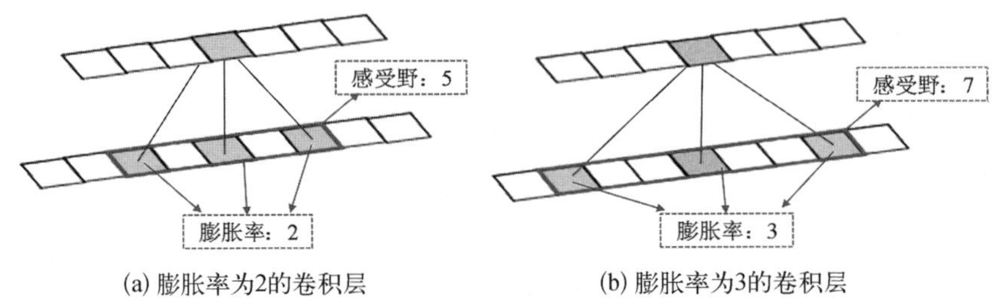

(a) 膨胀率为2的卷积层　　(b) 膨胀率为3的卷积层

图 11－6　膨胀卷积示意图

利用不同膨胀率和步长的卷积构建混合卷积模块，其结构和参数如图 11－7 和图 11－8 所示。

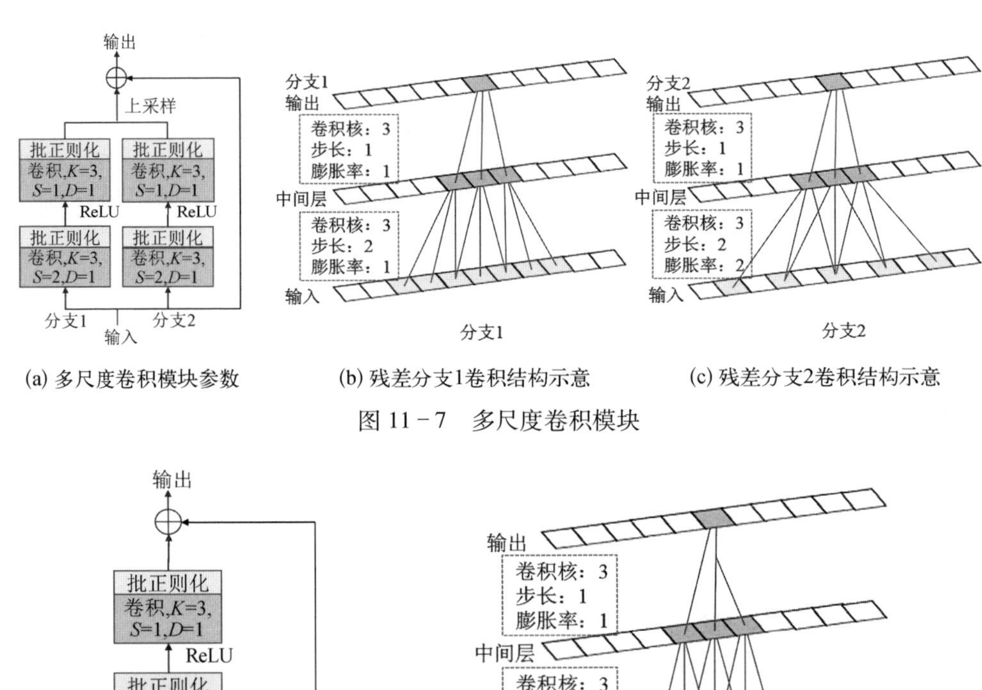

(a) 多尺度卷积模块参数　　(b) 残差分支1卷积结构示意　　(c) 残差分支2卷积结构示意

图 11－7　多尺度卷积模块

(a) 残差模块参数　　(b) 残差分支卷积结构示意

图 11－8　普通卷积组成的残差模块

对比图 11－7 和图 11－8 可以看到多尺度卷积模块和普通的残差学习模块有以下不同：① 第一层卷积步长扩大了 2 倍，这是为了在更大的感受野中提取特征，相应地在顶层需要上采样，使特征和恒等映射分支特征大小一致，完成相加；② 增加了一个膨胀率为 2 的卷积分支，该分支具有“大而稀疏”的感受野，用于在低频尺度下提取特征，两个分支的特征和恒等映射特征在输出前进行融合，融合方式为元素间相加。计算两种模块的感受野和有效感受野，如表 11－1 和表 11－2 所示。从计算结果中可以看到，原卷积模块残差映射分支经过两层卷积，感受野达到 5，且有效感受野比例为 1，而多尺度卷积模块两个分支的感受野分别为 7 和 9，有效感受野占比为 1 和 0.56。在卷积网络模型的基础上，将普通卷积组成的残差模块替换为多尺度卷积模块，可构建多尺度卷积网络模型。

表 11－1　普通卷积模块残差映射感受野

层　数	卷积核大小 K	卷积步长 S	膨胀率 D	感受野
1	3	1	1	3
2	3	1	1	5

表 11－2　多尺度卷积模块残差映射感受野

分　支	层　数	卷积核大小 K	卷积步长 S	膨胀率 D	感受野
分支 1	1	3	2	1	3
	2	3	1	1	7
分支 2	1	3	2	2	3
	2	3	1	1	9

11.1.3　传动系统故障诊断

在 SQI 故障模拟试验台上进行行星齿轮箱故障模拟实验。SQI 故障模拟试验台是一套模拟工业传动的故障诊断综合实验台，如图 11－9 所示。动力系统由一个两级行星齿轮箱、一个由滚动轴承支撑的两级平行轴齿轮箱、一个轴承负载和一个磁力制动器组成，其传动原理如图 11－10 所示。

图 11－10 中左端太阳轮所在轴与电机输出轴通过联轴器连接，作为输入轴，经过两级减速行星轮系，再经过两级平行轮，到达右侧输出轴，并通过磁力制动器添加负载。实验时通过更换预制故障的行星齿轮箱的齿轮和轴承进行实验，齿轮故障类型包括断齿、缺齿、齿根裂纹和磨损，轴承故障类型包括内圈、外圈、滚子及复合故障。实验中用到亿恒 AVANAT MI－7008 型数据采集器，奇石乐（KISTLER）压电式加速度传感器，型号为 5702B50M1，布置在行星齿轮箱端盖附近。实验中电机转速为 1 800 r/min，采样频率为 20 480 Hz，每次采样时长约为 2 min。试验台布置及故障齿轮分别如图 11－11 和图 11－12 所示。

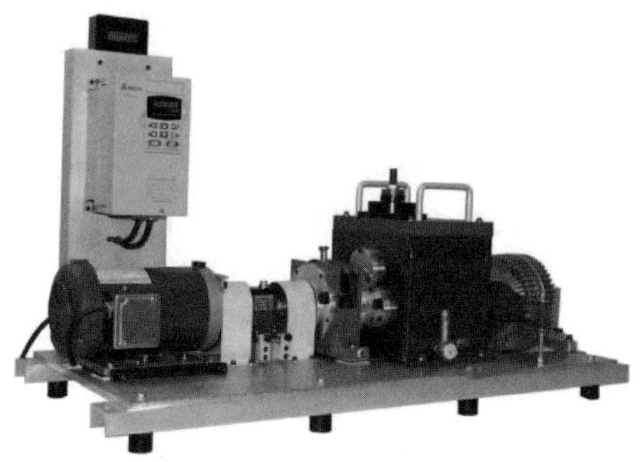

图 11-9　SQI 故障模拟试验台

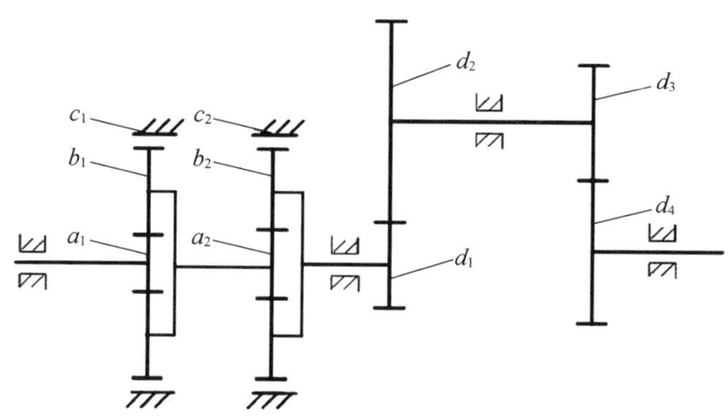

图 11-10　SQI 试验台传动系统

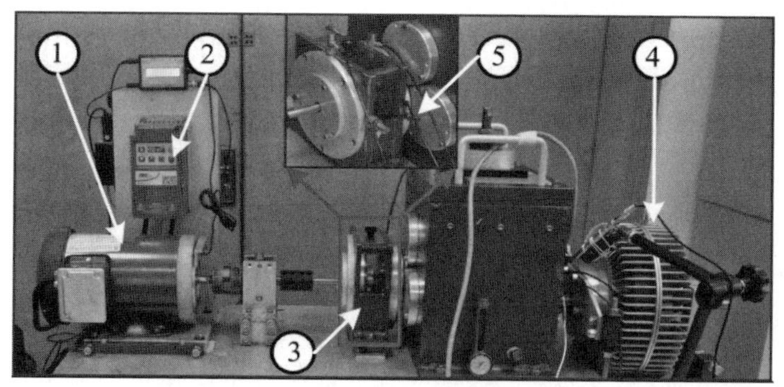

图 11-11　SQI 试验台布置

1. 电机；2. 控制器；3. 行星齿轮箱；4. 磁力制动器；5. 加速度传感器

图 11－12　行星齿轮箱故障齿轮

正常状态和各种故障情况下采集到的振动信号如图 11－13 所示。

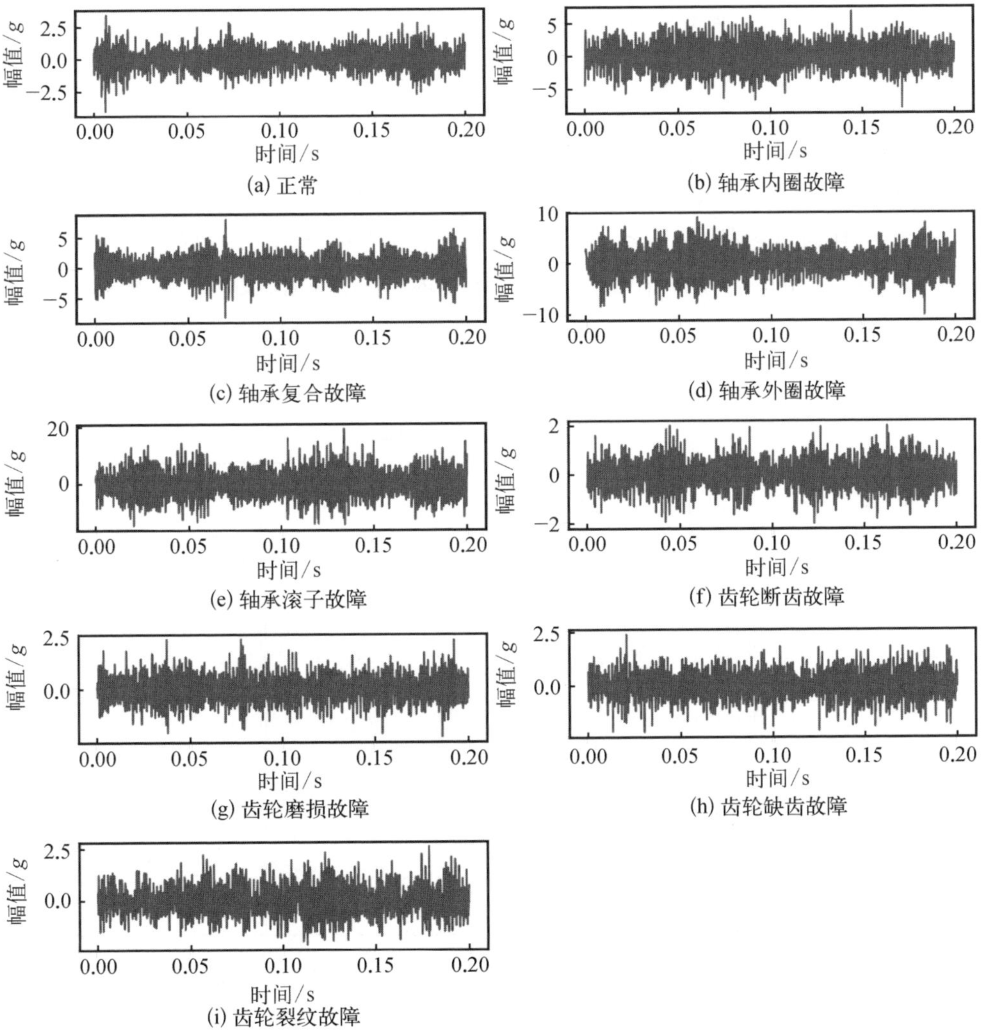

(a) 正常

(b) 轴承内圈故障

(c) 轴承复合故障

(d) 轴承外圈故障

(e) 轴承滚子故障

(f) 齿轮断齿故障

(g) 齿轮磨损故障

(h) 齿轮缺齿故障

(i) 齿轮裂纹故障

图 11－13　九种状态下的振动信号时域波形

九类信号时域振动波形之间存在差异,但是仅凭人工知识去识别故障状态仍有难度。为验证所用方法的有效性,将振动信号作为模型的输入,进行故障分类。将原始采集到的信号按长度分为 4∶1 两部分,前者作为训练集信号,后者作为测试集信号。训练样本由长度为 4 096 的采样窗在训练集中随机采样得到,测试样本由长度为 4 096 的采样窗在测试集信号上滑动采样得到,滑窗重叠比为 0.5。得到测试样个数分别为:正常 226,轴承内圈故障 225,轴承外圈故障 225,轴承滚子故障 226,轴承复合故障 226,齿根裂纹 225,断齿 230,缺齿 226,齿面磨损 234。采样得到的样本经过降采样到 2 048 个点,并进行归一化作为模型的输入,进行多分类任务的训练和测试。

实验中用到的一维多尺度卷积残差网络(以下简记作 MS - ResNet18)模型。作为对比,构建和测试了其他模型,分别为:① 没有卷积操作的全连接网络(以下简记作 MLP);② 浅层卷积网络,结构类似经典的 LeNet 网络(以下简记作 LeNet);③ 一维残差网络(以下简记作 ResNet18);④ 无残差学习的深层一维卷积网络(以下简记作 CNN18)。各种模型结构被设计成具有大致相当的参数个数,以此进行相对公平的比较。另外,为了和传统的提取特征方法对比,从信号样本计算一些故障诊断领域常用的时域指标作为特征,包括均值、均方根值、波形指标和峭度指标等[126]。用这些特征训练 SVM 作为分类器进行分类。特征的计算如表 11 - 3 所示(表中 x_i 表示样本在时刻 i 的值)。

表 11 - 3　时域指标计算

特征编号	公　式	特征编号	公　式	特征编号	公　式	特征编号	公　式
F_1	F_7/F_2	F_5	$\frac{1}{n}\sum_{i=1}^{n}(x_i - F_1)^3$	F_9	$F_7 - F_8$	F_{13}	F_7/F_4
F_2	$\sqrt{\frac{1}{n}\sum_{i=1}^{n}x_i^2}$	F_6	$\frac{1}{n}\sum_{i=1}^{n}(x_i - F_1)^4$	F_{10}	$\frac{1}{n}\sum_{i=1}^{n}(x_i - F_1)^2$	F_{14}	F_7/F_3
F_3	$\left(\frac{1}{n}\sum_{i=1}^{n}\sqrt{\mid x_i \mid}\right)^2$	F_7	$\max(x_i)$	F_{11}	F_2/F_4	F_{15}	$\frac{\sum_{i=1}^{n}(x_i - F_1)^3}{(n-1)(\sqrt{F_{10}})^3}$
F_4	$\frac{1}{n}\sum_{i=1}^{n}\mid x_i \mid$	F_8	$\min(x_i)$	F_{12}	F_7/F_2	F_{16}	$\frac{\sum_{i=1}^{n}(x_i - F_1)^4}{(n-1)(\sqrt{F_{10}})^4}$

SVM 模型的超参数经过验证集选取最优,其余基于神经网络的模型均用随机梯度方法训练 1 800 步,每批训练样本个数为 256,学习率为 0.001,测试结果准确率如表 11 - 4 所示。

表 11 - 4　各模型故障识别准确率

模　　型	准确率
SVM	52.33%
MLP	31.07%
LeNet	19.48%
CNN18	71.56%
ResNet18	83.36%
MS - ResNet18	91.83%

从表 11 - 4 中可以看到，MLP 和 LeNet 在数据集上完全没能学到有效的信息，其结果和随机猜测大致相同。基于人工设计的时域指标的 SVM 模型准确率约为 52%，优于前两者，但在该数据集上仍表现不好。没有残差结构的深层卷积网络 CNN18 准确率提高到了约 72%，而加入了残差学习的 ResNet18 准确率进一步提高到了约 83%。含有多尺度卷积的残差网络准确率最优。深层网络有更大的潜力在复杂任务上表现更好；当网络变深后，残差结构能够使网络更容易收敛到更好的结果；多尺度卷积结构增强了网络对机械振动信号的诊断能力。

计算 MS - ResNet18 模型预测结果的混淆矩阵，如图 11 - 14 所示（类别 1～9 分别对应正常、轴承内圈故障、轴承外圈故障、轴承滚子故障、轴承复合故障、齿根裂纹、断齿、缺齿、齿面磨损 9 个状态）。

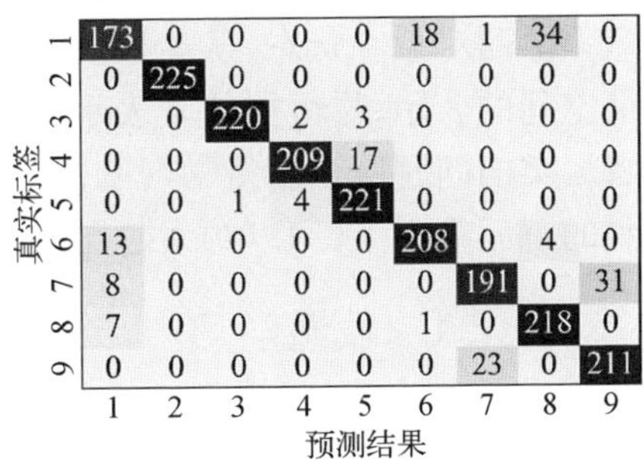

图 11 - 14　测试结果的混淆矩阵

将 MS - ResNet18 模型隐层特征用主成分分析（PCA）方法分别降维至 2 维和 3 维，绘出各类样本在特征空间的分布如图 11 - 15 所示。

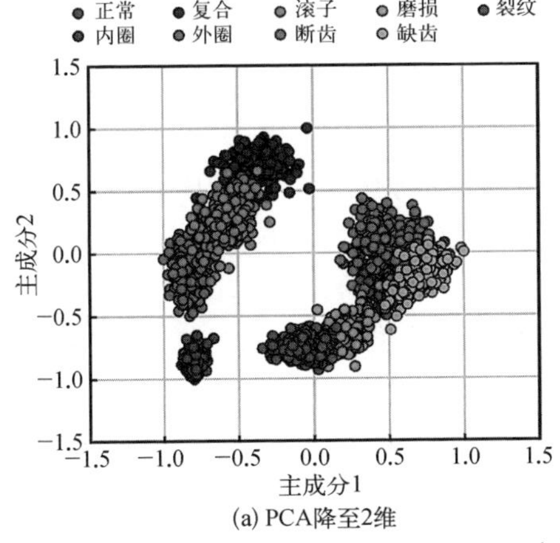

(a) PCA降至2维

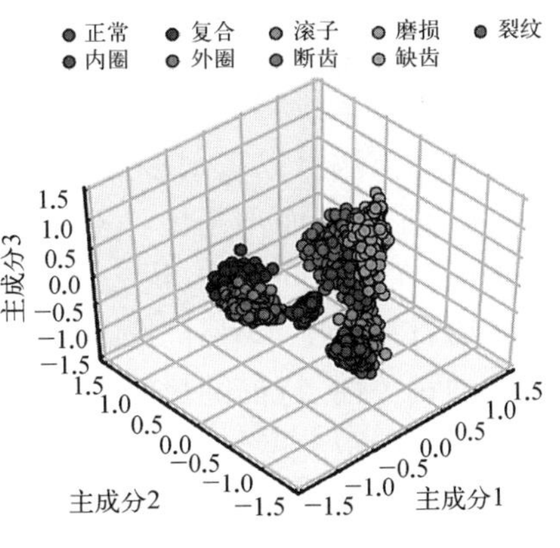

(b) PCA降至3维

图 11 - 15　隐层特征可视化

从降维结果中能够看到，轴承故障和齿轮故障之间区分较为明显，这可能是由于两类零件故障在样本信号中的差异较大，而同一零件的各种故障样本相似性更大。虽然多尺度卷积残差网络在几种模型中准确率最高，但从混淆矩阵可以看到，仍有故障类样本被错分，有的故障类还被错分为了正常类；另外，从隐层特征的降维可视化结果中不难发现，各类之间的边界仍不是非常清晰，处在边界附近的样本容易被错分，模型还不够鲁棒，仍有提高的空间。

11.2 聚类变分卷积诊断网络

民用飞机状态监测系统需要监测众多传动系统零件，在监测对象众多的条件下，如何区分不同对象的不同故障，是智能诊断模型面临的一个难点。针对传动系统零件较多，导致故障模式易混淆、状态识别困难的问题，利用三元组损失来增强特征的类内相似性和类间差异性，改善隐层特征的分布，提高模型的抗混淆能力；引入变分自编码模型，在对隐层特征编码时约束隐层特征的分布，合理度量隐层特征距离构建聚类变分卷积网络，进而构建聚类变分卷积诊断网络。为了能够区分众多监测对象和状态，从卷积模型隐层对样本的表征入手，希望能够改善样本在特征空间的表示，尽可能使其表示具有聚类性。对于在特征空间衡量样本相似性或者聚类的问题属于度量学习的内容，本节首先简单介绍度量学习，然后引出本文用到的三元组损失，用以约束隐层特征的分布，使其具有类内相似性和类间差异性。

11.2.1 度量学习

度量学习的目的是为了衡量样本间的相似度，这也是很多模式识别场景的核心问题。大量的机器学习方法，如 SVM、K - means 聚类、KNN 等，性能好坏主要取决于样本之间相似性如何度量。有时，将样本映射到某个特征空间，在特征空间同样能够对不同样本进行相似性度量，这在深度学习模型中也很常见。选择合适的方法衡量对于样本或特征间的距离将在很大程度上影响模型最终的性能。度量对象之间距离的方法可以有很多种定义，如常见的欧式距离、汉明距离等。在很多问题中，关注的是一组而不是单一对象的关系。例如，在聚类问题中，关注同簇样本间的内聚性；在索引问题中，优先输出距离最接近的样本。单一形式的距离无法同时应用于所有场景中。另外，距离的定义可能存在欠缺，例如，欧式距离中没有考虑特征间的相关性、特征的量纲量级、权重等。因此度量学习的目的是从数据中学习有效或更优的距离度量。

度量学习的种类很多，以下按照基于样本对距离、基于信息论、基于余弦相似度的分类简单介绍一些度量学习方法。基于样本对距离：根据训练集中两个样本是否属于同类，可以将其分为同类约束集合 S 和非同类约束集合 D。S 和 D 中的每个元素均为一对样本，S 中的每个元素表示属于同类的一对样本，D 中每个元素表示属于不同类的样本对。给定 R^d 空间的 n 个数据点 $\{\boldsymbol{x}_1, \boldsymbol{x}_2, \boldsymbol{x}_3, \cdots, \boldsymbol{x}_n\}$，通常采用马氏距离进行距离度量，即找到一个度量矩阵 $\boldsymbol{M}$ 来衡量样本对 $(\boldsymbol{x}_i, \boldsymbol{x}_j)$ 之间的距离：

$$d_M(\boldsymbol{x}_i, \boldsymbol{x}_j) = \sqrt{(\boldsymbol{x}_i - \boldsymbol{x}_j)^{\mathrm{T}}\boldsymbol{M}(\boldsymbol{x}_i - \boldsymbol{x}_j)} \tag{11-13}$$

通常可以利用成对约束信息来获取度量学习过程，通过最优化某个目标函数来求解度量矩阵。例如，在最小化相似对样本之间马氏距离的同时，令非相似对样本之间马氏距离的和大于某阈值。利用余弦距离作为样本对之间的相似度衡量来构建目标函数，通过优化目标函数来求解度量矩阵。利用余弦相似度来计算距离时，余弦相似度定义为

$$CS(\boldsymbol{x}_i, \boldsymbol{x}_j, \boldsymbol{L}) = \frac{(\boldsymbol{L}\boldsymbol{x}_i)^{\mathrm{T}}(\boldsymbol{L}\boldsymbol{x}_j)}{\|\boldsymbol{L}\boldsymbol{x}_i\| \, \|\boldsymbol{L}\boldsymbol{x}_j\|} = \frac{\sqrt{\boldsymbol{x}_i^{\mathrm{T}}\boldsymbol{L}^{\mathrm{T}}\boldsymbol{L}\boldsymbol{x}_j}}{\sqrt{\boldsymbol{x}_i^{\mathrm{T}}\boldsymbol{L}^{\mathrm{T}}\boldsymbol{L}\boldsymbol{x}_i}\sqrt{\boldsymbol{x}_j^{\mathrm{T}}\boldsymbol{L}^{\mathrm{T}}\boldsymbol{L}\boldsymbol{x}_j}} \tag{11-14}$$

目标函数为

$$\begin{aligned} f(M) = & -\alpha \sum_{(\boldsymbol{x}_i, \boldsymbol{x}_j) \in S} CS(\boldsymbol{x}_i, \boldsymbol{x}_j, M) + \sum_{(\boldsymbol{x}_i, \boldsymbol{x}_j) \in D} CS(\boldsymbol{x}_i, \boldsymbol{x}_j, M) \\ & - \beta \| M - M_0 \|^2 \end{aligned} \tag{11-15}$$

式中，S 和 D 分别表示同类约束集合和非同类约束集合。

从目标函数可以看到，通过最大化目标函数，使得同类集合中的样本间余弦距离变小，非同类集合中的样本余弦距离变大，同时，使得度量矩阵 $\boldsymbol{M}$ 尽可能接近先验 $\boldsymbol{M}_0$。度量学习在聚类、分类等问题中均有应用，主要起到的作用有：在保持数据结构的同时，利用降维方法将原始数据集映射到低维子空间。在低维空间中同类样本间的相似性更大，不同类样本间的差异性更大，以此对距离敏感聚类算法，如 K－means 算法，进行性能提升。除此之外，合理的度量样本间的距离对于分类任务，尤其是使用距离敏感的分类算法，如 K 近邻等算法性能有较大改进。在特征空间进行降维或学习合适的距离度量，能够用来进行降噪或特征重要性标定等，在神经网络等自适应提取特征的复杂算法中也会起到重要效果。

度量学习也能利用深度网络对特征的抽取能力，以及端到端的训练范式来取得更好的效果。针对某个二元组、三元组中的不同样本，通常网络之间会共享参数，并且在最后一层计算样本间的距离来度量特征表示的优劣。三元组损失(triplet loss)和深度学习结合起来改善模型性能最早出现在 FaceNet 模型中[127-128]，三元组损失的引入使得模型更加鲁棒，提高模型的识别率。三元组损失试图使模型学习一个从输入 x 到特征空间的嵌入 $f(x)$，使得所有同类输入样本的

欧式距离尽可能小,如图 11－16 所示,而不受类别以外的其他条件的影响,相反,非同类的输入样本间的距离尽可能大。

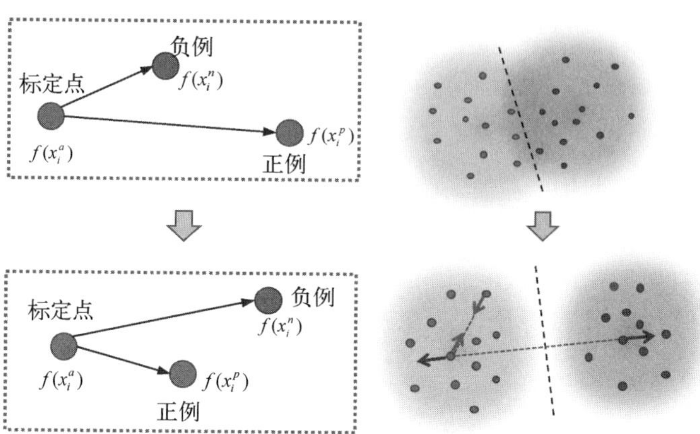

图 11－16　三元组损失使得同类样本间距离比非同类样本间距离小

特征嵌入可表示为$f(x)$,即将一个输入信号 x 嵌入到 d 维的欧几里得空间。希望通过学习,使得某个输入 x_i^a（标定点,anchor）和与其同类的样本 x_i^p（正例,positive）之间的距离,相较于与其不同类的样本 x_i^n（负例,negative）之间的距离更近,如图 11－16 所示,也就是

$$\|f(x_i^a)-f(x_i^p)\|_2^2+\alpha<\|f(x_i^a)-f(x_i^n)\|_2^2 \tag{11-16}$$

$$\forall[f(x_i^a),f(x_i^p),f(x_i^n)]\in T \tag{11-17}$$

式中,α 是正负例间距离差的边界(margin)或阈值; T 是训练集中所有可能的三元组样本,容量为 N。需要最小化的三元组损失可以写作:

$$\sum_i^N[\|f(x_i^a)-f(x_i^p)\|_2^2-\|f(x_i^a)-f(x_i^n)\|_2^2+\alpha]_+ \tag{11-18}$$

式中,$[\cdot]_+$ 的取值和其内部表达式的值相同,当且仅当内部表达式大于等于 0 时,否则其值为 0。

生成数据集中包含的所有可能的三元组样本很容易产生很多三元组,这些三元组不会对训练产生帮助(因为其损失为 0),而会使得收敛变慢。如何高效选择合适的三元组进行训练是十分重要的。约束的三元组是十分关键的。这意味着,对于给定的 x_i^a,希望选择一个 x_i^p（难正例）使得 $\|f(x_i^a)-f(x_i^p)\|_2^2$ 最大化,同样地,选择一个 x_i^n（难负例）使得 $\|f(x_i^a)-f(x_i^n)\|_2^2$ 最小化,在整个数据集上计算最大项和最小项难以实现,并且个别特例样本将会产生很多难正例和难负例。有两种方法产生三元组以避免这个问题。

(1) 每 n 步离线的生成三元组样本,利用最近保存的模型计算损失函数,找到其中的难正例和难负例项。

(2) 在线生成三元组样本,这可以通过在每步迭代的一小批(mini batch)数据中选择难正例和难负例实现。

选择在线选择三元组,即在一小批(mini batch)数据中产生难正例和难负例。实验发现,选择全部的 anchor-positive 样本对方法更加稳定,并且收敛更加迅速[68]。所以在一批数据中选择所有的 anchor-positive 样本对,而选择较难的 anchor-negative 样本对,即令 $\| f(x_i^a) - f(x_i^n) \|_2^2$ 更小的一些样本对。算法流程如下。

算法 3-1: 在线生成三元组算法流程

输入: 一批训练样本 $\boldsymbol{X} = \{(x_1, y_1), (x_2, y_2) \cdots (x_n, y_n)\}$,所有类别$\{c_1, c_2 \cdots c_m\}$,模型映射 $f(\cdot)$;

输出: 一批三元组样本 triplet($\boldsymbol{X}$);

初始化 triplet($\boldsymbol{X}$) = Φ

for $i = 1 \to m$ **do**

$S_{ap}^{(i)} = \{[(x_a, y_a), (x_p, y_p)] \mid y_a = y_p = c_i\}$　　//找出所有类别为 c_i 的两两样本组合

$S_n^{(i)} = \{(x_n, y_n) \mid y_n \neq c_i\}$　//找出类别不为 c_i 的样本

//如果 $S_{ap}^{(i)}$ 为空或 $S_n^{(i)}$ 为空则跳过该类别

if $S_{ap}^{(i)} = \Phi$ **or** $S_n^{(i)} = \Phi$ **then**

continue

end

//计算 $S_{ap}^{(i)}$ 中样本对之间在空间特征距离

$D_{ap}^{(i)} = \{d_{ap} \mid d_{ap} = \| f(x_a) - f(x_p) \|_2^2, [(x_a, y_a), (x_p, y_p)] \in S_{ap}^{(i)}\}$

for $[(x_a, y_a), (x_p, y_p)]$ **in** $S_{ap}^{(i)}$ **do**

//在 $S_n^{(i)}$ 中找和 x_a 在特征空间距离最近的样本

$(x_{\text{hardn}}, y_{\text{hardn}}) = \{ \underset{(x_n, y_n) \in S_n^{(i)}}{\operatorname{argmin}} (\| f(x_a) - f(x_n) \|_2^2) \}$

triplet($\boldsymbol{X}$) = triplet($\boldsymbol{X}$) $\cup \{[(x_a, y_a), (x_p, y_p), (x_{\text{hardn}}, y_{\text{hardn}})]\}$

end

end

return triplet($\boldsymbol{X}$)

11.2.2　聚类变分卷积网路

在 11.2.1 节中,介绍了三元组损失,在计算三元组损失时,特征如何分布将直接影响三元组损失的计算。主要有下面的问题。

(1) 不同维度取值范围相差过大。特征不同维度取值范围相差过大时,取值范围较大的维度将主宰距离的计算,这就有可能淹没样本间在其他维度的差距,如图 11-17(a) 所示,这样很容易使得三元组损失为 0,希望网络进行调整,使得

$f(x_i^p)$ 更靠近 $f(x_i^a)$。

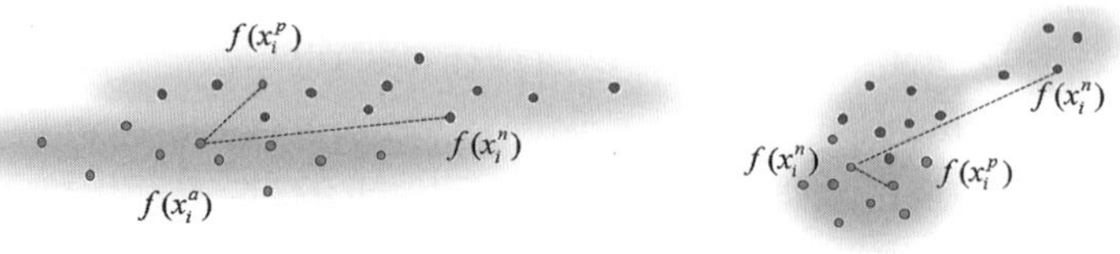

(a) 不同维度取值范围相差过大　　(b) 易采样到极端值

图 11-17　特征分布影响三元组损失的计算

(2) 取值分布使得极端值容易被采样到。如图 11-17(b)所示,红色类别的样本特征呈现一种双峰分布,一个峰靠近甚至混淆蓝色样本,另一个远离之。当远离概率密度峰的样本被采样到作为 $f(x_i^n)$ 时,三元组损失为 0,不对训练产生影响。但当这些样本被频繁采样到时会使得聚类收敛变慢。

(3) 冗余或相关性高的维度存在。当特征的维度存在较多冗余时,将干扰距离的计算。假设特征存在两个取值完全相同的维度,即一个维度提供了多余的信息,但在计算距离时,这个信息的差异将被以 2 倍放大,产生类似于(1)问题的影响。

为了减少这些问题的影响,利用变分自编码器中隐变量的概念,构造变分卷积网络来约束隐层特征的分布,使得三元组损失的计算更为合理,提高聚类效果。

在深度学习模型中,通常有一系列可见变量 $\boldsymbol{v}$ 和一系列潜变量 $\boldsymbol{h}$, 这在某些场景下也是符合实际数据产生过程的: 数据由某种随机过程产生,从某些先验分布 $p(\boldsymbol{h})$ 中生成不可观测的隐变量 $\boldsymbol{h}$, 然后从条件分布 $p(\boldsymbol{v} \mid \boldsymbol{h})$ 中采样产生 $\boldsymbol{v}$, 但是,不知道具体的隐变量 $\boldsymbol{h}$ 的值,以及具体的分布 $p(\boldsymbol{h})$ 和 $p(\boldsymbol{v} \mid \boldsymbol{h})$。这使得难以进行推断,即难以计算 $p(\boldsymbol{h} \mid \boldsymbol{v})$ 或其期望。而这样的操作在一些最大似然学习任务中通常是必需的。

为了构造一个优化问题,假设一个包含可见变量 $\boldsymbol{v}$ 和潜变量 $\boldsymbol{h}$ 的概率模型。希望最大化观测到的数据的对数概率为 $\log p(\boldsymbol{v};\boldsymbol{\theta})$。当通过计算边缘概率消去 $\boldsymbol{h}$ 计算量过大时,会难以计算出 $\log p(\boldsymbol{v};\boldsymbol{\theta})$。作为替代,可以计算一个 $\log p(\boldsymbol{v};\boldsymbol{\theta})$ 的下界 $\mathrm{L}(\boldsymbol{v},\boldsymbol{\theta},q)$。这个下界通常被称作证据下界(evidence lower bound, ELBO),具体定义如下:

$$\mathrm{L}(\boldsymbol{v},\boldsymbol{\theta},q)=\log p(\boldsymbol{v};\boldsymbol{\theta})-D_{\mathrm{KL}}(q(\boldsymbol{h}\mid\boldsymbol{v})\parallel p(\boldsymbol{h}\mid\boldsymbol{v};\boldsymbol{\theta})) \tag{11-19}$$

式中, q 是关于 $\boldsymbol{h}$ 的一个任意概率分布。$D_{\mathrm{KL}}(p\parallel q)$ 表示分布 p 和 q 间的 KL 散度:

$$D_{\mathrm{KL}}(p\parallel q)=E_{x\sim p}\log\frac{q(x)}{p(x)}=E_{x\sim p}[\log p(x)-\log q(x)] \tag{11-20}$$

KL 散度是非负并且没有对称性，即 $D_{KL}(p \parallel q) \neq D_{KL}(q \parallel p)$。KL 散度衡量两种分布之间的差距，KL 散度值越大，两种分布间的差异越大。对于交叉熵作为损失函数，其实也就是最小化模型预测的标签分布和真实数据标签分布的 KL 散度。因为 $\log p(\boldsymbol{v})$ 和 $\mathrm{L}(\boldsymbol{v}, \boldsymbol{\theta}, q)$ 之间的距离是由 KL 散度来衡量的，且 KL 散度是非负的，所以 L 总是小于等于希望最大化的对数概率。当且仅当分布 q 完全等于分布 $p(\boldsymbol{h} \mid \boldsymbol{v})$ 时取等号 L。对于某些分布 q，L 的计算可以变得相当简单，将 $\mathrm{L}(\boldsymbol{v}, \boldsymbol{\theta}, q)$ 可以重写为另一个简单形式：

$$
\begin{aligned}
\mathrm{L}(\boldsymbol{v}, \boldsymbol{\theta}, q) &= \log p(\boldsymbol{v}; \boldsymbol{\theta}) - D_{KL}(q(\boldsymbol{h} \mid \boldsymbol{v}) \parallel p(\boldsymbol{h} \mid \boldsymbol{v}; \boldsymbol{\theta})) \\
&= \log p(\boldsymbol{v}; \boldsymbol{\theta}) - E_{\boldsymbol{h} \sim q} \log \frac{q(\boldsymbol{h} \mid \boldsymbol{v})}{p(\boldsymbol{h} \mid \boldsymbol{v})} \\
&= \log p(\boldsymbol{v}; \boldsymbol{\theta}) - E_{\boldsymbol{h} \sim q} \log \frac{q(\boldsymbol{h} \mid \boldsymbol{v})}{p(\boldsymbol{h}, \boldsymbol{v}; \boldsymbol{\theta}) / p(\boldsymbol{v}; \boldsymbol{\theta})} \\
&= \log p(\boldsymbol{v}; \boldsymbol{\theta}) - E_{\boldsymbol{h} \sim q} [\log q(\boldsymbol{h} \mid \boldsymbol{v}) \\
&\quad - \log p(\boldsymbol{h}, \boldsymbol{v}; \boldsymbol{\theta}) + \log p(\boldsymbol{v}; \boldsymbol{\theta})] \\
&= E_{\boldsymbol{h} \sim q} [\log p(\boldsymbol{h}, \boldsymbol{v}; \boldsymbol{\theta}) - \log q(\boldsymbol{h} \mid \boldsymbol{v})]
\end{aligned} \tag{11-21}
$$

当选择合适的分布 q 来说，L 是容易计算的。对于任意分布 q，L 是对数似然函数的一个下界。分布 $q(\boldsymbol{h} \mid \boldsymbol{v})$ 越好的近似 $p(\boldsymbol{h} \mid \boldsymbol{v})$，与 $\log p(\boldsymbol{v})$ 更加接近。因此能够将隐变量模型的推断问题看作寻找分布 q 使得 L 最大化的过程。

变分自编码器（variational auto-encoder，VAE）方法[129]也是在隐变量模型的近似推断思路下产生的方法，通过优化证据下界对真实分布进行拟合，其模型如图 11－18 所示。假设数据通过某种随机过程产生，该过程包含无法观测的连续随机变量 z，数据经过两步产生：① 从某个先验分布 $p_{\theta^*}(z)$ 中产生 $z^{(i)}$ 的值；② 从条件概率分布 $p_{\theta^*}(x \mid z)$ 中生成 $x^{(i)}$。假设先验 $p_{\theta^*}(z)$ 和分布 $p_{\theta^*}(x \mid z)$ 从参数化的分布簇 $p_\theta(z)$ 和 $p_\theta(x \mid z)$ 中得到，但是真实参数 θ^* 和隐变量 $z^{(i)}$ 是未知的。变分自编码器方法引入了识别模型 $q_\phi(z \mid x)$，是对未知的真实分布的一个近似，联合学习识别模型的参数 ϕ 和生成模型的参数 θ。

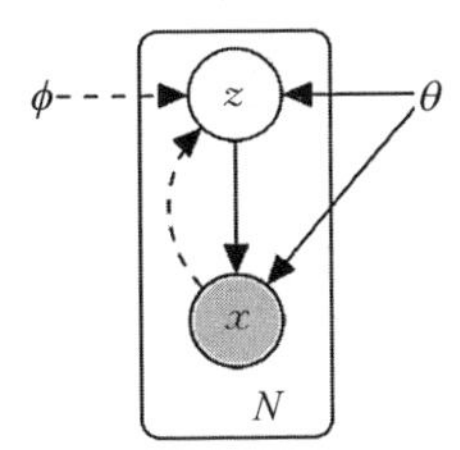

图 11－18　变分自编码器概率图模型

从编码器角度，无法观测到的变量可以被解释成隐含表示或编码。识别模型 $q_\phi(z \mid x)$ 即为概率化的编码器，$p_\theta(x \mid z)$ 为概率化的解码器。证据下界此时可写作：

$$
\mathrm{L}(\theta, \phi; x) = E_{q(z \mid x)} [\log p_\theta(x, z) - \log q_\phi(z \mid x)] \tag{11-22}
$$

经过拆项重组变形可以写作:

$$\begin{aligned}L(\theta,\ \phi;\ x) &= E_{q(z|x)}[\log p_\theta(x\mid z)] - E_{q(z|x)}[\log q_\phi(z\mid x) + \log p_\theta(z)] \\ &= E_{q(z|x)}[\log p_\theta(x\mid z)] - D_{KL}[q_\phi(z\mid x)\parallel p_\theta(z)]\end{aligned} \tag{11-23}$$

式(11－23)即为变分自编码器模型优化的证据下界的形式。其中的证据下界由两部分组成,第一部分 $E_{q(z|x)}[\log p_\theta(x\mid z)]$ 可以看作是隐变量条件下数据的对数似然,其值越大,说明编码器部分重构的数据似然更大,或者说一部分表示了负的重构误差。第二部分 $D_{KL}[q_\phi(z\mid x)\parallel p_\theta(z)]$ 表示编码器部分得到的隐变量编码的分布和先验分布之间的差距,其值越小,说明编码器得到的编码更符合先验分布,或者理解为一个正则项。

对下界 L 的优化过程可以通过基于梯度下降的方法进行。唯一的问题在于在变分自编码器模型中,需要计算编码器得到的隐变量和先验分布之间的散度,还需要有采样过程,但在目前的梯度下降方法中,这一操作不能进行求导,这样一来,就难以按照训练普通神经网络模型那样,按照链式法则进行误差反向传播,所以需要重参数化(reparameterization trick)来解决这一问题。

并不直接由编码器生成分布并采样 $q_\phi(z\mid x)$,而是由编码器学习其分布的参数,选择合适的已知分布采样 ε,对 ε 进行变换来模拟对 $q_\phi(z\mid x)$ 的采样,这样既得到了采样结果,又能计算 $q_\phi(z\mid x)$ 和假设的先验分布 $p_\theta(z)$ 之间的 KL 散度。

举例:假设的先验分布 $p_\theta(z)$ 为某个正态分布,则在得到隐变量时,需要从 $N(\mu,\ \sigma^2)$ 中进行采样,这相当于从 $N(0,\ I)$ 中采样一个 ε,然后令 $z=\mu+\varepsilon\times\sigma$,编码器拟合的是分布的参数 μ, σ。这样一来既能实现采样和重构,又能计算 KL 散度且进行求梯度和误差反传等。变分自编码模型如图 11－19 所示。

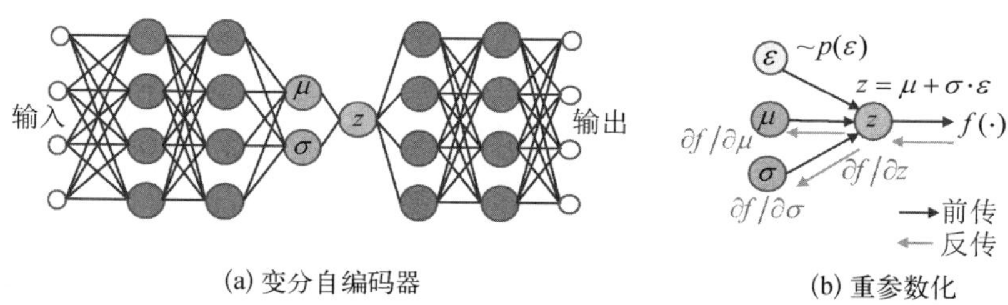

(a) 变分自编码器　(b) 重参数化

图 11－19　变分自编码模型

利用变分自编码模型的思想,将卷积网络作为编码器,生成隐变量 z,在隐特征空间计算三元组损失。通过 KL 散度中的 $D_{KL}[q_\phi(z\mid x)\parallel p_\theta(z)]$ 作为损失函数的一部分,约束 z 的分布,使得该隐变量 z 各维度间独立,且为标准正态分布。这些特点正可以解决在将三元组损失引入卷积网络时考虑过的问题。因此,构建聚类变分卷积网络框架(图 11－20)：利用卷积网络组成模型的编码器，接受一维振动信号输入，对其进行编码，得到隐变量 z(z 受 KL 散度的约束)，z 中包含了故障的信息，利用其进行故障分类等任务。同时，三元组损失作用于 z，使其具有聚类性，提高分类的鲁棒性。最后，反卷积组成的解码器利用隐变量重构信号，组成另一个任务分支。

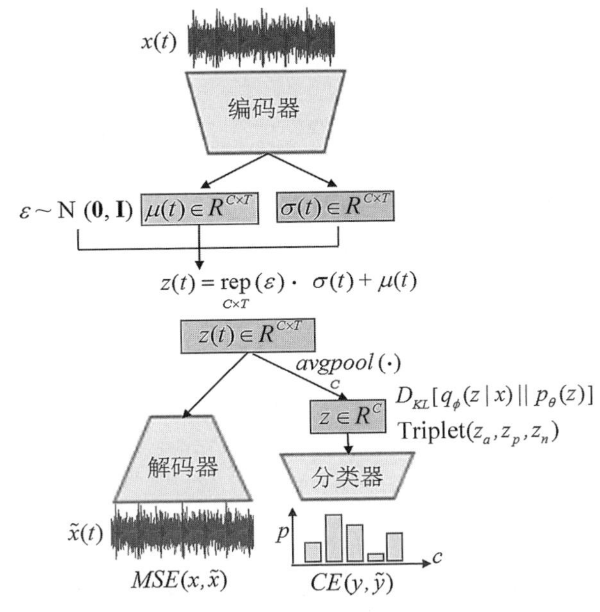

图 11－20　聚类变分卷积网络框架

需要说明的是，在上面的框架中，卷积网络作为编码器，采用重参数化技巧，对隐变量分布的参数进行编码得到 $\mu(t)$、$\sigma(t)$，然后和采样的 $\varepsilon(\varepsilon \in R^C)$ 计算出 $z(t)$：$z(t) = \underset{C\times T}{\text{rep}}(\varepsilon) * \sigma(t) + \mu(t)$，其中 $\underset{C\times T}{\text{rep}}(\varepsilon)$ 表示将 ε 沿时间维度进行重复，使其维度变成 $C \times T$，这样得到的 $z(t)$ 在时间维度具有相关性。$z(t)$ 经过时间维度的全局均值池化后得到 z，即 $z = \underset{C}{\text{avgpool}}[z(t)]$，$z \in R^C$。不难证明，$z$ 的分布为 $z \in N\{\underset{C}{\text{avgpool}}[\mu(t)], \underset{C}{\text{avgpool}}[\sigma(t)]\}$，在用 KL 散度约束 z 的分布时，将转为对 $\mu(t)$、$\sigma(t)$ 的约束，通过链式法则和误差反传对编码器参数进行调整。

框架中的解码器采用多尺度残差卷积模型结构，具体参数如表 11－5 所示。

表 11－5　多任务学习模型编码器结构

名　称	结　构	参　　数
conv1	卷积	$K=7,\ C=8,\ S=4$
maxpool	最大值池化	$K=3,\ S=2$
layer1_1	多尺度残差模块	$\begin{bmatrix} K=3, C=16, S=2, D=1 \\ K=3, C=16, S=1, D=1 \end{bmatrix} + \begin{bmatrix} K=3, C=16, S=2, D=2 \\ K=3, C=16, S=1, D=1 \end{bmatrix}$
layer1_2	多尺度残差模块	$\begin{bmatrix} K=3, C=16, S=2, D=1 \\ K=3, C=16, S=1, D=1 \end{bmatrix} + \begin{bmatrix} K=3, C=16, S=2, D=2 \\ K=3, C=16, S=1, D=1 \end{bmatrix}$
layer2_1	多尺度残差模块	$\begin{bmatrix} K=3, C=32, S=4, D=1 \\ K=3, C=32, S=1, D=1 \end{bmatrix} + \begin{bmatrix} K=3, C=32, S=4, D=2 \\ K=3, C=32, S=1, D=1 \end{bmatrix}$
layer2_2	多尺度残差模块	$\begin{bmatrix} K=3, C=32, S=2, D=1 \\ K=3, C=32, S=1, D=1 \end{bmatrix} + \begin{bmatrix} K=3, C=32, S=2, D=2 \\ K=3, C=32, S=1, D=1 \end{bmatrix}$

续 表

名 称	结 构	参 数
layer3_1	多尺度残差模块	$\begin{bmatrix} K=3, C=64, S=4, D=1 \\ K=3, C=64, S=1, D=1 \end{bmatrix} + \begin{bmatrix} K=3, C=64, S=4, D=2 \\ K=3, C=64, S=1, D=1 \end{bmatrix}$
layer3_2	多尺度残差模块	$\begin{bmatrix} K=3, C=64, S=2, D=1 \\ K=3, C=64, S=1, D=1 \end{bmatrix} + \begin{bmatrix} K=3, C=64, S=2, D=2 \\ K=3, C=64, S=1, D=1 \end{bmatrix}$
layer4_mu_1	多尺度残差模块	$\begin{bmatrix} K=3, C=32, S=4, D=1 \\ K=3, C=32, S=1, D=1 \end{bmatrix} + \begin{bmatrix} K=3, C=32, S=4, D=2 \\ K=3, C=32, S=1, D=1 \end{bmatrix}$
layer4_mu_2	多尺度残差模块	$\begin{bmatrix} K=3, C=32, S=2, D=1 \\ K=3, C=32, S=1, D=1 \end{bmatrix} + \begin{bmatrix} K=3, C=32, S=2, D=2 \\ K=3, C=32, S=1, D=1 \end{bmatrix}$
layer4_var_1	多尺度残差模块	$\begin{bmatrix} K=3, C=32, S=4, D=1 \\ K=3, C=32, S=1, D=1 \end{bmatrix} + \begin{bmatrix} K=3, C=32, S=4, D=2 \\ K=3, C=32, S=1, D=1 \end{bmatrix}$
layer4_var_2	多尺度残差模块	$\begin{bmatrix} K=3, C=32, S=2, D=1 \\ K=3, C=32, S=1, D=1 \end{bmatrix} + \begin{bmatrix} K=3, C=32, S=2, D=2 \\ K=3, C=32, S=1, D=1 \end{bmatrix}$

编码器的 layer4_mu_1 层和 layer4_mu_2 层编码分布参数 $\mu(t)$，layer4_var_1 层和 layer4_var_2 层作为另一分支编码 $\sigma(t)$，两分支共享前面层 layer3_2 得到的特征。另外，为了和前面模型参数规模大致相同，layer4_mu 分支和 layer4_var 分支的通道数由 64 减少为 32。解码器结构采用常用的卷积和反卷积堆叠的结构，参数如表 11－6 所示。

表 11－6　多任务学习模型解码器结构

名 称	结 构	参 数
deconv1	反卷积	$K=3, C=64, S=2$
conv1	卷积	$K=3, C=64, S=1$
deconv2	反卷积	$K=3, C=32, S=2$
conv2	卷积	$K=3, C=32, S=1$
deconv3	反卷积	$K=3, C=16, S=2$
conv3	卷积	$K=3, C=16, S=1$
deconv4	反卷积	$K=3, C=8, S=2$
conv4	卷积	$K=3, C=8, S=1$
deconv5	反卷积	$K=7, C=C_{in}, S=2$

表 11－6 中 C_{in} 表示输入信号的通道数。解码器由反卷积层和卷积层堆叠而成，反卷积(deconvolution)[130]，又称解卷积、转置卷积，在解码器中的作用是将特征尺寸扩大，通过堆叠将原本长度(编码长度)逐渐在时间维度上放大到输入信号的长度。需要注意的是，反卷积并不是卷积的逆运算，本质上和卷积进行的操作类似。分类器部分和其他模型相同，采用全连接层，其输入神经元个数 N_{in} 和隐变量维度相同，输出个数 N_{out} 等于分类任务的类别个数。

模型训练时的第 i 个样本的损失函数可以表示为

$$\begin{aligned} \mathrm{L}^{(i)} = & \sum_{j}^{m} -y_j^{(i)} \log \tilde{y}_j^{(i)} + \lambda_{\text{recon}} \| x^{(i)} - \tilde{x}^{(i)} \|_2^2 \\ & + \lambda_{\text{KL}} \sum_{d}^{D} \{1 + \log[(\sigma_d^{(i)})^2] - (\mu_d^{(i)})^2 - (\sigma_d^{(i)})^2\} \\ & + \lambda_{\text{triplet}} [\| z_a^{(i)} - z_p^{(i)} \|_2^2 - \| z_a^{(i)} - z_n^{(i)} \|_2^2 + \alpha]_+ \end{aligned} \tag{11-24}$$

式中，$\sum_{j}^{m} -y_j^{(i)} \log \tilde{y}_j^{(i)}$ 为交叉熵损失；$\| x^{(i)} - \tilde{x}^{(i)} \|_2^2$ 为重构信号的均方损失；$\sum_{d}^{D} \{1 + \log[(\sigma_d^{(i)})^2] - (\mu_d^{(i)})^2 - (\sigma_d^{(i)})^2\}$ 表示隐变量和独立多元标准正态分布的 KL 散度损失；$[\| z_a^{(i)} - z_p^{(i)} \|_2^2 - \| z_a^{(i)} - z_n^{(i)} \|_2^2 + \alpha]_+$ 表示三元组损失。λ_{recon}、λ_{KL}、λ_{triplet} 为各项损失的权系数，控制各项损失相对占比。

对聚类变分卷积网络的超参数 λ_{recon}、λ_{KL}、λ_{triplet} 的取值进行讨论。由于各个系数的取值连续，且同时作用于损失函数中，若直接对各种系数的组合进行讨论则计算量过大。采用一种计算量较小的方法进行讨论，具体思路如下：首先采用随机搜索方法[131]选取一组较为合适的 λ_{recon}、λ_{KL}、λ_{triplet} 的取值；然后在该组取值的基础上控制变量，每次仅以一个系数作为变量，讨论其取值对结果的影响。按照该思路讨论具体如下。

1）预训练

需要说明的是，本书在训练模型时发现，若直接按照损失函数进行训练，则模型难以收敛。需要先以重构信号的损失和 KL 散度损失为目标预训练模型的变分自编码器部分，然后再加入三元组损失和交叉熵损失联合训练。以 $\lambda_{\text{recon}} = 1$、$\lambda_{\text{KL}} = 1$、$\lambda_{\text{triplet}} = 1$ 为例，将预训练及训练过程中各部分损失，以及模型准确率的变化情况绘出，如图 11-21 所示。

从图 11-21 中可以看到，预训练时损失波动较大，因为随机初始化的参数计算的 KL 散度损失及重构信号时的均方误差较大，这可能也是直接训练模型不收敛的原因：模型难以从随机初始化的参数计算出同时兼顾各个任务的梯度方向，导致不收敛。在训练时，交叉熵损失和三元组损失随着训练进行逐渐下降直至稳定，重构损失变化较小，而 KL 散度损失先减小后增大，这是正则化部分和数据拟合部分在训练中的竞争和权衡的结果，总的损失较为稳定地下降，训练和测试的准确率逐步上升直至稳定。

2）随机搜索

在随机搜索中，令各系数均在{0.01, 0.1, 1, 10, 100}中均匀选取，随机抽取 18 组系数训练模型，训练数据为齿轮箱故障模拟实验训练数据的前 80%，用训练数据的后 20%作为验证集测试准确率，得到的结果如表 11-7 所示。

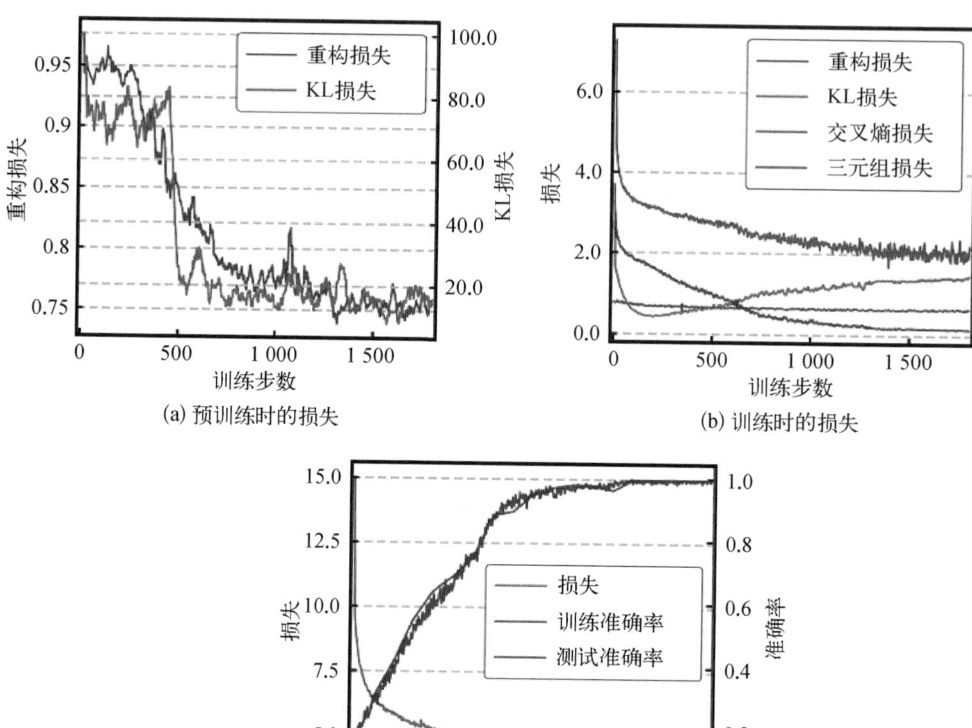

(a) 预训练时的损失

(b) 训练时的损失

(c) 总损失和模型准确率

图 11－21　预训练和训练时模型损失及准确率的变化

表 11－7　超参数随机搜索结果

序号	λ_{triplet}	λ_{KL}	λ_{recon}	准确率
1	0.01	0.01	10	98.77%
2	0.1	1	0.1	99.02%
3	0.01	1	0.1	98.34%
4	0.01	1	1	89.70%
5	0.1	10	10	13.30%
6	0.01	100	1	10.42%
7	0.1	0.1	0.1	99.94%
8	1	0.01	1	99.88%
9	1	1	10	75.66%
10	1	10	100	11.16%
11	1	100	0.1	11.28%

续 表

序号	$\lambda_{triplet}$	λ_{KL}	λ_{recon}	准确率
12	1	1	1	99.20%
13	10	0.01	100	86.57%
14	10	10	0.1	58.55%
15	10	10	1	58.06%
16	100	0.1	1	98.96%
17	100	0.01	1	99.39%
18	100	1	1	94.97%

从表 11－7 中可以看到，权系数对于模型精度的影响较大。粗略观察不难发现，当 λ_{recon}、λ_{KL} 的取值较大时，模型精度较低，这是由于该两项控制无监督任务的重要性，当其取值较大时，对于模型正则性太强，导致难以拟合数据。当其取值较小时，结果较为稳定且精度均较高，考虑到足够大的 λ_{recon}、λ_{KL} 取值正则化更强，泛化性能可能更好，本书选取 $\lambda_{recon}=1$、$\lambda_{KL}=1$、$\lambda_{triplet}=1$ 作为基础取值，该组取值在验证集的精度为 0.992 0。

3）各系数取值讨论

以 $\lambda_{recon}=1$、$\lambda_{KL}=1$、$\lambda_{triplet}=1$ 作为基础取值，分别讨论各系数的不同取值对结果的影响，各系数在{0.003，0.01，0.03，0.1，0.3，1，3，10，30，100，300}中取值，绘出精度曲线如图 11－22 所示。

分析图线可以得到以下结论：① $\lambda_{triplet}$ 控制三元组损失占比，较小的 $\lambda_{triplet}$ 使得三元组损失没有发挥作用，精度较低，当 $\lambda_{triplet}$ 取值足够大后（大于 0.3），精度较高且在很大范围内（0.3～30）保持稳定，当 $\lambda_{triplet}$ 过大时，精度略下降。② λ_{KL} 控制 KL 散度损失占比，当 λ_{KL} 的取值不是很大时（小于 3），模型精度很高，且保持稳定，当 λ_{KL} 大于 3 时，模型精度迅速下降，直至无法学习。原因是较大的 λ_{KL} 对隐层特征的分布进行过强的约束（使其分布非常接近多元独立标准正态分布），造成了过度的正则化，模型对于数据的拟合能力太弱。③ λ_{recon} 控制信号重构误差在损失函数中的占比，当 λ_{recon} 过小时（小于 0.1），没有发挥出无监督重构任务的正则化效果，模型精度没有达到最优；当 λ_{recon} 过大时（大于 3），模型专注于重构信号的任务，参数更新方向对分类任务不利，此时模型精度快速下降；合适的 λ_{recon} 取值（0.3～1）能够发挥重构任务的正则化效果，提高模型泛化能力，此时模型性能最优。

还有一点需要进行讨论，即从图 11－22 中的图线中能够看到，λ_{KL} 的取值较小也能使模型在验证集上达到很高的精度，那么可否在损失函数中令 λ_{KL} 很小，甚至为零，即删除 KL 散度这一项的约束。本书认为不能，因为该项直接控制隐层特征的分布情况，影响到三元组损失的计算是否合理。为了说明这一点，分别考察

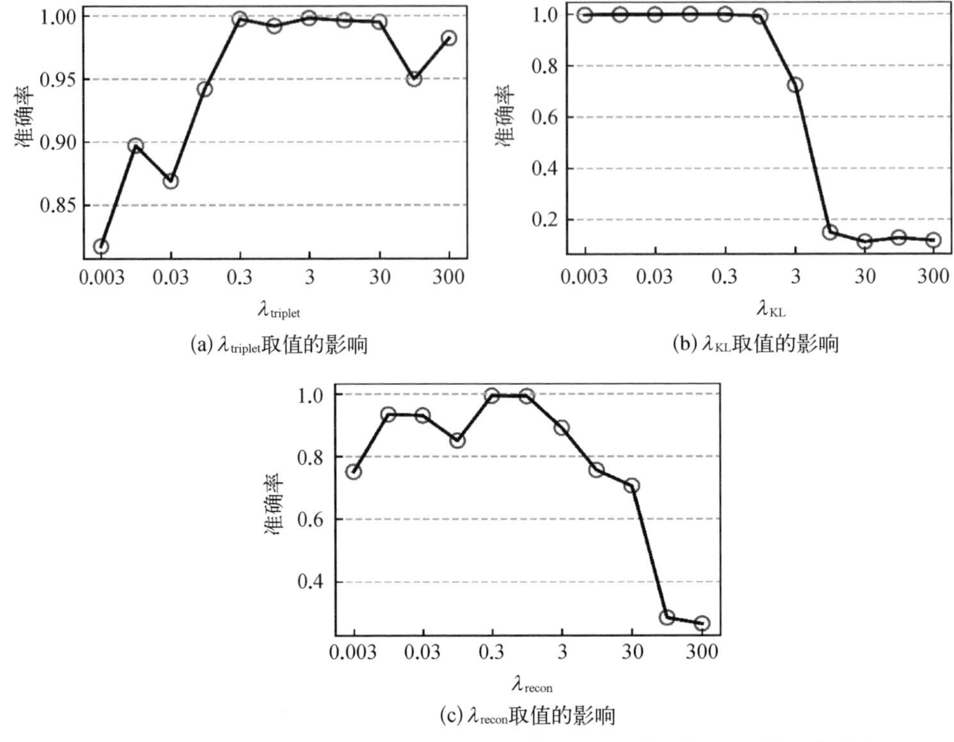

(a) $\lambda_{triplet}$取值的影响

(b) λ_{KL}取值的影响

(c) λ_{recon}取值的影响

图 11－22　$\lambda_{triplet}$、λ_{KL}、λ_{recon}取值对模型准确率的影响（横坐标以对数尺度绘出）

$\lambda_{KL}=0.003$ 和 $\lambda_{KL}=1$ 下模型隐层特征的分布情况，具体考察两点：① 特征各通道取值是否与所假设的标准正态分布相近；② 样本特征的聚类性，是否具有类内相似性和类间差异性的良好性质。具体做法和结果如下。

1）各通道取值的分布

在本章模型设计的时候，希望隐层特征的各个通道的取值具有标准正态分布，主要有两点原因：① 在没有其他先验的条件下，标准正态分布是较为保险的假设，其作用类似 L2 范数对于模型参数的正则化；② 约束各个通道的取值，使得三元组损失计算更为合理，不易受到离群点或极端值的影响。利用齿轮箱故障模拟实验训练数据，从各个类别中随机抽取 100 个验证集样本，将 $\lambda_{KL}=0.003$ 和 $\lambda_{KL}=1$ 下模型隐变量部分通道取值进行分箱统计，绘出其分布图，如图 11－23 所示。

从分布图中可以看到，当 λ_{KL}较小时，隐变量各个通道取值分布差异较大，这为基于隐变量距离的三元组损失的计算带来了干扰；当 λ_{KL}足够大时，正则化的效果较为明显，模型隐变量分布与正态分布更加接近，距离的计算应当更加合理。

2）特征的聚类性

当三元组损失被合理计算并起到作用时，同类样本应尽可能相似，非同类样本应尽可能相异，即呈现类内相似性和类间差异性。为了衡量这样的聚类性，计算样本特征的

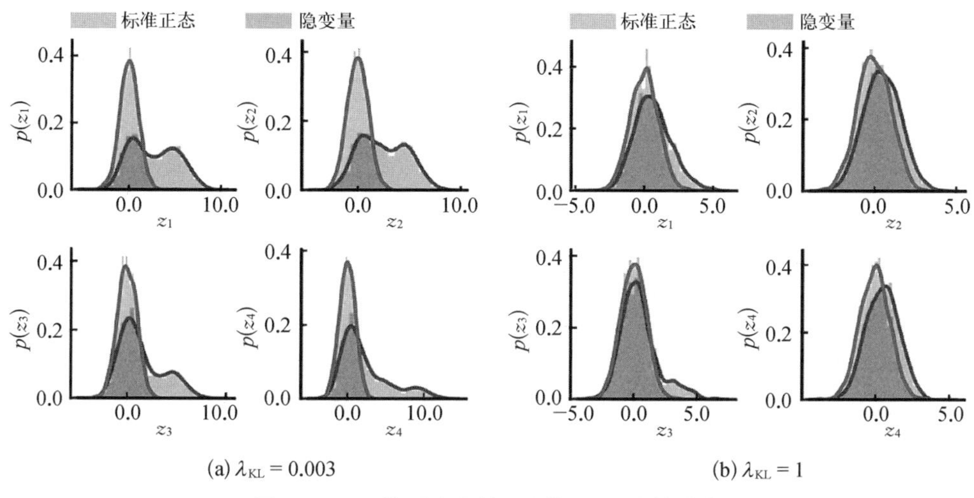

图 11－23　模型隐变量(通道 1~4)取值分布

余弦相似度矩阵,矩阵中$(i,\ j)$元素为样本 i 的特征和样本 j 的特征之间的余弦相似度,用式(11－25)计算,并得到样本特征的余弦相似度矩阵,如图11－24 所示。

$$\text{similarity} = \cos\theta = \frac{\boldsymbol{A}\cdot\boldsymbol{B}}{\|\boldsymbol{A}\|\ \|\boldsymbol{B}\|} = \frac{\sum_{i=1}^{n} A_i B_i}{\sqrt{\sum_{i=1}^{n} A_i^2}\sqrt{\sum_{i=1}^{n} B_i^2}} \tag{11-25}$$

式中,$\boldsymbol{A}$ 表示样本 i 的特征;$\boldsymbol{B}$ 表示样本 j 的特征。

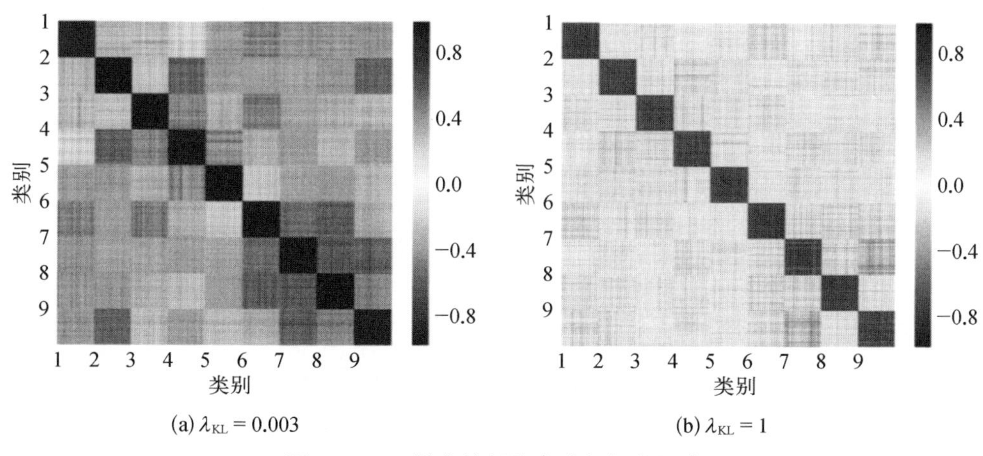

图 11－24　样本特征的余弦相似度矩阵

注: 图中类别 1~9 表示齿轮箱故障模拟实验样本的 9 种类别: 1. 正常;2. 轴承内圈故障;3. 轴承复合故障;4. 轴承外圈故障;5. 轴承滚子故障;6. 齿轮断齿故障;7. 齿轮磨损故障;8. 齿轮缺齿故障;9. 齿轮裂纹故障

从图 11－24 中可以看到，$\lambda_{KL}=1$ 得到的余弦相似度矩阵相比 $\lambda_{KL}=0.003$ 聚类性更加明显，同类别特征间的相似度更大，不同类间的相似度较小，边界清晰。这也说明了 λ_{KL} 在约束隐层特征分布和合理计算三元组损失中起到的作用。

11.2.3 传动系统故障模拟实验

为了验证算法的有效性，用故障模拟实验的数据进行验证。故障模拟实验在 SQI 试验台上进行，实验中更换预制故障的第二级行星齿轮和轴承来模拟齿轮箱故障，还进行了平行齿轮箱故障模拟实验，预制的故障类型包括平行级轴承外圈故障、滚动体故障、齿轮断齿、裂纹、缺齿和磨损故障（图 11－25），实验时的电机转速及传感器配置与 11.1 节相同，平行级齿轮箱振动信号波形图，如图 11－26 所示。测试样个数如表 11－8 所示。将采样得到的样本进行归一化，即减去信号均值后除以方差，作为模型的输入，进行多分类任务的训练和测试。

图 11－25　平行级故障齿轮

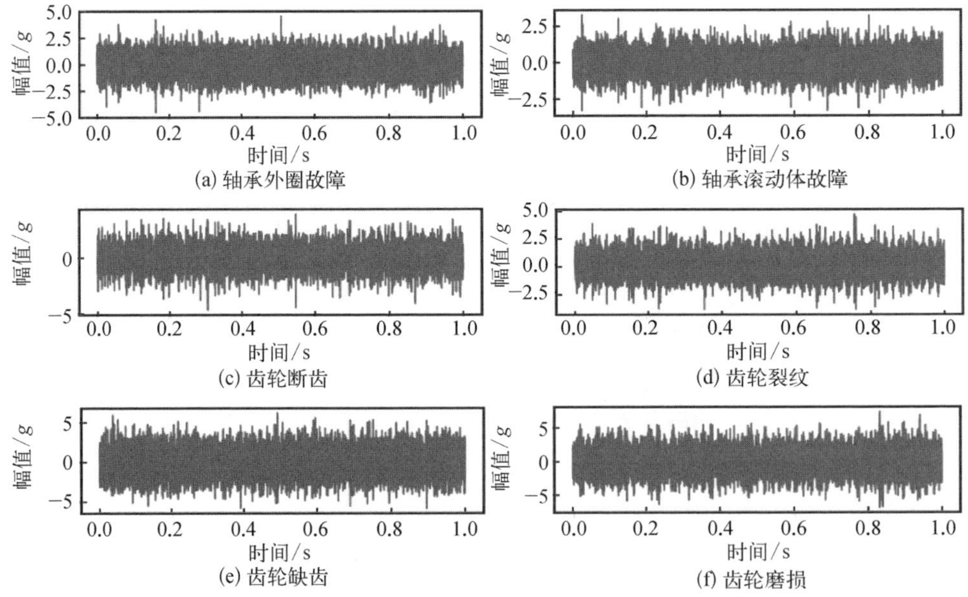

图 11－26　平行级齿轮故障的振动信号时域波形

表 11-8　各模型故障识别准确率

部　　件	序号	类　　别	测试集样本个数
行星齿轮箱	1	正常	141
	2	轴承内圈故障	140
	3	轴承复合故障	140
	4	轴承外圈故障	141
	5	轴承滚动体故障	141
	6	行星轮断齿	140
	7	行星轮磨损	143
	8	行星轮缺齿	141
	9	行星轮裂纹	146
平行级齿轮箱	10	轴承滚动体故障	112
	11	轴承外圈故障	114
	12	齿轮断齿	115
	13	齿轮裂纹	113
	14	齿轮缺齿	150
	15	齿轮磨损	150

本章基于变分自编码器和三元组损失辅助的多任务学习模型(简记为 MSResVAE_tri)在数据集上进行训练和测试,将准确率曲线和损失曲线绘出,如图 11-27 所示。

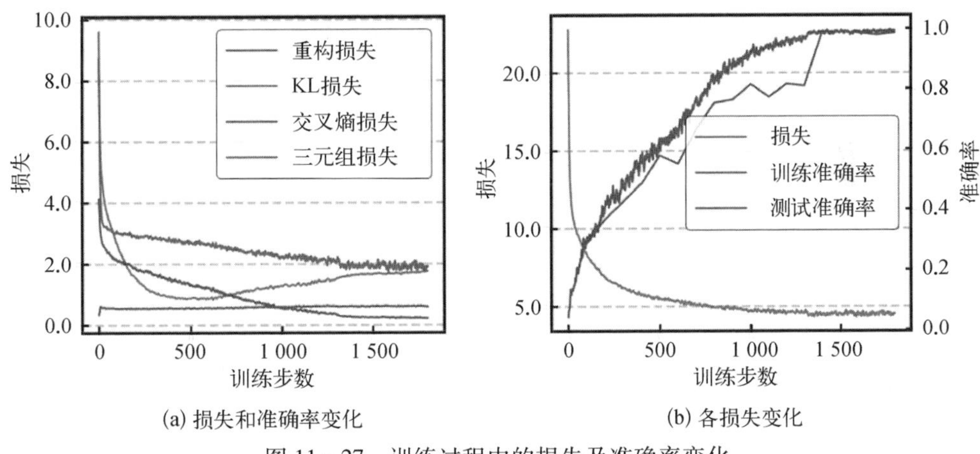

(a) 损失和准确率变化　　(b) 各损失变化

图 11-27　训练过程中的损失及准确率变化

可以看到随着训练进行,模型的准确率上升并逐渐稳定,在后期损失的波动来自三元组损失。另外,随着分类任务精度的提高,重构损失和 KL 散度损失略有增加,这是训练过程中的权衡,这种权衡来自自编码器的重构分支和分类任务分支的竞争关系。另外,三元组损失也迫使编码在不同类间呈现差异性,这和不区分类别的自编码器也带来了额外约束。训练好的模型精度为 98.47%,测试结果的混淆矩阵如图 11-28 所示。

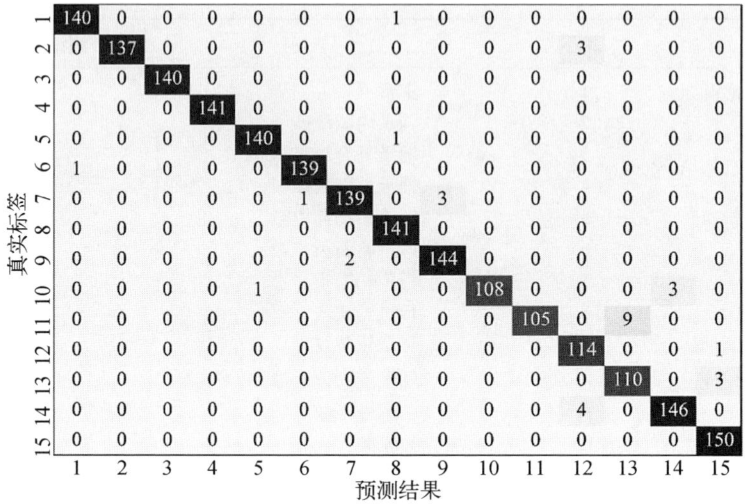

真实标签 \ 预测结果	1	2	3	4	5	6	7	8	9	10	11	12	13	14	15
1	140	0	0	0	0	0	0	1	0	0	0	0	0	0	0
2	0	137	0	0	0	0	0	0	0	0	0	3	0	0	0
3	0	0	140	0	0	0	0	0	0	0	0	0	0	0	0
4	0	0	0	141	0	0	0	0	0	0	0	0	0	0	0
5	0	0	0	0	140	0	0	1	0	0	0	0	0	0	0
6	1	0	0	0	0	139	0	0	0	0	0	0	0	0	0
7	0	0	0	0	0	1	139	0	3	0	0	0	0	0	0
8	0	0	0	0	0	0	0	141	0	0	0	0	0	0	0
9	0	0	0	0	0	0	2	0	144	0	0	0	0	0	0
10	0	0	0	0	1	0	0	0	0	108	0	0	0	3	0
11	0	0	0	0	0	0	0	0	0	0	105	0	9	0	0
12	0	0	0	0	0	0	0	0	0	0	0	114	0	0	1
13	0	0	0	0	0	0	0	0	0	0	0	0	110	0	3
14	0	0	0	0	0	0	0	0	0	0	0	4	0	146	0
15	0	0	0	0	0	0	0	0	0	0	0	0	0	0	150

图 11-28　残差学习结构

从混淆矩阵中能够看到，在行星齿轮箱和平行级齿轮箱的共计 15 类故障类型中，所用方法能够区分绝大多数，误分最多的是行星齿轮箱中的齿轮裂纹和磨损故障。

本章所用方法和之前方法的分类准确率对比如表 11-9 所示。

表 11-9　各模型故障识别准确率

模　　型	准　确　率
SVM	44.25%
MLP	59.45%
LeNet	47.31%
CNN18	66.40%
ResNet18	79.53%
MS-ResNet18	86.19%
MSResVAE_tri	98.47%

从表 11-9 中可以看到，对于类别较多且易于混淆的分类任务，浅层网络模型（表 11-9 中 MLP，LeNet）和基于时域特征的传统方法（SVM）难以达到令人满意的精度；没有残差结构的深层卷积模型（CNN18）难以训练，残差学习结构能够使深层卷积模型准确率提升至约 79%；而本章针对多对象易混淆分类提出的多任务学习模型准确率达到 98.47%，优于其他模型。

将准确率相对较高的 ResNet18、MS-ResNet18、MSResVAE_tri 三个模型的样本特征的余弦相似度矩阵计算并绘出，如图 11-29 所示。

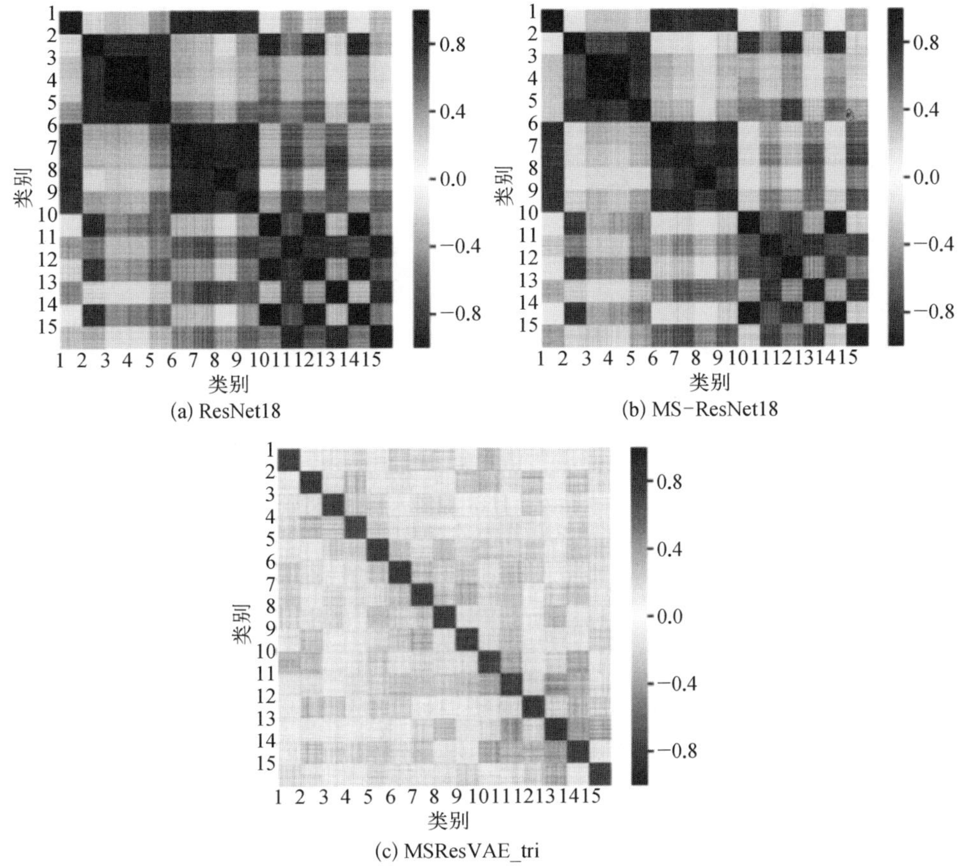

(a) ResNet18

(b) MS-ResNet18

(c) MSResVAE_tri

图 11-29　各模型的样本特征的余弦相似度矩阵

观察图 11-29(a)和(b)可以发现,ResNet18 和 MS-ResNet18 模型容易对类别 2、3、4、5,以及类别 6、7、8、9 的样本混淆,这些均为行星齿轮箱第二级行星轮系的故障,前者为轴承故障,后者为行星轮故障;此外,10~15 类的样本也容易互相混淆,这些为平行齿轮箱的轴承和齿轮故障。这也从侧面说明了监测的对象增多后,模型对不同对象的不同故障的区分变得更加困难。作为对比,经过聚类变分卷积网络提取的特征根据类别呈现明显的聚类性,类内相似,而类间边界较为清晰,混淆程度较小,这也是其分类准确率高的原因。

参考文献

[1] 吕文礼.基于 ACARS 的飞机空地数据传输研究[D].天津:中国民航大学,2013.

[2] 王剑非.卫星姿态控制系统的故障诊断研究[D].南京:南京航空航天大学,2008.

[3] Xue W, Guo Y, Zhang X. A bank of Kalman filters and a robust kalman filter applied in fault diagnosis of aircraft engine sensor /actuator [J]. International Journal of Innovative Computing Information & Control Ijicic, 2007, 4(12): 10.

[4] 何杰,朱磊,赵竞全.基于 Kalman 滤波飞机换热器故障诊断研究[J].系统仿真学报,2013,25(3):552-557.

[5] 薛薇.发动机控制系统传感器及执行机构故障诊断[D].西安:西北工业大学,2007.

[6] Marzat J, Piet-Lahanier H, Damongeot F, et al. Model-based fault diagnosis for aerospace systems: a survey[J]. Proceedings of the Institution of Mechanical Engineers: Part G: Journal of Aerospace Engineering, 2012, 226(10): 1329-1360.

[7] 李文攀.波音飞机飞行管理系统故障诊断专家系统的设计与实现[J].电子世界,2012(14):71.

[8] 朱大奇,于盛林,陈小平.基于故障树分析及虚拟仪器的电子部件故障诊断研究[J].仪器仪表学报,2002,23(1):16-19.

[9] 李青,史雅琴,周扬.基于案例推理方法在飞机故障诊断中的应用[J].北京航空航天大学学报,2007,33(5):622-626.

[10] Nelson W R, Novack S D. Real-time risk and fault management in the mission evaluation room for the international space station[R]. Denton: NASA Contractor Report INEEL/EXT-03-00661, 2003.

[11] Shan H C, Hook T G, Lee R J. Use of the safety monitor in operational decision-making at a nuclear generating facility[J]. Reliability Engineering & System Safety, 1998, 62(1-2): 11-16.

[12] Stone R B, Tumer I Y, van Wie M. The function-failure design method[J]. Journal of Mechanical Design, 2005, 127(3): 397-407.

[13] Schwabacher M A, Aguilar R, Figueroa F F. Using decision trees to detect and isolate simulated leaks in the J-2X rocket engine[R]. NASA Ames Research Center: Stennis Space Center, 2009.

[14] Said S E, Dickey D A. Testing for unit roots in auto regressive moving average models of unknown order[J]. Biometrika, 1984, 71(3): 599-607.

[15] Beard R V. Fault accommodation in linear systems through self-reorganization [R]. Massachusetts: ReportVT-71-1, 1971.

[16] Mehra R K, Peschon J. An innovation approach to fault detection and diagnosis in dynamics[J]. Automatica, 1971, 7: 637-640.

[17] 刘献栋,李其汉.小波变换在转子系统动静件早期碰摩故障诊断中的应用[J].航空学报,1999,20(3):29-32.

[18] Gao Z, Ma C, Song D, et al. Deep quantum inspired neural network with application to aircraft fuel system fault diagnosis[J]. Neurocomputing, 2017, 238: 13-23.

[19] Cortes C, Vapnik V. Support-vector networks[J]. Machine Learning, 1995, 20(3): 273-297.

[20] Wold S, Esbensen K, Geladi P. Principal component analysis [J]. Chemometrics & Intelligent Laboratory Systems, 1987, 2(1): 37-52.

[21] Sampson P D, Bookstein F L. Partial least squares[M]. London: John Wiley & Sons, Inc., 2001.

[22] Hyvärinen A, Hurri J, Hoyer P O. Independent component analysis [M]. Cambridge: Cambridge University Press, 2001: 735-741.

[23] 张彦铎,姜兴渭.多传感器信息融合及在智能故障诊断中的应用[J].传感器与微系统,1999,18(3):18-22.

[24] 姜万录,刘思远.多特征信息融合的贝叶斯网络故障诊断方法研究[J].中国机械工程,2010,21(8):940-945.

[25] 高锦秋,刘景林.DS 证据理论的改进及在航空交流发电机故障诊断中的应用[J].微特电机,2016,44(6):37-40.

[26] 郭小荟,马小平.基于粗糙集的故障诊断特征提取[J].计算机工程与应用,2007,43(1):221-224.

[27] Jazwinski A H. Stochastic processes and filtering theory [M]. Pittsburgh: Academic Press, 1970.

[28] 蒲星星.基于模型的重型燃气轮机气路故障诊断研究[D].北京：清华大学,2013.

[29] 范玉刚,李平,宋执环.基于特征样本的 KPCA 在故障诊断中的应用[J].控制与决策,2005,20(12)：1415－1418.

[30] 汤宝平,马婧华.多准则融合敏感特征选择和自适应邻域的流形学习故障诊断[J].仪器仪表学报,2014(11)：2415－2422.

[31] Vesanto J. SOM-based data visualization methods [M]. Amsterdam: IOS Press, 1999.

[32] Yoon J, He D. Development of an efficient prognostic estimator[J]. Journal of Failure Analysis & Prevention, 2015, 15(1): 129－138.

[33] Lawless J F. Statistical models and methods for lifetime data [J]. Technometrics, 2003, 99(465): 298－299.

[34] Kaminskiy M. Statistical analysis of reliability data[M]. New Jersey: John Wiley & Sons Inc, 1999: 205－247.

[35] Groer B P G. analysis of time-to-failure with a Weibull model[C]. Knoxville: Proceedings of the Maintenance and Reliability Conference, 2000.

[36] 凌丹,何俐萍,许焕卫,等.基于威布尔分布的疲劳剩余寿命可靠性预测方法[J].机械设计,2011,28(7)：50－54.

[37] 李晓白,崔秀伶,郎荣玲.航空发动机性能参数预测方法[J].北京航空航天大学学报,2008,34(3)：253－256.

[38] 李斌,章卫国,宁东方,等.基于神经网络技术的飞机舵面故障趋势预测研究[J].系统仿真学报,2008(21)：5840－5842.

[39] Mahamad A K, Saon S, Hiyama T. Predicting remaining useful life of rotating machinery based artificial neural network[J]. Computers & Mathematics with Applications, 2010, 60(4): 1078－1087.

[40] Alam M M, Bodruzzaman M, Zein-Sabatto M S. Online prognostics of aircraft turbine engine component's remaining useful life (RUL)[C]. Southeastcon: IEEE, 2014.

[41] 尚永爽,许爱强,吴忠德.基于 SOFM 神经网络和 HMM 的动调陀螺仪故障预测方法研究[J].机械科学与技术,2012,31(10)：1711－1715.

[42] 张磊,李行善,于劲松,等.一种基于高斯混合模型粒子滤波的故障预测算法[J].航空学报,2009,30(2)：319－324.

[43] Pecht M. A prognostics and health management for information and Electronics-

Rich systems[J]. Microelectronics Reliability, 2010, 50(3): 317 - 323.

[44] Patrick R, Smith M J, Zhang B, et al. Diagnostic enhancements for air vehicle HUMS to increase prognostic system effectiveness[C]. Big Sky: Aerospace Conference. IEEE, 2009: 1 - 12.

[45] Suykens J A K, Vandewalle J. Least squares support vector machine classifiers [M]. Belgium: Kluwer Academic Publishers, 1999.

[46] 刘立名,段梦兰,柳春图,等.对裂纹扩展规律 Paris 公式物理本质的探讨[J].力学学报,2003,35(2): 45 - 49.

[47] 刘君强,谢吉伟,左洪福,等.基于随机 Wiener 过程的航空发动机剩余寿命预测[J].航空学报,2015,36(2): 564 - 574.

[48] 程水英,张剑云.粒子滤波评述[J].宇航学报,2008,29(4): 1099 - 1111.

[49] Mercer C R, Simon D L, Hunter G W, et al. Fundamental technology development for Gas-Turbine engine health management[C]. Rohnert Park: Aerospace 2007 Conference, 2007.

[50] Ortiz E M, Clark G J, Babbar A, et al. Multi source data integration for aircraft health management[C]. Big Sky: Aerospace Conference. IEEE, 2008: 1 - 12.

[51] Technical report: 727 to 787 evolution of aircraft maintenance systems[EB/OL]. http://www.aviationtoday.com[2019 - 02 - 21].

[52] Hess A, Fila L. The joint strike fighter (JSF) PHM concept: potential impact on aging aircraft problems[C]. Big Sky: Aerospace Conference Proceedings. IEEE, 2003.

[53] Machinery Information Management Open Systems Alliance (MIMOSA). Open Systems Architecture for Condition Based Maintenance (OSA-CBM), V3. 3. 1 [S]. 2006.

[54] Lebold M S, Reichard K M, Ferullo D, et al. Open systems architecture for condition based maintenance: overview and training material [R]. State College: Applied Research Laboratory, 2003.

[55] 刘源,赵又群.基于模糊层次分析法的车辆故障影响评估模型[J].农业装备与车辆工程,2009(6): 23 - 26.

[56] 朱继洲.故障树原理和应用[M].西安: 西安交通大学出版社,1989.

[57] Reisig W. Petri nets: an introduction[M]. Berlin: Springer-Verlag, 1985.

[58] 邓聚龙.灰色系统[M].北京: 国防工业出版社,1985.

[59] Hastings, W. K. Monte Carlo sampling methods using Markov chains and their applications[J]. Biometrika, 1970, 57(1): 97 - 109.

[60] Cooper, Gregory F. The computational complexity of probabilistic inference

using Bayesian belief networks (research note)[J]. Artificial Intelligence, 1990, 42(2): 393－405.

[61] Wen K L. The grey system analysis and its application in gas breakdown and VAR compensator finding (Invited Paper)[J]. International Journal of Computational Cognition, 2004, 2(1): 21－44.

[62] Chan J W K, Tong T K L. Multi-criteria material selections and end-of-life product strategy: grey relational analysis approach[J]. Materials & Design, 2007, 28(5): 1539－1546.

[63] 汪应骆.系统工程[M].第二版.北京：机械工程出版社,2003：130－140.

[64] 栾圣罡.基于气路参数样本的航空发动机状态监视方法与系统研究[D].哈尔滨：哈尔滨工业大学,2008.

[65] 黄乐腾.民航发动机健康管理与机队健康评估方法研究[D].天津：中国民航大学,2014.

[66] Cherkassky V, Mulier F. Statistical learning theory[J]. Annals of the Institute of Statistical Mathematics, 2003, 55(2): 371－389.

[67] 吴学海.航空发动机的剩余寿命预测与健康状态评估[D].成都：电子科技大学,2014.

[68] 李润国.航空发动机气路部件退化仿真及健康评估[D].成都：电子科技大学,2015.

[69] 左洪福.航空维修工程学[M].北京：科学出版社,2011.

[70] Wijnmalen D J D, Hontelez J A M. Coordinated condition-based repair strategies for components of a multi-component maintenance system with discounts[J]. European Journal of Operational Research, 1997, 98(1): 52－63.

[71] Vachtsevanos G, Lewis F, Roemer M, et al. Intelligent fault diagnosis and prognosis for engineering systems[M]. London: John Wiley & Sons, Inc., 2007.

[72] 曾声奎,Pecht M G,吴际.故障预测与健康管理(PHM)技术的现状与发展[J].航空学报,2005,26(5)：610－616.

[73] 吕文元.先进制造设备可用度维修理论及其智能决策支持系统[D].哈尔滨：哈尔滨工业大学,2001.

[74] 诺兰 F S,希普 H F.以可靠性为中心的维修[M].刘云,王立群,译.北京：中国人民解放军空军第一研究所,1982.

[75] 常士基.现代民用航空维修工程管理[M].太原：山西科学技术出版社,2002.

[76] Moubray J.以可靠性为中心的维修[M].石磊,谷宁昌,译.北京：机械工业出版社,1995.

[77] 范世东,余慧芳.关于船舶机械视情维修制度的认识[J].船海工程,2001

(5): 37 - 39.

[78] Baldin A E. Condition based maintenance: a powerful tool for modern plant management[J]. Terotechnica, 1979, 1(2): 119 - 129.

[79] Baldin A E. Condition-based maintenance[J]. Chemical Engineering, 1981, 10(16): 89 - 95.

[80] Lee K, Gao R X, Schneeman R. Sensor network and information interoperability integrating IEEE 1451 with MIMOSA and OSA-CBM [C]. Anchorage: Proceeding of Instrumentation and Measurement Technology Conference, 2002.

[81] Dod. Condition based maintenance plus do d guidebook (Draft) [EB/OL]. http://www. acq. osd. mil/log/mrmp/cbm+/[2007 - 10 - 19].

[82] Butcher S W. Assessment of condition-based maintenance in the department of defense[R]. Virginia: Logistic Management Institute, Do D, 2000.

[83] 戎翔,左洪福.航空发动机视情维修理论与技术综述[C].南京:第四届长三角科技论坛航空航天与长三角经济发展分论坛暨第三届全国航空维修技术学术年会,2007.

[84] 甘茂治,康建设,高崎.军用装备维修工程学[M].北京:国防工业出版社,1999.

[85] 程志军.多部件系统视情维修决策技术研究[D].长沙:国防科学技术大学,2007.

[86] 陈光.国外军事电子装备维护保障测试技术综述[J].国外电子测量技术,2007,26(2): 1 - 5.

[87] 于功敬,熊毅,房红征.健康管理技术综述及卫星应用设想[J].电子测量与仪器学报,2014,28(3): 227 - 232.

[88] Bell J. Deputy under Secretary of Defense (Logistics and Material Readiness). Memorandum for the secretaries of the military departments: condition based maintenance plus [EB/OL]. http://www. dau. edu/guidebooks/shared%20Documents%20HTML/Condition%20Based%20Plus%20(CBM+)%20Guidebook.aspx[2019 - 05 - 01].

[89] 张伟,康建设,王亚彬.基于状态的维修及其建模研究[J].计算机仿真,2006,23(1): 37 - 39.

[90] Wang H. A survey of maintenance policies of deteriorating systems [J]. European Journal of Operational Research, 2002, 139(3): 469 - 489.

[91] Wang H, Pham H. Reliability and optimal maintenance [M]. London: Springer, 2006.

[92] 王凌.维修决策模型和方法的理论与应用研究[D].杭州:浙江大学,2007.

[93] Aven T, Jensen U. Stochastic models in reliability[M]. Stavanger: Springer, 1999.

[94] 王文义,张洪芬.维修策略的概念、方法和模型(I)[J].运筹与管理,1997(2):95-99.

[95] 王文义,张洪芬.维修策略的概念、方法和模型(Ⅱ)[J].运筹与管理,1997(2):100-103.

[96] Khalil Z S. Availability of series systems with various shut-off rules[J]. IEEE Transactions on Reliability, 1985, 34(2): 187-189.

[97] 周成刚,毛亮,张煜昕.基于MEMS传感器的船载天线振动监测系统研究[J].国外电子测量技术,2012,31(5):59-62.

[98] 左洪福,张海军,戎翔.基于比例风险模型的航空发动机视情维修决策[J].航空动力学报,2006,21(4):716-721.

[99] 李玲,成国庆,唐应辉.带预防性维修的冲击模型最优检测更换策略[J].山东大学学报(理学版),2011,46(9):122-126.

[100] Li W, Pham H. An inspection-maintenance model for systems with multiple competing processes[J]. IEEE Transactions on Reliability, 2005, 54(2): 318-327.

[101] Lai M T, Shih W, Tang K Y. Economic discrete replacement policy subject to increasing failure rate shock model[J]. International Journal of Advanced Manufacturing Technology, 2006, 27(11-12): 1242-1247.

[102] 严骏,李永贵,凌海风,等.基于延迟时间理论的设备点检周期模型[J].解放军理工大学学报(自然科学版),2010,11(5):557-560.

[103] 赵飞.民航发动机预知维修决策研究[D].南京:南京航空航天大学,2011.

[104] 谷玉波,贾云献,张英波.基于Gamma退化过程的剩余寿命预测及维修决策优化模型研究[J].轴承,2013(4):44-49.

[105] 彭宇,刘大同.数据驱动故障预测和健康管理综述[J].仪器仪表学报,2014,35(3):481-495.

[106] 戎翔.民航发动机健康管理中的寿命预测与维修决策方法研究[D].南京:南京航空航天大学,2008.

[107] 卿新林,王奕首,赵琳.结构健康监测技术及其在航空航天领域中的应用[J].实验力学,2012,27(5):517-526.

[108] 王兆兵,高丽敏.大数据时代的民机健康管理技术革新[J].航空维修与工程,2018(5):20-25.

[109] Li S J, Yang Y, Yang L, et al. Civil aircraft Big Data platform[C]. San Diego: 2017 IEEE 11th International Conference on Semantic Computing (ICSC), 2017.

[110] 刘达新,裘乐淼,王志平.基于运行大数据学习的复杂装备故障诊断技术及其典型应用[J].中兴通讯技术,2017,23(4):56-59.

[111] Niu W, Ren Z Q, Li B Y, et al. Aviation safety management on the age of big data [C]. Beijing: International Conference on Advanced Educational Technology and Information Engineering (AETIE), 2015.

[112] Jean Botti. Big data at airbus group[C]. Stanford: The 10th International Workshop on Structural Health Monitoring, 2015.

[113] Murugan A, Mylaraswamy D, Xu B, et al. Big data infrastructure for aviation data analytics[C]. Piscataway: 2014 IEEE International Conference on Cloud Computing in Emerging Markets (CCEM), 2014.

[114] Xu B, Kumar S A. Big data analytics framework for system health monitoring [C]. New York: 2015 IEEE International Congress on Big Data, 2015.

[115] 陈金,党帅,吴波.民机运行大数据分析平台整体架构研究[J].计算机测量与控制,2018,26(1):281-283.

[116] 李耀华,尚金秋.基于云计算的飞机 PHM 体系架构研究[J].计算机工程,2017,43(12):6-10.

[117] Rodero I, Jaramillo J, Quiroz A, et al. Energy efficient application aware online provisioning for virtualized clouds and data centers[C]. Washington: Proceedings of International Conference on Green Computing, 2010.

[118] 李星.基于云计算的数据挖掘算法并行化研究与实现[D].南京:南京邮电大学,2018.

[119] 张春雨.航空发动机健康管理云服务系统研发与应用[D].哈尔滨:哈尔滨工业大学,2016.

[120] 伍星,陈进,李如强,等.基于数据挖掘的设备状态监测和故障诊断[J].振动与冲击,2004,23(4):70-74.

[121] 姜碧波.基于数据挖掘的故障诊断方法研究[D].天津:天津理工大学,2011.

[122] 余汇,唐大鹏,姚斌.民用飞机健康诊断大数据应用研究[J].民用飞机设计与研究,2018,130(3):88-92.

[123] Janssens O, Slavkovikj V, Vervisch B, et al. Convolutional neural network based fault detection for rotating machinery [J]. Journal of Sound and Vibration, 2016, 377: 331-345.

[124] 雷亚国,贾峰,孔德同,等.大数据下机械智能故障诊断的机遇与挑战[J].机械工程学报,2018,54(5):94-104.

[125] 刘衣,任融,魏严锋,等.民机数字化运营支持研究与方案设计[J].计算机

测量与控制,2017,25(2):204－207.

[126] Holschneider M, Kronland-Martinet R, Morlet J, et al. A real-time algorithm for signal analysis with the help of the wavelet transform[J]. Wavelets, 1989(1): 286－297.

[127] 何正嘉,陈进,王太勇,等.机械故障诊断理论及应用[M].北京:高等教育出版社,2010.

[128] Schroff F, Kalenichenko D, Philbin J. Facenet: a unified embedding for face recognition and clustering[C]. Boston: Proceedings of the IEEE Conference on Computer Vision and Pattern Recognition, 2015.

[129] Kingma D P, Welling M. Auto-encoding variational bayes[C]. Scottsdale: International Conference on Learning Representations, 2013.

[130] Zeiler M D, Krishnan D, Taylor G W, et al. Deconvolutional networks[C]. San Francisco: Computer Vision & Pattern Recognition, 2010.

[131] Bergstra J, Bengio Y. Random search for hyper-parameter optimization[J]. Journal of Machine Learning Research, 2012, 13(1): 281－305.